澳洲龙纹斑

种苗繁育与养殖技术

罗士炎 罗 钦 饶秋华 等/著

中国农业科学技术出版社

图书在版编目（CIP）数据

澳洲龙纹斑种苗繁育与养殖技术 / 罗土炎等著 . —北京：中国农业科学技术出版社，2017. 3

ISBN 978 - 7 - 5116 - 2996 - 8

Ⅰ. ①澳… Ⅱ. ①罗… Ⅲ. ①鲈形目 – 鱼苗培育②鲈形目 – 淡水养殖 Ⅳ. ①S965. 211

中国版本图书馆 CIP 数据核字（2017）第 045170 号

责任编辑　徐定娜
责任校对　贾海霞

出　版　者　中国农业科学技术出版社
　　　　　　　北京市中关村南大街 12 号　邮编：100081
电　　　话　(010) 82105169（编辑室）　(010) 82109702（发行部）
　　　　　　　(010) 82109709（读者服务部）
传　　　真　(010) 82106626
网　　　址　http://www.castp.cn
经　销　者　各地新华书店
印　刷　者　北京富泰印刷有限责任公司
开　　　本　787 mm×1 092 mm　　1/16
印　　　张　18
字　　　数　350 千字
版　　　次　2017 年 3 月第 1 版　2017 年 3 月第 1 次印刷
定　　　价　48. 00 元

◄◄◄ 版权所有·翻印必究 ►►►

《澳洲龙纹斑种苗繁育与养殖技术》

著 者 委 员 会

主　　著：罗土炎　罗　钦　饶秋华

副主著：陈　华　张志灯　刘　洋

著　　者：涂杰峰　林　虬　李　巍　毛方华

　　　　　艾春香　张蕉南　任丽花　黄敏敏

　　　　　陈红珊　罗志强　陈荣枝

顾　　问：翁伯琦

序　言

我国幅员辽阔，水产养殖业发达，近十几年来，中国已经成为世界上水产养殖产量最大的国家之一，水产养殖种类丰富多样，除了虾、蟹、贝类等多种水产养殖品种之外，还有名优鱼类与海参等特种水产养殖产业也在蓬勃发展，为丰富城乡居民的"菜篮子"与老百姓的小康生活做出了积极的贡献。

福建省是我国水产养殖大省，同时也是水产品消费大省，随着社会经济的快速发展，人民生活水平日益提高，城乡居民对优质鱼类品种需求也不断提高，人们渴望有更多优质鱼类品种供应市场。然而，市场上的水产品主要还是依靠捕捞或国外输入进行供给，现今国内高质量的名优鱼类养殖规模比较小，产量并不高，远远难以满足市场不断增长的需求，面对国际国内市场的巨大需求，有效开发品质优良且适合规模养殖及市场广阔的新兴鱼类品种，不仅有利于发挥福建省水产资源及地方区位优势，而且有利于加速山区特种水产养殖业的持续发展。

实践证明，科学引进与合理开发澳洲龙纹斑是一项十分有意义的新兴产业。澳洲龙纹斑又名墨瑞鳕、河鳕、东洋鳕、鳕鲈、澳洲淡水鳕鲈，是生长于澳大利亚墨瑞河的一种品质优良的淡水大型鱼类。就分类科学认识，澳洲龙纹斑，其学名是虫纹鳕鲈（*Macculochella peeli*），隶属鲈形目（*Perciiformes*）支鲈科。国际俗称其为墨瑞鳕（Murray cod），是源自于原栖生地——澳大利亚东南部的墨瑞河（Murrayriver）；因其体表布有黄褐色的虫纹斑点又名虫纹石斑。在中国大陆人们则通常称之为澳洲龙纹斑、虫纹麦鳕鲈或虫纹石斑等。澳大利亚是一个地广人稀的发达国家，淡水养殖主要分布于东南部的维多利亚省和新南威尔士州以及中北部的昆士兰州，澳洲龙纹斑分布于澳洲最大和最重要的墨瑞—达令（Murray-Darling）水系。澳洲龙纹斑在墨瑞河流域小溪流至少会长到60cm，3～4kg 重；在较大的水道，成鱼通常能长到体长 90～100cm，重量 15～20kg。有文献记载，1902 年在沃格特（Walgett）附近的河流中捕获一尾长 1.8m、重 113.5kg 的澳洲龙纹斑，游钓者钓到 20～40kg 重的大鱼比比皆是。1990 年以来，由于部分流域

1

的环境污染等问题，澳洲龙纹斑逐渐被澳大利亚列为极度濒危物种。澳大利亚相关生态科研单位与水产研究所开展了澳洲龙纹斑人工繁殖的研究，目的在于有效恢复因受水利工程设施及环境污染等影响而衰退的鱼类资源，通过多年的治理与防控，取得良好成效。近几年，在澳洲自然水系中澳洲龙纹斑已能够在人工控制的环境中产卵孵化，一部分苗放流于自然水域，一部分苗作为人工养殖的苗源，也有部分苗出口国外。

事实上，实施澳洲龙纹斑养殖产业开发，主要是因其高营养、高价值并适应规模养殖等因素被人们高度关注，其肉质结实细嫩、刺少、味道鲜美，含有丰富的四种香味氨基酸而具有独特香味，肉质优于石斑及笋壳鱼，口感卖相俱佳。澳洲龙纹斑鱼体高蛋白，低脂肪，富含 Ω-3 多不饱和脂肪酸及 EPA 与 DHA，适合现代高蛋白低脂肪的健康餐饮要求。鱼肉中还含丰富的维生素、矿物质及多种生物活性物质，有助于心脏、脑部发育及眼睛视力的健康，能有效促进关节健康，降低患心脑血管系统疾病的风险，增强免疫系统的功效。养殖实践表明，澳洲龙纹斑具有生长速度快、抗病能力强、对水温的耐受范围较广、人工配合饲料转化率高等特点，适合不同地域集约化养殖。自 1999 年起，人们就将澳洲龙纹斑引进台湾驯养，此后在大陆有多家企业进行小规模饲养，如青岛七好生物科技股份有限公司、江苏中洋集团股份有限公司、浙江港龙渔业股份有限公司等，其产品深受消费者的喜爱，销售量供不应求。可以预测，随着鱼类产品需求量的不断增大，其消费市场的前景无疑是十分广阔。

毫无疑问，优良的养殖品种是养殖者所期盼的，它不仅给养殖者带来好的经济效益，更为人们提供了优质美味的动物蛋白。澳洲龙纹斑虽然是澳大利亚的原生鱼种，通过品种引进与技术改进，可望成为一个新兴产业。澳洲龙纹斑是真鲈科下麦鳕鲈属的一种肉食性淡水鱼，养殖技术与方法必然要进行深入研究，力求保障获得高产与优质的效益。鱼苗繁育与养殖技术要予以创新，力求做到人工规模化养殖依然保持澳洲龙纹斑原有风味和营养价值，不仅要食之有味而且要富有营养，有效供应人体健康所必需的营养素。澳洲龙纹斑因其稀少的数量以及在澳大利亚的饮食文化中独有的地位，有着"澳洲国宝鱼"的美称，引进与发展澳洲龙纹斑产业也是我们立足"两种资源"与"两个市场"的重要实践，不仅有益于农业科技交流，而且有利于新兴产业开发。

很显然，澳洲龙纹斑为最顶级的白肉鱼，受其性成熟周期长、养殖技术、养殖条件及澳洲出口控制的制约，澳洲龙纹斑在我国水产养殖领域尚属起步阶段，其人工有效繁育与合理养殖依然有许多制约环节，目前澳洲龙纹斑仅在浙江、福建有少数企业试验养殖，少量销售，尚未被广泛推广。尽管还有一些技术环节需要突破，但其仍然是一种具有较大潜力且开发前景良好的养殖品种，国内外市场空间巨大。目前福建省农业科学院农业质量标准与检测技术研究所（原福建省农业科学院中心实验室）科研人员已在邵武基地成功规模化繁育出澳洲龙纹斑鱼苗，成为福建省唯一的一家具有澳洲龙纹斑繁育能力的单位，同时掌握了澳洲龙纹斑疾病防控、饲料配制和鱼苗培育等关键技术，为澳洲龙纹斑在福建省区域产业化发展奠定了基础。科研的创新实践，使我们深刻认识到，福建省地处亚热带季风气候，全年温暖湿润，降雨量丰富，气温适宜，气候环境优越，水资源丰富，非常适合澳洲龙纹斑养殖。澳洲龙纹斑作为我国新引进的优质高价值的珍稀鱼类，是一个值得福建山区大力推广且具有广阔市场前景的新兴养殖品种。由于捕捞强度不断加大，野生资源日益衰退，鱼苗的进口将难以充分保障。澳洲龙纹斑在福建省农业科学院邵武养殖基地的繁育及养殖成功，增加了澳洲龙纹斑苗种供应量，也减少了捕捞强度，维护了渔业生态平衡，解决了目前福建省地区乃至国内外的巨大市场需求，优化了福建省淡水鱼类种质资源，同时有利于培育壮大新兴淡水养殖产业，具有广泛的社会经济效益。作为省级农业科学院，在新品种引进与利用方面必须开展深入的研究，尽管福建并不是最早引进澳洲龙纹斑的省份，但有一个科研团队一直从事澳洲龙纹斑相关技术研究，他们注意到其性成熟周期长、繁育与养殖技术复杂等问题，同时也分析了福建省山区养殖条件好坏以及澳洲出口控制的制约等方面因素，比较系统地开展了澳洲龙纹斑的前期科研工作，并在鱼苗繁育、人工养殖以及病害防控技术等方面取得突破。作为福建省唯一一家具有澳洲龙纹斑生产性规模化繁育能力的单位，目前福建省农业科学院农业质量标准与检测技术研究所（原福建省农业科学院中心实验室）科研人员已成功应用澳洲龙纹斑人工繁育、鱼苗培育、疾病防控及饲料配制等关键技术，仅仅一个面积不大的科研基地就可培育澳洲龙纹斑鱼苗 16 万尾/年，此项技术正在与养殖企业对接，一旦实施规模化开发，一个中型鱼苗企业年产 5 千万到 1 亿尾鱼苗是可以实现的，其必将为澳洲龙纹斑在福建省区域的产业化开发奠定良好基础。

实际上，福建省农业科学院 2012 年起就设立相关研究课题进行前期探索工作，并于 2014 年起开始承担福建省种业工程"澳洲龙纹斑设施种苗工厂化繁育技术产业化工程"项目。本人作为项目实施的管理负责人，主要是统筹协调并帮助解决重大项目实施过程的困难及其相关问题，尽管我本人专业不对口，但长时间的接触，对澳洲龙纹斑繁育与生产也产生了浓厚的兴趣，尤其是经常参加项目的科技创新与示范推广实施的讨论会，不仅经历了科技人员创业的艰辛过程，而且感受到科技创新所带来良好成效。2014年，我与项目组成员前往浙江港龙渔业有限公司商讨亲鱼引进和鱼苗购买及合作研究与示范推广工作等事宜，经友好协商双方达成合作协议。经过不到一年时间，年轻的科技创新团队就完成了从浙江港龙渔业有限公司引进澳洲龙纹斑亲鱼，构建繁育体系与相关设施改进，优化形成种群并开展澳洲龙纹斑繁育技术攻关，深入开展规模化养殖技术与病害防控等科研工作，取得良好的创新进展与推广成效。项目组在简陋的邵武澳洲龙纹斑养殖基地成功繁育出澳洲龙纹斑鱼苗 16 万尾左右，并进行规模化的养殖试验，2016 年利用成功养殖的商品鱼，辅导并扶持一家企业进行规模化养殖开发，现已进入实施阶段，可望 2017 年全面投产。通过实践并经历发展，我们有五个方面的深刻体会：一是要结合产业发展实际，有效开展科技创新工作；二是要发挥专业组合优势，有的放矢进行联合攻关；三是要注重科研团队建设，实行上下链接分工负责；四是要立足规模养殖需求，重点解决鱼苗繁育技术；五是要重视技术配套，实现科企共建示范基地。科企合作有助于理论与实践的结合，有助于创新与创业的结合，有助于科技与经济的结合，完善科技创新与科技创业有效链接，必将加快科技成果推广与应用。

在科研实践中，我们充分认识到，一个新兴产业的培育涉及方方面面问题，其不仅仅有技术突破难题，还涉及产业政策，也包括企业开发机制创新等相关内容，这些都需要人们进行深入探讨与实践。就从事专业技术研究的科技人员而言，还有许多相关技术需要深入研究，例如鱼苗繁育技术智能化、鱼苗养殖技术标准化、饲料生产技术规范化及高效设施养殖规模化等都需要进一步创新与提升。人们注意到，虽然世界澳洲龙纹斑的养殖规模与产量都在增长，但在总量上，离需求量尚有巨大的差距。澳洲龙纹斑除了可以当作活鲜食用外，其作为原料进行深加工开发也必将受到高度重视，可以预测在世界范围内对澳洲龙纹斑产品的需求还将逐渐增大。随着澳洲龙纹斑养殖产业的兴起，以澳洲龙纹斑鱼苗繁育为龙头的新兴产业将引起更多投资者的青睐，未来澳洲龙纹斑的人工养殖业发展与消费市场前景将极为广阔。我们组织有关参加项目实施的实践者，编著《澳洲龙纹斑种苗繁育与饲养技术》一书，其主要目的在于集中报道项目组科技人员跟踪和收集到的国内外有关澳洲龙纹斑的文献资料和研究成果并进行系统综述，同时也总结报道了福建省农业科学院项目组科技人员在养殖基地所完成的澳洲龙纹斑各个养殖生长阶段的大量科研数据与主要变化规律，不仅是专业理论综述，更是技术创新的总结。通过该书的出版，以求为从事澳洲龙纹斑繁育、饲养、科研等多方面工作人员提供参考与借鉴，我们还希望相关科技人员与实践工作者予以批评与指正。

福建省农业科学院副院长 翁伯琦研究员

2016 年 11 月 18 日于福州

目　　录

第一章　澳洲龙纹斑研究进展

第一节　澳洲龙纹斑种质资源与分布

一、澳洲龙纹斑的分布

澳洲龙纹斑，其学名是虫纹鳕鲈（*Macculochella peeli*），隶属鲈形目（*Perciiformes*）支鲈科，又名墨瑞鳕、河鳕、东洋鳕、鳕鲈、澳洲淡水鳕鲈等。当前国际俗称为墨瑞鳕（Murray cod），其名源自于原栖生地——澳大利亚东南部的墨瑞河（Murrayriver），又因其体表布有黄褐色的虫纹斑点又名为虫纹石斑；由于该鱼为澳大利亚引进新品种且全身布满斑点，在中国大陆编者称之为澳洲龙纹斑、虫纹麦鳕鲈或虫纹石斑等。

澳大利亚是一个地广人稀的发达国家，淡水养殖主要分布于东南部的维多利亚州和新南威尔士州以及中北部的昆士兰州，澳洲龙纹斑分布于澳洲最大和最重要的墨瑞—达令（Murray-Darling）水系，在小溪流至少会长到60cm，3～4kg重；在较大的水道，成鱼通常能长到体长90～100cm，重量15～20kg。文献记载1902年在沃格特（Walgett）附近的河流中捕获一尾长1.8m、重113.5kg的澳洲龙纹斑。在澳大利亚的墨瑞河流域中，游钓者钓到20～40kg重的个体比比皆是。1990年以来，由于环境污染等问题，澳洲龙纹斑逐渐被列为极度濒危物种，澳大利亚相关水产研究所开展了澳洲龙纹斑人工繁殖的研究，目的在于恢复因受水利工程设施及环境污染等影响而衰退的鱼类资源，已能够在人工控制的环境中产卵孵化，一部分苗放流于自然水域，另一部分苗作为人工养殖的苗源，也有部分苗出口国外。

二、澳洲龙纹斑引进情况概述

澳洲龙纹斑是澳大利亚的原生鱼种，为最顶级的白肉鱼，在澳洲排名四大经济鱼种之首。1999年1月由梁忠宝引进台湾，但驯养过程并不是一帆风顺。梁忠宝首批引进台湾的澳洲龙纹斑寸苗数量为4 500尾，因为不熟悉这种鱼的生态习性，所剩无几。2001年3月梁忠宝再度引进1 500尾寸苗，这次鱼苗价格是一尾12美元。梁忠宝说墨瑞鳕属政府列管鱼种，必须取得澳洲政府官方核准，业者才能出口，引进1~2kg的后备亲鱼，澳洲方面池边价是1尾台币3万~5万元，3~5kg的成鱼一对要价更高达50万台币，这个价格还不包括税金、运费和贸易商的利润。1~2kg规格的鱼运抵台湾，存活率不到30%，3~5kg种鱼存活率更是在1成以内。有一段时间澳洲墨瑞鳕寸苗香港机场报价是24美元/尾，鱼苗的售价一再提高，且取得后不易养殖难度高，出口的鱼苗也不是质量最好的。由于非常看好墨瑞鳕的未来市场，梁忠宝将手中的鱼苗小心翼翼的进行饲养和选种，因为不熟悉养殖的条件，成活率很低。"墨瑞鳕的养殖难度很高，对于环境、药物都很敏感，而且产卵率极低，是石斑鱼的1/50。"梁忠宝道出养殖的辛酸。从1999年到2011年，梁忠宝只有出售过很少量的商品鱼，大部分都留下来进行严格的筛选，只把体型好的、成长快的留下来进行培育，为的是建立墨瑞鳕的良种场，后来突破了重重难关，亲代繁殖的一代与二代已达15 000尾之多。"其实澳洲政府卖出来的鱼苗质量并不很好，繁育出的子代成长差异很大，有的体重差异达到5~6倍之多，一条种鱼一次产的卵只有20~30条适宜留下来当种鱼，比例只有千分之一。"对质量相当坚持的梁忠宝说。为了建立种原场，梁忠宝把差的后备亲鱼都淘汰掉了，只挑选体质好、线条顺畅、成长速度快的留下当种鱼。十多年来，梁忠宝一直投入没有回收，现在他已经建构足够的种鱼数量，可以开始规模化出苗了。有人问他到底投入了多少资金，梁忠宝说，不去计算了，真的很难去估算，他现在正与很多人在洽谈墨瑞鳕的经营方式，希望未来能组成一个团队，大家分工合作，从种苗、养成、加工、销售，全部紧密结合。他对合作养殖的业者进行严格把关，理念不合的将不会被纳入团队之中，合作者都要遵守健康的养殖方式，以便掌握质量，建立品牌。

曾经是梁忠宝合作伙伴的江天赐，也进行过澳洲龙纹斑的繁殖与养殖，养殖场位在宜兰壮围乡滨海路旁。根据江天赐的经验，已经转料的寸苗在较好的饲养管理条件下，也只有30%的存活率，如果环境、水质达不到要求，存活率可能会接近零。虽然有的澳洲龙纹斑4年可以性成熟，但是太早产的卵质量不佳，受精率和孵化率都很低，不适合做繁殖，一般要养到5年以上才可以作为亲鱼。澳洲龙纹斑的产卵量不多，每次产卵1.6万~2万颗，一年产一次，产期都很接近，相差不到一个星期。种鱼体重每多1kg可增加4千颗卵，23kg的种鱼一次可产9万颗卵，孵化率在30%左右。江天赐已经开始出售澳洲龙纹斑鱼苗了，每年有数万尾鱼苗可以供应，寸苗售价台币 100 元/尾。

中国大陆养殖户最早在 2001 年自澳洲引进澳洲龙纹斑，由于引种规模不大或养殖不成功，当时未有大批成鱼上市或进行人工繁殖。浙江乐清市港龙渔业有限公司从 2007 年至 2011 年分批引进澳洲龙纹斑种苗，通过多次前往澳洲考察学习，结合澳洲当地的养殖技术经验和浙江沿海地区的气候条件及水质特点，公司终于摸索出适合本地环境的养殖方法，成为目前中国最大规模的澳洲龙纹斑繁育养殖基地。该基地位于浙江乐清市大荆镇蔗湖村雁荡山石门潭景区边，占地面积 100 亩，建有水泥精养池 81 个，共计 30 000 m² 的养殖面积。目前公司存塘亲鱼约 3 万尾，自 2013 年起开展人工繁育试验，在福建省农业科学院科技人员的指导下，2014 年繁育成功，成功繁育出 300 多万尾澳洲龙纹斑鱼苗，2015 年成功繁育出 500 多万尾澳洲龙纹斑鱼苗，填补国内澳洲龙纹斑种苗的空白。

厦门东晟水族研发有限公司在 2011 年再度自澳洲引种，并首度养殖成功，东晟水族负责人林东晟表示，因为澳洲龙纹斑要 7 年才会转性，也就是要经过 7 年才能辨别出种鱼的雌雄，然后才能做进一步的繁育研究。当时好不容易从国外引回来的种鱼，在研究过程中死了很多，后来不得不多次再进再养。从成本上来说，引进一条澳洲龙纹斑要好几万，所以基本都是来研究的，很少拿来吃。目前澳洲龙纹斑已经由养殖试验阶段进入到了人工繁殖育种和生态养殖阶段。澳洲龙纹斑若能全面推广养殖，3 年内预计可带动农户 1 500～2 000 户。

青岛七好生物科技有限公司 2009 年注册成立，与澳洲 Marianvale Blue 渔业公司合作引进澳洲龙纹斑，总结出澳洲龙纹斑七个好：好味道、好营养、好健康、好稀有、好烹饪、好品质、好保证。公司主要从事封闭式循环水养殖澳洲进口鱼苗，再向市面大量提供澳洲龙纹斑鱼苗和商品鱼。

三、澳洲龙纹斑工厂化产业化工程

福建省农业科学院 2014 年起承担福建省种业工程"澳洲龙纹斑设施种苗工厂化繁育技术产业化工程"项目。2014 年 9 月，福建省农业科学院项目组成员前往浙江港龙渔业有限公司商讨亲鱼引进和鱼苗购买及合作研究与示范推广工作等事宜，经友好协商双方达成合作协议。福建省农业科学院于 2014 年 12 月从浙江港龙渔业有限公司引进了澳洲龙纹斑亲鱼及鱼苗，用于形成种群开展澳洲龙纹斑繁育、养殖等工作。2015 年福建省农业科学院成功在福建省农业科学院邵武澳洲龙纹斑养殖基地繁育出澳洲龙纹斑鱼苗 16 万尾左右。

虽然世界澳洲龙纹斑的养殖规模与产量都在增长，但在总量上，离需求量尚有巨大的差距。澳洲龙纹斑除了可以当作活鲜食用外，随着澳洲龙纹斑养殖产业的兴起，以澳洲龙纹斑为原料进行深加工开发的研究必将受到重视，因此，世界范围内对澳洲龙纹斑产品的需求还将逐渐增大，开展澳洲龙纹斑的人工养殖市场前景广阔。

第二节　分类地位及形态特征

一、分类地位

澳洲龙纹斑（*Maccullochella peelii peelii*）隶属硬骨鱼纲（*Osteichthyes*）、鲈形目（*Perciformes*）、真鲈科（*Percichthyidae*）、麦鳕鲈属（*Maccullochella*），真鲈科是一种分布于澳大利亚及南美洲（主要是阿根廷、智利）的淡水鱼类。当前国内外的习惯俗称为澳洲龙纹斑，因其体表布有黄褐色的虫纹斑点又名虫纹石斑、虫纹鳕鲈等。张龙岗等利用线粒体 COI 基因序列分析了我国引进的澳洲龙纹斑引进群体的遗传多样性，结果表明引进群体的澳洲龙纹斑 mtDNA COI 基因序列的变异程度较小，群体内遗传多样性较低。

二、形态特征

澳洲龙纹斑鱼体呈纺锤形，左右对称，头后部稍隆起，头长为全长的 1/3，背面为黄绿色，密布不规则黑色斑点，从背部至腹部越往下体色越浅；腹面为黄白色，无斑点，背鳍、尾鳍、臀鳍上也有黑色斑点；肉眼观体表似无鳞，以手触之光滑，实际体被细小而密的栉鳞，侧线鳞为 65～81。体两侧有似虫纹状的花纹，体背部两侧呈黄黑色，腹部色浅呈黄白色，体型及体色极其美丽。口端位，口裂较大，口裂末端基本与眼前缘在一条线上。上、下颌骨密布细齿，梨骨、颚骨、上咽骨、下咽骨上均有许多小齿。鳃弓 4 对，鳃耙短疏、棘状。第一鳃弓外鳃耙数为 17。胃发达，呈 L 形，胃壁厚。幽门盲囊 4 个。肠较短，占体长的 60.2%～63.8%。鳔一室，壁薄。肝脏一叶。胆囊卵圆形。脾紧贴胃，呈松子形。背鳍 2 个，与基部相连，第一背鳍由 11 根硬鳍棘组成，第二背鳍由 14～15 根鳍条构成。胸鳍由 19 根鳍条构成。腹鳍由 1 根硬棘和 5 根鳍条组成。臀鳍由 3 根硬棘和 13 根鳍条构成。尾鳍圆形，由 18～19 根鳍条组成。

第三节　生活与繁殖习性

澳洲龙纹斑（图1-1）原生长在江河、湖泊水域中，特别喜欢藏于水草丛中躲避强光。澳洲龙纹斑对温度有较强的适应性，在5~30℃范围内均可生存，秋冬低温季节，潜于深水处越冬，春季逐渐游到食物丰富的沿岸水草丛中觅食。澳洲龙纹斑的活动、觅食以夜间为主，白天多在草丛、树根、石缝中，活动较少。

澳洲龙纹斑喜栖于背强光阴暗处、平时多生活在水草丛生遮光隐蔽处，为典型的肉食性鱼类，喜食活饵，常以小鱼、虾蟹类等食物为主，偶尔摄食蛙类、水老鼠等，不同生长发育阶段，摄食对象有所不同，在饥饿无其他饲料时，会互相残食，人工养殖可以从鱼苗开始投喂，配合饲料驯化。工厂化养殖中亦应注意遮光。每年夏季尤其夏季的夜晚最为活跃，白天怕光，多在水域的边缘部分，不大游动。在设施渔业中可投饲小的野杂鱼或人工配制的硬颗粒饲料，也可以用小杂鱼搅碎配以辅料等制成软颗粒投喂。投饲人工配合饲料应从鱼苗开始驯化，适温范围7~30℃，最佳生长水温18~22℃，pH 6.5~8.5，最低溶氧为2mg/L。

图1-1　澳洲龙纹斑

澳洲龙纹斑的生长速度较快，当年可达到200 g、体长约23cm，翌年可达800 g、体长达35cm，第3年可长至2kg、体长达50cm，之后生长相对缓慢。据记载，最大时重113.5 kg，长180cm。

澳洲龙纹斑在水温21℃以上可以产卵，最适水温为18~22℃。不同纬度地区，繁殖时间不同，我国通常4~6月为繁殖盛期。河道及湖泊入口为澳洲龙纹斑产卵的理想场所，通常情况下4~5龄的澳洲龙纹斑体重达到2.5~4.0 kg/尾时可达性成熟，一般怀卵量为 1 万 ~ 4 万粒，随个体的增大而增加，其卵径为 2 ~ 3.5mm，受精卵孵化温度为 19 ~ 30℃，最适温度为 20 ~ 23℃。通常幼鱼孵出 8 d 左右开始摄食小型浮游动物，此时育苗长 6 ~ 12 mm，发育至 15 ~ 20 mm 时转为摄食水生昆虫、线虫、小型甲壳类等。鱼苗的规格达 25 ~ 30mm 时，投喂人工配合饲料。

第四节　经济性状与营养价值

澳洲龙纹斑肉质结实、白而细嫩、味道鲜美、无腥味，且有一股淡淡的独特香味，肉嫩刺少，口感更是远优于石斑及笋壳鱼。鱼体高蛋白，低脂肪，同时富含 DHA 和 EPA 等不饱和脂肪酸，适合现代高蛋白低脂肪的健康餐饮要求。澳洲龙纹斑肌肉测出氨基酸 17 种，其中包括人体必需氨基酸 7 种，鲜味氨基酸占氨基酸总量的 45.5%，多不饱和脂肪酸含量为 43.4%，其中 EPA 与 DHA 总含量为 14.6%。鱼肉中还含丰富的维生素、矿物质及多种生物活性物质，有助心脏、脑部发育及眼睛视力的健康，有效促进关节健康，降低患心脑血管疾病的风险，增强免疫系统的免疫能力。

宋理平等对虫纹鳕鲈的肌肉营养成分进行了分析和品质评价，发现澳洲龙纹斑背肌中的水分含量高于宝石鲈、鳜、鳙和翘嘴红鲌等其他经济价值较高的 7 种淡水鱼类水分含量（67.43% ~ 80.30%），低于草鱼（81.59%）和尼罗罗非鱼（80.85%）。肌肉粗蛋白含量高于青鱼（15.94%）、草鱼（15.94%）和尼罗罗非鱼（15.38%），而低于宝石鲈、鳜和翘嘴红鲌等 6 种鱼类的粗蛋白含量（16.52% ~ 19.16%）。粗脂肪含量高于鳜、鳙和草鱼等 4 种鱼类，粗脂肪的含量（0.62% ~ 1.50%），低于宝石鲈、鲤和黄颡鱼等其他 5 种鱼类粗脂肪的含量（1.75% ~ 12.65%）。其中蛋白质品质的优劣主要是由氨基酸种类的组成和含量评价。宋理平等研究中共测出 17 种水解氨基酸，其中 7 种为必需氨基酸，2 种为半必需氨基酸，8 种为非必需氨基酸。氨基酸总量为 16.10%，必需氨基酸含量为 6.43%，占氨基酸总量的 39.93%。所有测出的氨基酸中，谷氨酸含量最高为 2.73%，其次是天门冬氨酸（1.73%）、赖氨酸（1.59%）、亮氨酸（1.33%）；而胱氨酸含量最低，仅为 0.09%。其必需氨基酸中，赖氨酸含量最高，为 1.59%，蛋氨酸含量最低（0.55%）。鲜味氨基酸的总量决定了鱼肉味道的鲜美程度。澳洲龙纹斑肌肉中检测出谷氨酸、天门冬氨酸、丙氨酸、精氨酸和甘氨酸 5 种鲜味氨基酸。根据虫纹鳕鲈与几种经济鱼类鲜味氨基酸总量对比分析，发现虫纹鳕鲈肌肉鲜味氨基酸总量（7.34%）高于宝石鲈（6.99%），稍次于鳜（7.76%）、异育银鲫（8.17%），但是和泥鳅（7.43%）含量相近。

澳洲龙纹斑肌肉中共检测出脂肪酸 19 种，其中饱和脂肪酸（饱和脂肪酸）7 种，占总脂肪酸的 31.95%；单不饱和脂肪酸（单不饱和脂肪酸）4 种，占总脂肪酸的 24.36%；多不饱和脂肪酸（多不饱和脂肪酸）8 种，占 43.44%。不饱和脂肪酸含量（67.80%）远高于饱和脂肪酸含量（31.95%）。油酸（C18：1）含量最高，为 18.75%，其次为棕榈酸 17.46%、亚油酸 17.28%，最少的是芥酸（C22：1）0.62%。多不饱和脂肪酸中 EPA（C20：5）与 DHA（C22：6）的含量分别为 4.56% 和 10.12%。研究结果表明澳洲龙纹斑肌肉营养成分分析与品质评价，发现其肌肉中含有丰富、全面的营养物质，蛋白质含量高，氨基酸种类齐全且人体必需氨基酸含量较高，含有大量不饱和脂肪酸，具有较高的营养价值。

　　因此，澳洲龙纹斑具有健康、全面的膳食功能，具有较高的开发价值和广阔的市场前景，作为优质的淡水经济鱼类，值得大力推广养殖。罗钦等横向比较了澳洲龙纹斑、石斑鱼、鲟鱼 3 种鱼肌肉中甜味氨基酸和鲜味氨基酸的含量，发现 3 种商品鱼肌肉中甜味氨基酸和鲜味氨基酸的含量之和均超过 50%（澳洲龙纹斑 57.17%，石斑鱼 57.68%，鲟鱼 57.85%），反映了 3 种商品鱼肉质味道鲜美度是处在同一等级上；同时，澳洲龙纹斑商品鱼（E/T 比值为 40.34，E/NT 比值为 67.62）符合 WHO/FAO 提出的 E/T 应为 40% 左右和 E/NT 应为 60% 以上的参考蛋白质模式标准，说明了澳洲龙纹斑营养品质高，蛋白质氨基酸种类组成合理，符合人体需求。

第五节　中国澳洲龙纹斑养殖现状

　　澳洲龙纹斑属澳洲政府列管鱼种，必须取得澳洲政府官方核准才能引进。澳洲龙纹斑是在 1999 年 1 月底引进台湾的，1998 年时梁忠宝看到美国 CNN 报道墨瑞鳕，透过贸易商渠道成功取得了澳洲龙纹斑出口执照，首批引进台湾的澳洲龙纹斑寸苗数量 4 500 尾，当时购买的价格是 NT＄150 元/尾，第一批鱼苗由 5 个人均分，但是因为不熟悉这种鱼的生态习性，大部分都养殖不成功。梁忠宝当时分得约 1 000 尾，养殖三年也只剩 80 多尾。后来这些鱼在 2004 年移到南投，当年又不幸遇到"七二"水灾，被冲走大半，最后只剩 28 尾。在出口执照期限到期前，2001 年 3 月梁忠宝再度引进 1 500 尾寸苗，这次鱼苗价格是一尾 12 美元，引进的鱼苗也不是质量最好的。由于鱼种取得不易且养殖难度高，从 1999 年至今，梁忠宝只有出售过很少量的鱼，大部分都留在自己养殖场里，进行严格的筛选，把体型好的、成长快的留下来进行培育，为的是建立澳洲龙纹斑的良种场，目前亲代繁殖的一代与二代已达 15 000 尾之多。

　　中国大陆近年来引进并规模化繁育养殖成功澳洲龙纹斑的企业有浙江省乐清市港龙

渔业有限公司。该公司从2007—2011年，分批引进澳洲龙纹斑种苗，现养殖面积100亩，存塘亲鱼约3万尾，年繁育100多万尾鱼苗，年产商品鱼百吨以上，是目前中国最大规模的澳洲龙纹斑繁育养殖基地。

另据东莞市海洋与渔业局相关负责人介绍，早在2011年，东莞市安业水族有限公司也引进新品种澳大利亚墨瑞鳕鱼（Murray cod）开展全人工繁育试验。该公司经过近4年的努力，取得全人工繁育试验成功。截至目前，该公司育有亲本100多尾，个体质量达8~10 kg，已成功培育出体长4~10cm的苗种6万多尾，可供应市场。中央电视台对此进行了专题采访。

此外，2013年7月海安中洋集团引进的澳洲龙纹斑鱼试养成功，目前已进入规模化养殖阶段。这是中洋集团继河豚、鲥鱼、刀鱼之后，开发的第9个珍稀鱼种。江苏海安中洋集团引进的澳洲龙纹斑鱼试养成功。

随着澳洲龙纹斑人工繁育的成功，相关配套领域也在不断的发展，比如鱼饲料的研究开发、鱼病防治技术、养殖模式的应用研究等。

一、饵料营养要求

澳洲龙纹斑在澳大利亚已成功使用配合饲料养殖，在国内尚无成熟的人工饲料配方。Gunasekera等报道，澳洲龙纹斑配合饲料蛋白质含量为50%时饲料转化率和蛋能比最高。由于澳洲龙纹斑为初次引进养殖，对其饵料要求进行了摸索和尝试。在养殖过程中考虑到澳洲龙纹斑为肉食性鱼类，采用了鲜活饵料和配合饲料相结合的喂养方式，人工配合饲料基本要求为蛋白质≥45%，脂肪≥15%。

二、养殖模式类型

澳洲龙纹斑养殖模式多种多样，主要有池塘养殖、网箱养殖、工厂化养殖以及封闭式工厂化循环水养殖等多种养殖模式。在国内，经过十几年的探索，已有多家公司进行澳洲龙纹斑养殖，如青岛七好生物科技股份有限公司、江苏中洋集团股份有限公司、上海秦皇山渔业有限公司、浙江港龙渔业股份有限公司、浙江省天台县龙溪淡水养殖场、福建省农业科学院渔溪基地等。据报道，开展封闭式工厂化循环水养殖的有青岛生物科技股份有限公司、江苏中洋集团股份有限公司、上海秦皇山渔业有限公司、福建省农业科学院渔溪基地等，开展工厂化养殖的有浙江港龙渔业股份有限公司、浙江省天台县龙溪淡水养殖场等，但是不排除所提及公司及其他未经报道的公司有其他养殖模式。下面就几种养殖模式做简要介绍，着重介绍目前在福建省农业科学院邵武市澳洲龙纹斑养殖基地所开展的工厂化养鱼。

（一）池塘养殖

海南、广州地区等少数企业采用池塘养殖的方式。澳洲龙纹斑池塘养殖的池塘面积一般为 2 000 ~ 6 660m²，池水深 1.5 米左右。鱼苗投放前，用 108.7g/m² 生石灰或 22mg/L 漂白粉消毒。1 ~ 2 周后，确保水质无异常方可进行放养。因池塘养殖分选、疾病防控不能做到及时准确，一般要求放养较大的鱼苗，每尾 50g 以上，放养密度根据养殖条件（水源、电源、气候）和养殖技术水平确定其放养密度，一般放养夏花鱼种 3 000 至 5 000 尾每亩水面。

（二）网箱养殖

网箱养殖既有利于大批量人工驯养，又可进行高密度集约化养殖，降低饵料成本。因此，网箱养殖澳洲龙纹斑是一条开发水域资源、发展优质渔业、向产业化迈进的有效途径。国内目前没有企业使用这种养殖模式，在澳洲养殖澳洲龙纹斑的网箱面积通常约 20 m²，网目大小 2.0 ~ 2.5cm，放养密度常为 12 ~ 20 尾/m²，投喂人工配合饲料。因养殖密度较大，应加强管理，注意溶氧量，经常洗网、查网，确保网箱水环境正常。编者根据周宁地区的某水库网箱养殖（图 1 - 2）企业进行情况了解，养殖一年后澳洲龙纹斑增重 400g，存活率 82%，较设施养殖生长较慢，存活率较低，但其成本约为设施养殖的 80%。因此澳洲龙纹斑水库网箱养殖也取得了良好的开端。

图 1 - 2　周宁县澳洲龙纹斑网箱养殖基地

（三）封闭式工厂化循环水养殖

封闭式工厂化循环水水产养殖是通过人工调控养殖环境各项理化因子，对适宜的养殖品种开展流水高密度养殖，实现高产高效的一种高技术、集约化养殖方式，完美融合了工业化与信息化。在水产养殖中引入工业化理念，应平衡好发展与可持续的矛盾。工厂化循环水养殖与传统养殖方式相比，具有节水、节地、高密度集约化和排放可控的特点，符合可持续发展的要求，是水产养殖方式转变的必然趋势。养殖池排出的废水需要回收，经过曝气、沉淀、过滤、消毒后，根据不同养殖对象不同生长阶段的生理需求，进行调温、增氧和补充适量的新鲜水（系统循环中的流失或蒸发的部分），再重新注入养鱼池中，反复循环使用。此系统主要设有水质监测、流速监测、自动投饵、排污等装置，并由中央控制室统一进行自动监控，是目前养鱼生产中整体性最强、自动化管理水平最高且无系统内外环境污染的高科技养鱼系统。美国、丹麦、德国、法国、加拿大、日本、瑞典等发达国家早已采用工厂化循环水养殖，且逐步形成和发展了一套较为完备的技术和设备，有些国家的设备已经出口到国外。我国工厂化循环水养殖起步于20世纪70年代，主要借鉴世界工厂化循环水养殖逐步自行设计生产工厂化养鱼系统。福建省农业科学院已在福清渔溪养殖基地建立现代化的循环水养殖育苗中心，占地面积为4 500m²。利用该基地饲养澳洲龙纹斑商品鱼，预计亩产16吨，年产量96吨；该基地繁育澳洲龙纹斑种苗，年产鱼苗200万条。如图1-3，是福建省农业科学院封闭式工厂化循环水养殖澳洲龙纹斑渔溪基地。下面着重介绍封闭式工厂化循环水水质管理系统。

图1-3 福建省农业科学院封闭式工厂化循环水养殖澳洲龙纹斑渔溪基地

封闭式工厂化循环水养殖水质处理系统是循环水养殖最为关键的环节，主要包括去固体废弃物、去除水溶性有害物质、生物净化、杀菌消毒、增氧、调温、水质调控等。

1. 固液分离去除悬浮颗粒物

在工厂化循环水养殖过程中，养殖品种排出的粪便、未摄食完全的饲料颗粒及鱼池自身存在的污染物等，最终都以固体废弃物的形式排出鱼池，其中，悬浮的固体颗粒物占 50% 左右，是养殖池水体污染物的主要来源，故根据固体污染物的不同，人们设计建造了固液分离系统，主要有机械过滤和重力沉降分离技术。

机械过滤分为砂滤和筛滤。砂滤是指通过在砂滤器中填充砂子等可形成微小缝隙的固体颗粒物来阻止循环水经过时存在的固体污染物以达到固液分离的目的的一种过滤方法。筛滤是指利用一定孔径的筛网，将循环水中的固体污染物截留达到固液分离目的的一种过滤方法。根据不同的固液分离的过滤要求，生产者可选取不同孔径的筛网，一般目数为 60～200 目。筛网材料可由不锈钢、尼纶或锦纶等具有较高强度、耐磨、耐腐蚀的材料组成。筛滤法较传统的砂滤法具有体积小、安装冲洗方便的优点。

重力沉降分离技术主要是根据固体污染物在重力的作用下，发生沉降，进而达到去除固体污染物的目的。重力沉降分离技术根据污染颗粒物的性质、浓度及絮凝性能，可分为自由沉淀、絮凝沉淀、区域沉淀、压缩沉淀等。

2. 气浮分离

在 19 世纪 90 年代，气浮分离技术开始应用，通过向水体通入气体，产生大量的气泡，使水体中的溶解蛋白及有机酸等黏附于气泡表面，随气泡上升至水面达到去除污染物的目的。气浮分离技术是一项具有广阔前景的技术，随着气浮分离技术的提高，气浮分离技术将会更好地应用于循环水养殖中。

3. 生物净化

在循环水养殖系统中，由于饲料残留、生物代谢及生物死亡，水体中的氨氮、亚硝酸盐含量将会大幅上升。目前，封闭式工厂化循环水养殖（图 1-3）主要通过生物脱氮，其原理是悬浮于液相中的有机污染物被附着在载体表面的微生物降解，微生物发生代谢、生长、繁殖等过程，并逐渐形成区域性生物膜，该生物膜具有生化活性，可进一步吸附、分解水体中的有机物。

4. 杀菌消毒

封闭式工厂化循环水养殖水质处固体污染物处理外，由于养殖系统中一些生物处理单元中细菌、致病菌等容易滋生繁殖，若处理不及时，将会污染水质，引起养殖鱼类疾病，造成生产损失。因此，需要对水体进行杀菌消毒，一般有臭氧杀菌、氯制剂消毒、紫外线消毒等几种杀菌消毒方法。

（1）臭氧杀菌。臭氧杀菌是通过臭氧是氧的同素异形体，极不稳定，易分解产生氧原子，由于氧原子具有很强的氧化能力，对细菌、病毒或芽孢等较为顽固的微生物有很大的杀伤力，同时可将水体中的有害重金属氧化为无害的氧化物，对藻类也有杀灭效果。

（2）氯制剂消毒。氯制剂消毒已广泛应用于水产养殖水体消毒，但经过氯制剂消毒后的水体往往会产生余氯，超过限定范围将会对养殖鱼类产生有害影响，故在循环水养殖过程中，经氯制剂消毒的水体应严格去除余氯，如在经消毒后的水体进入养殖池前，进行充分曝气，或采用活性炭进行吸附。

（3）紫外线消毒。紫外线消毒是指通过紫外灯发射的波长为 $200\sim300nm$ 的紫外线穿透细菌细胞膜，被细胞核吸收，对细菌 DNA 造成损伤，使细菌不能进行复制，抑制细菌繁殖，从而达到杀菌效果。

5. 增氧

工厂化循环水养殖过程中，由于养殖密度高、水体小，生物耗氧量高，增氧技术极为关键。目前，工厂化循环水养殖主要采用罗茨式风机及旋涡式充气机进行增氧，同时使用纯氧、液态氧及分子筛富氧装置等增氧措施也可达到良好的增氧效果。

6. 调温

调温的主要措施有锅炉热水加热升温、电加热升温，同时可通过电脑等先进设备，使用组合式热泵冷水机组进行调温。

7. 水质调控

水质调控主要采用现代化自动监测系统对水质进行全程监控和调控，实现自动监测、报警和自动启动相关设备调控。此外，工厂化循环水养殖还涉及自动监控系统和自动投饵系统等，同时采用电脑监控，使水泵、自动投饲机、水底清扫机等设备的自动化运行。

（四）工厂化养殖

现代水产养殖方式要求环境友好、绿色低碳养殖、优质、高效、安全。工厂化养鱼是指在水产工程学、水产养殖学以及水产学等水产学科的基础上，综合建筑学、化学、自动化控制学，使鱼类在一个比较平衡稳定的环境中达到最佳的生长状态，使养殖鱼种快速生长，提高经济效益、鱼种产量及质量的高效的、自动化的养殖模式。其优点明显，如单位面积产量高、可操控性高、经济效益高、占地面积小等，同时工厂化养鱼实现了对水温、pH 值、溶解氧、氨氮及亚硝酸盐等水质理化指标以及疾病、排污、投饵等的人为控制，人工干预大，突破传统养殖渔业，极大节省了人力物力。有了强大的技术支持和政策支持，人们已经不再服从于"看天吃饭"的传统水产养殖模式，人们追求水产养殖产量稳定、效益更高、可控性更强的养殖新模式，因此工厂化养殖营应运而生。从 20 世纪 60～70 年代开始，随着经济、财政、金融等扶持政策的出台，美国、日本工厂化养殖迅速发展，且在当时被列为"十大最佳投资项目"之一。我国作为水产养殖大国，工厂化养殖渔业始于 20 世纪中后期，起步较早，但是技术和自动化水平较低，与发达国家相比仍有较大的差距。我国应用于大规模研究和生产的工厂化养殖主要应用于沿海地区的半自动化对虾成虾养殖与育种。近现代，在国家技术支持和号召下，我国许多水产龙头企业开始将工厂化养殖作为企业发展的新增长点，相信在未来几十年，我国工厂化养殖将会更进一步。

1. 工厂化养殖系统设施

工厂化养殖系统设施主要由以下几个系统组成：鱼池系统、水质净化处理系统、自动监测系统等以及自动投饵系统等其他辅助系统。

（1）鱼池系统。包括鱼池、进排水管道和拦鱼设备等。鱼池一般设在室内，混凝土结构或者玻璃钢水槽，形状多为多角形、长方形、圆形，面积可随着生产需求而有不同的生产面积，主要是借鉴鳗鱼养殖场的鱼池规格，一般有 $80m^2$、$100m^2$、$300m^2$ 等多种规格的鱼池。进排水管道系统材料主要使用的材料是塑料 PC 管，这种材料硬度高、价格低、口径及长度可根据生产需求及水量的大小而改变，极大方便了生产的需求。拦鱼设备是指设置于出水口及其他鱼池漏出地方所安置的网，其材料组成可由尼龙网、钢丝、竹片等组成，口径以不会使鱼跑出为基准。

（2）水质净化处理系统。工厂化养鱼过程中，由于疾病、水质处理、药物降解不完全等原因，同时由于投饵、鱼类产生分泌物和排泄物等，鱼池水质必然会发生改变，当水质未经得到及时处理，水中的氨氮、亚硝酸盐、悬浮的颗粒物以及溶解的有机物等将会积聚在鱼池中，当其浓度超过鱼类生存的安全限度，就会对养殖鱼类造成伤害，这是就需要进行换水。排出的废水如果不经过处理而直接排入江、河、湖等自然水域，必然会造成相应水域的污染。污染物主要有悬浮的固体颗粒物、水中游离的氨氮、亚硝酸盐等物质，因其存在的状态不同，有物理处理方式、化学处理方式以及微生物处理，通常是综合多种方式进行水质处理。在工厂化养殖过程中，常有废水沉淀处理池，排出的废水经过沉淀后，添加微生态制剂处理，水质经过检测合格后，方可排放。

（3）自动监测系统。工厂化养殖设置在线监测系统，对养殖池水体水温、pH 值、溶解氧、氨氮及亚硝酸盐等理化指标实行在线检测监控，对鱼池中鱼的活动状态、渔场人员活动情况等进行监控。

（4）自动投饵系统。传统水产养殖的投饲饵料的量和时间是建立在工作人员或者养殖户的个人经验上，经常会导致投饲量过多或者过少，投饲时间过早或者过晚，增加劳动强度的同时，定量精度也低，同时鱼类生长不一致。为了定量投喂饲料，减少工厂化养殖过程中的饲料浪费，同时降低劳动强度，工厂化养殖过程中经常结合轨道传动、无线电通信、超声波定位和计算机软件技术等现代科学技术，发明了自动投饵系统。

2. 工厂化养殖关键技术

工厂化养殖和传统池塘静水养殖的最大区别是：传统养鱼的池塘面积大、池水未能得到及时更新，池水水质指标不可控，投饲技术滞后，鱼类排泄物及水中的有害物质不能及时排出。为了解决这些问题，达到人工可控，工厂化养殖已成为水产养殖渔业的发展趋势。工厂化养殖水池面积更小、池水交换率大、养殖密度更高、水中溶解氧可以依靠机械增氧、化学增氧等先进增氧设备，劳动强度更低，投饲更合理。

（1）鱼种放养。工厂化养殖的鱼种主要为偏肉食性、高产值的特种鱼类，如鳗鱼、石斑鱼、大菱鲆等，养殖密度根据不同品种而定，养殖鱼种的规格一般为50g以上。

（2）饲养管理。饲养管理包括池水水量的调节、水温、pH调控、投饲技术等。良好的水体有利于鱼类的生长，水中理化指标稳定在鱼类生长的最佳水平是饲养管理的关键。当然，根据实际情况确定鱼类的投饵率，同时也要做好检查和护理工作，平时经常检查进排水闸门和拦鱼栅栏的情况。

3. 福建邵武澳洲龙纹斑工厂化养殖场

在福建省农业科学院种业项目的大力支持下，在福建省邵武市嘉福养殖场澳洲龙纹斑养殖基地，采用工厂化养殖澳洲龙纹斑。按养殖区域分为亲鱼养殖池、鱼苗养殖池、鱼种暂养池及孵化池等，设施齐全，技术全面，建立了一套完整的养殖技术体系。该基地成立两年来，已经能够规模化繁育澳洲龙纹斑鱼苗，同时在疾病处理、饲养管理及养殖技术等方面取得了长足的突破。

第六节 系统进化分析

线粒体DNA是共价闭合的双链分子，其结构简单，进化速度快，几乎不发生重组，呈严格的母系遗传，已成为一种应用较广的分子标记。线粒体DNA不同的区域进化速度存在差异，适合不同水平的进化研究，COI基因近年来在鱼类群体遗传结构和系统进化方面有较多的研究。

对引进的在大陆养殖的澳洲龙纹斑线粒体 DNA COI 基因部分片段序列进行了 PCR 特异性扩增，得到 652bp 的碱基序列，其中 A、C、T、G 4 种碱基在 3 个个体中的平均比例分别为 25.3%、16.6%、32.9%、25.2%。碱基 T 含量最高，C 的含量最低，A + T（58.2%）含量明显高于 G + C（41.8%），符合脊椎动物 mtDNA COI 碱基组成的特点。通过对澳洲龙纹斑 COI 基因片段遗传特征的研究，发现其在种内的变异比较低，所测 3 个样本碱基序列基本一致，仅有 1 处变异。在 mtDNA 的基因序列中，由于受到的选择压力不同导致各个区域进化速率不同。张岩等对种黄盖鲽线粒体 DNA 3 个蛋白编码基因的系统发育信息研究指出核苷酸替代速率最快的是 D-loop，COI 和 Cyt b 核苷酸替代速率基本一致。Zardoya 等研究了脊椎动物的 13 个蛋白编码基因所包含的系统发育信息情况指出，ND4. ND5. Cyt b 和 COI 含有良好的系统发育信息。彭士明等采用线粒体 D-loop 区与 COI 基因序列比较分析了养殖与野生银鲳群体遗传多样性，基于 D-loop 序列的分子方差（AMOVA）分析显示养殖与野生银鲳群体间具有较高的遗传分化，而基于 COI 基因片段 AMOVA 分析显示两群体间并无明显的遗传分化，说明线粒体 D-loop 区作为反映银鲳群体间遗传多样的敏感度要高于 COI 基因，所测 3 个澳洲龙纹斑 COI 基因序列基本一致也同时验证了 COI 基因比较保守这一事实，COI 基因可能更适用于种间及种以上阶元的分析。要进一步了解澳洲龙纹斑的群体遗传结构及遗传多样性等还需借助其他方法，如对进化速率更快的 D-loop 区进行测序分析，或者采用 SSR 或者 AFLP 法扫描信息量更大的核 DNA。同时，与从 GenBank 中查到的其他 6 种真鲈科鱼类的同源序列比对，并采用最大简约法构建系统进化树，结果显示 7 种真鲈科鱼类聚在一起，分为 2 个大的支系，鳕鲈属的 2 种鱼类聚为一支；麦氏鲈属、鳜属以及花鲈属的鱼类聚为一支。由聚类结果可知，花鲈属的花鲈与鳜属鱼类亲缘关系较近，与其他两属鱼类亲缘关系稍远，表现为与形态学分类结果相一致。

该结果为进一步研究澳洲龙纹斑的遗传变异、种群结构和系统进化打下了基础，但要了解其更多的遗传背景，尚需收集更多资料及借助其他分子生物学手段。

第七节　疾病研究进展

澳洲龙纹斑抗病能力较强，但其在养殖的过程中，也会受到各种鱼病的威胁。在孵化阶段主要威胁是由水霉引起的真菌性病害；鱼苗和成鱼阶段的主要威胁为侵袭性鱼病，危害较大的有车轮虫病、小瓜虫病、斜管虫病和盾纤毛虫病（暂定），另外聚缩虫病也不容忽视；在澳洲龙纹斑的生长过程中，细菌主要引起继发性感染，从而产生烂鳃病、烂尾病等细菌性疾病；另外由鱼病毒造血坏死病毒（epizootic haematopoietic necrosis virus（EHNV）引起的病毒性疾病也应受到高度重视，该病曾在澳洲本地养殖过程中造成过重大的经济损失。鱼病防控操作方法及注意事项参考罗土炎等所撰写的论文《澳洲龙纹斑养殖过程中主要疾病诊断及其防治》及本书第八章。

一是必须做到"以防为主，防重于治，有病早治"的方针，定期对水体、工具、饵料等消毒，不能等到鱼大量死亡时才治疗，因此时重病鱼完全失去食欲，已无法治疗。

二是病鱼鱼体及水体中都有大量的病原体存在，治疗时必须外泼杀菌药和内服药相结合，将水体和鱼体中的病原体同时杀灭，才能达到理想的效果。

三是投喂药饵的量必须计算准确，一般要求在投喂后 30～45min 内吃完，且必须保证每条鱼都能吃到相应的饵料。投得过多或过少都会影响药效，药饵必须连续投喂 3～5 d，以保持鱼体内的有效药物浓度。

四是外泼杀虫药、杀菌药的浓度要根据当时、当地的水温水质及用药情况而定，有时还要注意天气状况，有些药在天气晴朗的上午或下午施用才能保证澳洲龙纹斑的安全。杀虫药物一般在晴天下午 3：00～4：00 使用，杀菌药物应在上午 9：00～10：00 使用，这样才能起到杀虫和杀菌的效果。

五是澳洲龙纹斑死卵及表皮损伤的鱼苗极易感染水霉菌，因此在鱼苗孵化和培育的过程中，应保持水质良好，及时清除感染鱼卵。

六是澳洲龙纹斑是肉食性鱼类，以鲜杂鱼、甲壳动物和双壳动物为主，这些饵料的投喂很容易导致水质变化，引起鱼体疾病和死亡，要想使澳洲龙纹斑的养殖规模化、产业化，需要开发虫纹鳕鲈人工配合饲料，现在对配合饲料的使用还处于摸索阶段。

七是加强管理，认真记录澳洲龙纹斑的生长情况、水质变化情况，发现问题及时处理，绝不可大意。

参考文献

安丽等.2013. 虫纹鳕鲈外形特征及内部消化系统结构的研究 ［J］. 长江大学学报（自科版）（17）：29－32.

蔡乘成等. 2012. 澳洲鳕鲈引种驯化养殖的报告 ［J］. 养殖技术顾问（01）：258－259.

陈永乐. 1999. 澳洲淡水鳕鱼及其人工繁殖 ［J］. 淡水渔业（07）：6－7.

郭松等.2012. 澳洲鳕鲈的生物学特征及人工繁养技术 ［J］. 江苏农业科学（12）：

242 – 243.

郭奕惠等. 2009. 中国主要养殖罗非鱼亲缘关系的 COI 序列分析 [J]. 华中农业大学学报, 28 (1): 75 – 79.

李娴等. 2013. 虫纹鳕鲈的生物学特性及人工养殖技术研究 [J]. 湖北农业科学 (09): 2114 – 2115.

柳淑芳等. 2010. 基于线粒体 COI 基因的 DNA 条形码在石首鱼科 (Seiaenidae) 鱼类系统分类中的应用 [J]. 海洋与湖沼, 41 (2): 223 – 232.

罗钦等. 2015. 澳洲龙纹斑肌肉氨基酸的分析研究 [J]. 福建农业学报, 30 (5): 446 – 451.

罗土炎等. 2015. 澳洲龙纹斑养殖过程中主要疾病诊断及其防治 [J]; 福建农业学报, 30 (6), 562 – 566.

彭士明等. 2010. 基于线粒体 D-loop 区与 COI 基因序列比较分析养殖与野生银鲳群体遗传多样性 [J]. 水产学报, 34 (1): 19 – 25.

彭士明等. 2009. 银鲳 3 个野生群体线粒体 COI 基因的序列差异分析 [J]. 上海水产大学学报, 18 (4): 398 – 402.

曲宪成等. 2011. 千岛湖细鳞鲴种群线粒体 COI 基因变异及遗传分化研究 [J]. 湖南农业科学 (15). 150 – 153.

宋理平等. 2013. 虫纹鳕鲈肌肉营养成分分析与品质评价 [J]. 饲料工业 (16): 42 – 45.

王波等. 2003. 虫纹麦鳕鲈的形态和生物学性状 [J]. 水产科技情报 (06): 266 – 267.

杨小玉等. 2013. 澳洲龙纹斑工厂化养殖技术 [J]. 水产养殖 (02): 26 – 27.

张凤英等. 2008. 3 种鲳属鱼类线粒体 COI 基因序列变异及系统进化 [J]. 中国水产科学, 15 (3): 392 – 399.

张龙岗等. 2013. 利用 mtDNA COI 基因序列分析引进的澳洲虫纹鳕鲈群体遗传多样性 [J]. 水产学杂志 (02): 14 – 18.

张岩等. 2009. 两种黄盖鲽线粒体 DNA 部分片段比较分析 [J]. 水产学报, 33 (2): 201 – 207.

左瑞华等. 2001. 虫纹鳕鲈苗种培育影响因素初步分析 [J]. 安徽农学通报 (03): 57 – 59.

Abery N W, Abery N W, Gunasekera R M, De Silva S S. 2002. Growth and nutrient utilization of Murray cod *Maccullochella peelii* (Mitchell) fingerlings fed diets with varying levels of soybean meal and blood meal [J]. Aquaculture Research, 33 (4): 279 – 289.

Allen-Ankins. 2012. The effects of turbidity, prey density and environmental complexity on the feeding of juvenile Murray cod *Maccullochella peelii* [J]. J Fish Biol, 80 (1): 195 – 206.

Baily, J. E. , *et al.* , 2005. The pathology of chronic erosive dermatopathy in Murray cod, *Maccullochella peelii* (Mitchell) [J]. J Fish Dis, 28 (1): 3 – 12.

Broughton R E, Roe B A. 2001. The complete sequence of the zebra fish (Danio rerio) mitochondrial genome and evolutionary patterns in vertebrate mitochondrial DNA [J]. Genome Res, 11: 1958 – 1967.

Cadwallader P L. 1977. JO Langtry S 1949 – 50 Murray River investigations [M]. Melbourne: Fisheries and Wildlife Division.

FI B A G. Fish Health Management Guidelines for Farmed Murray Cod. Fisheries Victoria Research Report Series No. 32. ISSN 1448 – 7373.

Gooley, G R S. 1993. Murray-darling Finfish: Current developments and commercial potential. Austasia Aquaculture, 3 (7): 35 – 38.

H, H J, Harris J H, Rowland S J. 1996. Family Percichthyidae-Australian freshwater cods and basses [A]. Freshwater Fishes of Soutb-eastern Australia [C]. California: University of Califomia.

Ingram B A. 2009. Culture ofjuvenile Murray cod, Trout cod and Macquarieperch (Perciehthyidae) in fertilised earthen ponds [J]. Aquaculture, 287 (1/2): 98 – 106.

Kearney, R E and Kildea M A. 2001. The Status of Murray Cod in the Murray-Darling Basin [J]. Applied Ecology Research Group, University of Canberra, Canberra.

Lancaster, M J, M M Williamson and C J Schroen. 2003. Iridovirus-associated mortality in farmed Murray cod (*Maccullochella peelii*) [J]. Aust Vet J, 81 (10): 633 – 634.

Rowland S J. 2004. Overview of the history, fishery, biology and aquaculture of Murray cod (*Maccullochella peelii*) [A]. Management of Murray cod in the Murray Darling Basin [C]. Canberra: Canberra Workshop, 38 – 61

Silva, S. , S S D Silva, RM Gunasekera. 2000. G Gooley-Digestibility and amino acid availability of three protein-rich ingredient-incorporated diets by Murray cod *Macculloch-*

ella peelii peelii（Mitchell）and the Australian shortfin eel Anguilla australis Richardson-Aquaculture Research 31：195 – 205 – 2000.

Turchini，G M，D S Francis and S S De Silva. 2006. Fatty acid metabolism in the freshwater fish Murray cod（*Maccullochella peelii peelii*）deduced by the whole-body fatty acid balance method. Comp Biochem pHysiol B Biochem Mol Biol, 144（1）：110 – 118.

Verheyen E，Salzburger W，Meyer A，et al. 2003. Origin of the superflock of cichlid fishes from lake Victoria，East Africa［J］. Science，300：325 – 329.

Zardoya R，Meyer A. 1996. pHylogenetic performance of mitochondrial protein-coding genes in resolving relationships among vertebrates［J］. Mol Bioi Evol，13：933 – 942.

（翁伯琦、罗土炎执笔）

第二章　澳洲龙纹斑鱼种生长特性

为了进一步掌握澳洲龙纹斑的生长特性，编者在邵武市嘉福养殖场养殖基地进行澳洲龙纹斑鱼种的饲养试验，收集生长试验数据进行分析统计，以数学模型拟合其不同时期鱼体生长曲线，估测生长参数，得出澳洲龙纹斑鱼种体重和全长生长拐点，以期望对澳洲龙纹斑养殖有一定指导意义。

第一节　材料与方法

试验用鱼种的平均体重和全长分别为 1.29g ± 0.23g 和 4.56cm ± 0.30cm；试验期水温 22～28℃；投喂粗蛋白 51.2% 的商品饲料。每天上午排污换水一次，换水量为池水的 1/3。投饵量最初为体重的 5%～7%，每天投喂 3 次；中后期过渡为 3%，每天投喂 2 次，根据鱼的生长及摄食情况再做适当的调整。委托福建某水产饲料厂生产的鱼类苗种配合饲料，粗蛋白 51.2%、粗脂肪 13.6%、粗纤维 3.4%、赖氨酸 2.2%、粗灰分 13.5%、水分 11.5%。每天观察鱼种的活动情况并做好记录。

在 97d 培育过程中，每 7～9d 测量一次鱼种体重和全长，每次随机取样 30 尾/池，用直尺测量全长，用精度 0.01g 电子秤测量体重，计算平均全长和体重。用 Microsoft Excel 管理数据，分析生长指标计算公式如下。

体重特定生长率（%）=（Ln 末重 – Ln 始重）/天数 × 100

全长特定生长率（%）=（Ln 末长 – Ln 始长）/天数 × 100

饲料系数 = 摄食饲料干重/（末重 – 初重）

肥满度系数：$K = 100W/L^3$

全长与体重的幂函数方程 $W = aL^b$，式中：W 为体重（g）；L 为全长（cm）。

用 SPSS 对生长数据进行非线性生长模型拟合，采用以下 3 种模型，求得澳洲龙纹斑鱼种体重与全长生长最佳模型，估测模型参数，并计算生长拐点等。

Bertalanffy 模型：$Y = A (1 - B (EXP (-Kx)))^3$

Gompertz 模型：$Y = A (EXP ((-B) EXP (-Kx)))$

Logistic 模型：$Y = A / (1 + Bexp (-Kx))$。

式中：模型参数 A 为最大理论生长值，B 为模型常数，k 为瞬间生长率。

澳洲龙纹斑鱼种的平均体重和全长分别达 12.84g ± 1.30g 和 10.03cm ± 0.36cm。澳洲龙纹斑鱼种体重和全长特定生长率分别为 2.37% day⁻¹ 和 0.81% day⁻¹；该鱼种体重与全长的最优回归方程为幂函数方程 $W = 0.016L^{2.884}$。以 Gompertz 非线性生长模型算得的澳洲龙纹斑鱼种体重和全长生长拐点分别为 11.8g 和 8.5cm，拐点日龄分别为 170d 和 149d；全长生长拐点日龄的出现先于体重生长拐点。测定结果如表 2 - 1。

表 2 - 1 澳洲龙纹斑鱼种的生长特性

日龄	平均体重 (g)	平均全长 (cm)	肥满度系数	体重特定 生长率 (%)	体长特定 生长率 (%)
80	1.29 ± 0.23	4.56 ± 0.30	1.35 ± 0.17		
89	1.96 ± 0.58	5.28 ± 0.49	1.30 ± 0.22	4.65	1.63
96	2.30 ± 0.57	5.50 ± 0.41	1.37 ± 0.21	3.61	1.17
103	3.05 ± 0.75	6.15 ± 0.49	1.29 ± 0.10	3.74	1.30
112	3.62 ± 1.35	6.50 ± 0.76	1.30 ± 0.33	3.22	1.11
120	3.87 ± 1.01	6.74 ± 0.67	1.24 ± 0.10	2.75	0.98
128	4.65 ± 1.07	7.01 ± 0.44	1.33 ± 0.22	2.67	0.90
137	5.75 ± 1.12	7.84 ± 0.46	1.48 ± 0.22	2.62	0.95
144	7.50 ± 1.79	8.30 ± 0.70	1.32 ± 0.30	2.75	0.94
152	9.02 ± 2.54	8.73 ± 0.79	1.33 ± 0.13	2.70	0.90
159	10.2 ± 2.38	9.36 ± 0.74	1.23 ± 0.12	2.62	0.91
168	11.93 ± 1.99	9.70 ± 0.60	1.30 ± 0.14	2.53	0.86
177	12.84 ± 1.30	10.03 ± 0.36	1.35 ± 0.26	2.37	0.81

由表 2 - 1 可知，体重平均为 1.29g 的澳洲龙纹斑鱼种经 97d 的饲养，平均体重，平均全长从 4.56cm 达到 10.03cm；肥满度在 1.23 ~ 1.48；体重特定生长率 2.37%，全长特定生长率 0.81%；该阶段澳洲龙纹斑鱼种饲料系数为 0.95 ± 0.12。

第二节 生长测量与数据分析

一、体重与全长的关系

对澳洲龙纹斑鱼种体重和全长进行曲线拟合，得到体重与全长的最优回归方程为幂

函数方程 $W = 0.016L^{2.884}$（图 2 - 1）；其体重与全长的幂函数回归方程的 b 值小于 3，呈较强的异速生长类型。

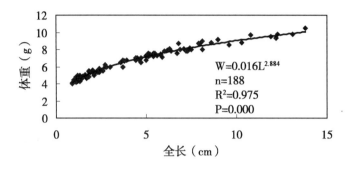

W=0.016L$^{2.884}$
n=188
R^2=0.975
P=0.000

图 2 - 1　澳洲龙纹斑体重与全长的关系

二、澳洲龙纹斑鱼种的非线性生长模型比较

以 Bertalanffy、Gompertz 和 Logistic 3 种模型拟合澳洲龙纹斑鱼种生长模型，3 种体重生长模型的 R^2 大于 0.974，全长生长模型的 R^2 均为 0.992，都可很好拟合其体重和全长生长曲线。体重生长曲线以 Gompertz 模型拟合度相对略高，体长生长曲线 3 种模型拟合度基本相同。

以 Gompertz 该模型算得的澳洲龙纹斑鱼种体重和全长生长拐点分别为 11.8g 和 8.5cm；拐点日龄分别为 170d 和 149d，全长生长拐点先于体重生长拐点出现（表 2 - 2）。以 Gompertz 模型拟合的澳洲龙纹斑鱼种生长曲线、生长速度曲线显示，起始体重相近的 80 日龄澳洲龙纹斑鱼种体重呈曲线生长，全长呈线性生长（图 2 - 2）；鱼体全长生长速度增幅在 140 日龄前高于体重生长速度，其后全长生长速度则低于体重生长速度（图 2 - 3）。

表 2 - 2　澳洲龙纹斑鱼种生长模型参数

项目	模型	模型参数			相关指数	生长参数			
		A	B	K	R^2	拐点体重（g）/拐点体长（cm）	拐点日龄（d）	最大日增重（g）	相对生长率（%）
体重	Bertalanffy	32.000	1.629	0.010	0.977	9.481	155.824	0.145	0.0153
	Gompertz	32.000	10.495	0.014	0.987	11.772	170.219	0.163	0.0138
	Logistic	25.387	90.000	0.025	0.974	12.694	178.156	0.160	0.0126

（续表）

项目	模型	模型参数			相关指数	生长参数			
		A	B	K	R^2	拐点体重（g）/拐点体长（cm）	拐点日龄（d）	最大日增重（g）	相对生长率（%）
全长	Bertalanffy	31.056	0.655	0.004	0.992	9.202	160.311	0.058	0.0063
	Gompertz	23.183	2.757	0.007	0.992	8.529	148.675	0.058	0.0068
	Logistic	16.041	7.768	0.015	0.992	8.021	139.841	0.059	0.0073

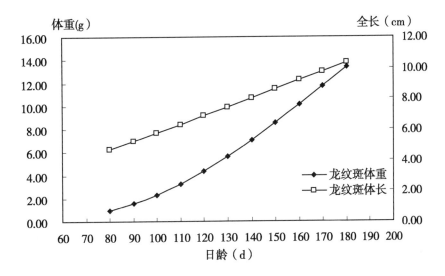

图 2－2 澳洲龙纹斑鱼种生长曲线

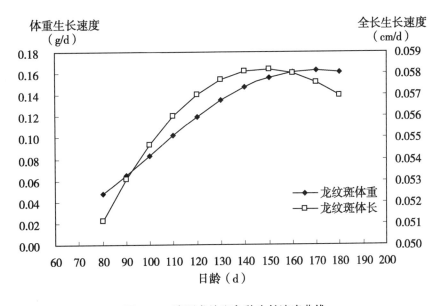

图 2－3 澳洲龙纹斑鱼种生长速度曲线

第三节　生长特性结果与分析

澳洲龙纹斑在我国的养殖刚起步，在人工繁殖、苗种培育和商品鱼养殖等方面，可以借鉴原产地的研究成果。鱼种培育首先离不开满足其营养需求的饲料，编者据此在试验中优化鱼种饲料配方，实测的澳洲龙纹斑鱼种饲料含粗蛋白 51.2%、粗脂肪 13.6%；体重的 SGR 分别为 2.37% $d^{-1)}$，饲料系数为 0.96，其体重 SGR 和饲料系数在澳大利亚学者的试验结果范围之内（SGR 为 0.89% ~ 8.09% d^{-1} 和饲料系数为 0.92 ~ 1.45）。试验结果存在一定差异是正常的，有多方面原因，主要是苗种规格不同、饲料营养水平不同和养殖环境条件不同等所致；一般鱼类苗种规格越小，SGR 值越大，饲料系数值越小。以往鱼种养殖密度试验有 20 ~ 250 尾/m²；编者采用的密度为 100 尾/m²，生长速度，存活率取得较好的效果。

澳洲龙纹斑鱼种的体重—体长曲线呈幂函数关系（$w = aL^b$），b 值为 2.884，与已报道的 b 值为 2.888 和 2.729 十分接近。在非线性生长模型方面，Von Bertalanffy、Gompertz 和 Logistics 等 3 种模型均可很好地拟合该鱼种生长特点，选择 Gompertz 模型预测的体重和体长生长拐点分别为 11.8g 和 8.5cm，全长生长拐点时间在 149 日龄，比体重生长拐点提早 21d；亦有报道以耳石磨片研究野生澳洲龙纹斑生长情况，采用 Von Bertalanffy 模型拟合 7 龄和 11 龄野生澳洲龙纹斑体长生长曲线，其模型参数 A = 69.0cm、B = 0.53 和 K = 0.003。文献未提供生长拐点参数，编者利用文献的模型参数算出野生澳洲龙纹斑体长生长拐点为 20.4cm，拐点时间为 155d。鱼体生长具异速生长的特点，不同生长发育时期的生长参数存在差异，野生群体和养殖群体也是如此。利用澳洲龙纹斑生长数据，以数学模型拟合其不同时期鱼体生长曲线，估测生长参数，对澳洲龙纹斑养殖有一定指导意义。

参考文献

安丽等.2013.虫纹鳕鲈外形特征及内部消化系统结构的研究［J］.长江大学学报（自科版）（17）：29 – 32.

曹凯德.2001.澳大利亚墨累河鳕鱼养殖技术［J］.水利渔业，21（1）：16 – 18.

韩茂森.2003.澳洲虫纹鳕鲈的生物学特性及引养前景［J］.淡水渔业，33（4）：50 – 52.

韩世成等.2009.水产养殖投饵控制系统的设计与研究［J］.水产学杂志，22（4）：

46 - 48，55.

焦仁育.2011.投饵机下料机构的现状分析 [J].河南水产（1）：23 - 24.

李娴等.2013.虫纹鳕鲈的生物学特性及人工养殖技术研究 [J].湖北农业科学.52（5）：2114 - 2115，2148.

刘怡.2014.澳洲龙纹斑在广东全人工繁育成功 [J].海洋与渔业（5）：28 - 30.

罗钦等.2015.澳洲龙纹斑肌肉氨基酸的分析研究 [J].福建农业学报，30（5）：446 - 451.

宋理平等.2013.虫纹鳕鲈肌肉营养成分分析与品质评价 [J].饲料工业（16）：42 - 45.

杨小玉等.2013.澳洲龙纹斑工厂化养殖技术 [J].水产养殖（02）：26 - 27.

张庆阳等.2015.养殖密度对龙纹斑幼鱼生长的影响 [J].水产养殖（04）：34 - 38.

左瑞华等.2001.虫纹鳕鲈苗种培育影响因素初步分析 [J].安徽农学通报（03）：57 - 59.

Abery N W，Abery N W，Gunasekera R M，De Silva S S. 2002. Growth and nutrient utilization of Murray cod *Maccullochella peelii*（Mitchell）fingerlings fed diets with varying levels of soybean meal and blood meal [J]. Aquaculture Research，volume 33（4）：279 - 289（11）.

Abery NW，Silva SSD. 2005. Performance of Murray cod，Maccullochella peelii（Mitchell）in response to different feeding schedules [J]. Aquaculture research. 36（5）：472 - 478.

Anderson JR，Morison AK，Ray DJ. 1992. Age and growth of Murray cod，*Maccullochella peelii*（Perciformes：Percichthyidae），in the Lower Murray-Darling Basin，Australia，from thin-sectioned otoliths [J]. Australian Journal of Marine and Freshwater Research，43（5）：983 - 1013.

Francis DS，Turchin GM，Giovanni M，*et al*. 2007. Effects of fish oil substitution with a mix blend vegetable oil on nutrient digestibility in Murray cod，Maccullochella peelii [J]. Aquaculture，269（1 - 4）：447 - 455.

Francis DS，Turchin GM，Jones PL *et al*. 2006. Effects of dietary oil source on growth and fillet fatty acid composition of Murray cod，Maccullochella peelii [J]. Aquaculture，253（1 - 4）：547 - 556.

Francis DS，Turchin GM，Jones PL，*et al*. 2007. Growth performance，feed efficiency and fatty acid composition of juvenile Murray cod, Maccullochella peelii, fed graded levels of canola and linseed oil [J]. Aquaculture nutrition, 13 (5): 335 – 350.

Gooley GJ. 1992. Validation of the use of otoliths to determine the age and growth of Murray cod, Maccullochella (Mitchell) (Percichthyidae), in Lake Charlegrark, western Victoria [J]. Australian Journal of Marine and Freshwater Research, 43 (5): 1091 – 1102.

Gunasekera1 RM, Silva1 S S D, Collins1 RA, *et al.* 2000. Effect of dietary protein level on growth and food utilization in juvenile Murray cod Maccullochella peelii (Mitchell) [J]. Aquaculture Research, 31, (2): 181 – 187.

Ingram B A. 2009. Culture of juvenile Murray cod, trout cod and Macquarie perch (Percichthyidae) in fertilised earthen ponds [J]. Aquaculture, 287 (1/2): 98 – 106.

Silva SSD, Gunasekera R M., Gooley G. 2000. Digestibility and amino acid availability of three protein-rich ingredient-incorporated diets by Murray cod Maccullochella peelii (Mitchell) and the Australian shortfin eel Anguilla australis Richardson [J]. Aquaculture Research, 31 (2): 195– 205.

Silva SSD, Gunasekera RM, Collins RA, *et al.* 2002. Performance of juvenile Murray cod, Maccullochella peelii (Mitchell), fed with diets of different protein to energy ratio [J]. Aquaculture nutrition, 2002, 8 (2): 79 – 85.

Stuart IG, McKillup SC. The use of sectioned otoliths to age barramundi (Lates calcarifer) (Bloch, 1790) [Centropomidae]. Hydrobiologia, 479: 231 – 236.

Turchini GM, Francis DS, Senadheera SPSD. 2011. Fish oil replacement with different vegetable oils in Murray cod: Evidence of an "omega-3 sparing effect" by other dietary fatty acids [J]. Aquaculture, 315 (3 – 4): 250 – 259.

（罗钦、罗土炎、陈荣枝执笔）

第三章 澳洲龙纹斑种苗繁殖与技术

澳洲龙纹斑亲鱼主要来源于澳大利亚，来源渠道极窄，数量稀少，属肉食性鱼类，存在自相残食的行为。亲鱼每千克体重产卵量少，属大型卵粒，3cm以下的鱼苗存活率极低。世界上每年繁育的鱼苗数量极少，繁育技术环节在澳洲龙纹斑产业化进程中显得尤为重要。福建省农业科学院邵武市澳洲龙纹斑养殖基地的亲鱼的来源于乐清市港龙渔业有限公司。2014年12月4日，编者前往乐清市港龙渔业有限公司，对停餐两天以上的6龄以上的亲鱼进行挑选，选取生长性状良好、外部形态特点正常、无伤病的个体，采用特制的亲鱼桶进行搬运，采用密闭的充纯氧的活水车进行运输，共耗时15h。

第一节 亲鱼培育

一、亲鱼来源

亲鱼必须来源清楚，严禁选留种质混杂、来源不清、近亲繁殖鱼作为亲鱼。这是保证苗种质量和养殖综合效益的重要基础。获取亲鱼的方式有两种，即直接从自然河区捕捞亲鱼和从养殖群体中挑选亲鱼。由于澳洲对澳洲龙纹斑过度捕捞，野生澳洲龙纹斑资源量日益减少，捕获澳洲龙纹斑亲鱼的数量更是极少，因此目前亲鱼主要通过选取野生澳洲龙纹斑培育的子一代进行人工培育而成。福建省农业科学院邵武市澳洲龙纹斑养殖基地的澳洲龙纹斑亲鱼为2014年12月4日购自于乐清市港龙渔业有限公司。亲鱼的形态特征如表3-1。

表 3 - 1　澳洲龙纹斑亲鱼的形态特征

项　目	形态特征
体型、体色	鱼体呈纺锤形，左右对称，背面为黄绿色，密布不规则黑色斑点，从背部至腹部越往下体色越浅；腹面为黄白色，无斑点，体两侧有似虫纹状的花纹，体背部两侧呈黄黑色，腹部色浅呈黄白色，体型及体色极其美丽
鳞	肉眼观体表似无鳞，以手触之光滑，实际体表有细小而密的鳞
头	头后部稍隆起，头长为全长的1/3，口端位，口裂较大，口裂末端基本与眼前缘在一条线上。上、下颌骨上密布细齿，梨骨、颚骨、上咽骨、下咽骨上均有许多小齿
鳍	胸鳍由19根鳍条构成，背鳍2个，与基部相连，由1~15根鳍条构成，尾鳍为圆形，由18~19根鳍条组成，鳍上黑色斑点
年龄（年）	>6
体重（kg）	>10
体长（cm）	>60

二、亲鱼选择与雌性鉴别

（一）亲鱼选择

用于繁殖的澳洲龙纹斑亲鱼，需要培育6年性腺才能发育成熟，因此亲鱼一般要求年龄大于7龄，体重在10kg以上，生长性状良好，外部形态特征正常，无伤病。此外，澳洲龙纹斑亲鱼的选择还应注意以下几个问题。

（1）为了减少或避免近亲繁殖，亲鱼选留时应严格按照相关规定或标准执行。

（2）用于同批次繁殖的亲鱼，应选自同一群体中反应灵活、生长较快、体型好、体质健壮的个体。同时要求亲鱼斑纹清晰、色泽光亮、背高肉厚、鱼鳍完整、无体伤、无畸形。

（3）澳洲龙纹斑雄鱼有护卵的行为习性，雄鱼在繁殖季节较凶猛，雄鱼数量过多，通常会因争夺雌鱼和领地而发生争斗，导致亲鱼受伤；同时雌鱼产卵不会在同一时间排卵，排卵季节长达2个多月。因此，为了获得相对较多的受精卵，在生产上，雌雄配比一般以3∶1为宜。

（4）亲鱼选留的数量，受养殖周期长，养殖成本高的因素影响，一般每年保留5%~10%的数量，以确保澳洲龙纹斑产业的可持续发展。

（二）雌雄鉴别

在生殖季节，成熟的雌雄亲鱼的外观差异不大，没有明显的婚姻色、追星等副性征，因此比较难以从外观上辨别雌雄亲鱼。临近性成熟的雌鱼，生殖孔较大、突出、紫红色，腹部膨胀、有弹性，腹中线略向下凹陷，腹部两侧有轻微皱褶。挤压雌性亲鱼腹部，生殖孔会挤出卵粒，挤压雄鱼腹部，生殖孔会流出精液，并在水中自然散开。

三、亲鱼培育过程

（一）培育池准备

1. 培育池条件

亲鱼培育池水质要求要符合国家渔业水质标准且无受到污染的水源，同时要求进排水方便；其次，亲鱼培育池以水泥池为宜，方形，面积 $300 \sim 400 m^2$，水深 $0.8 \sim 1.0 m^2$。池底四个角各放置一个纳米管曝气盘，用于增氧。水面配置功率 $0.75 kw$ 增氧机 1 台，用于排污和在高温季节增氧。大小亲鱼应专池隔离培育，防治小亲鱼被大亲鱼咬伤。

2. 清池消毒

一般采用高锰酸钾，池子放水 $5 \sim 10 cm$，用高锰酸钾 $50 mg/t$ 水，池壁用水瓢人工均匀泼洒高锰酸钾水溶液。第二天再换水时，使用刷子对池底及池壁进行刷洗，并用水泵将池底及池壁冲洗干净，之后注入新水。

（二）产前培育

为了促使亲鱼性腺发育成熟，提高澳洲龙纹斑的受精率、出苗率以及鱼苗质量，需要对亲鱼进行产前培育。只有在亲鱼性腺发育良好的基础上，再通过恰当的人为干预和方法，才能取得高质量、数量多的鱼卵，同时才能提高鱼卵的受精率、出苗率。在福建省，澳洲龙纹斑养殖场均为工厂化大棚精养池养殖场，夏天可遮阴，冬天可保温。由于澳洲龙纹斑亲鱼性腺发育成熟需要 $3 \sim 5$ 个月的低温刺激，因此，在福建闽北地区，在每年的 12 月开始进行产前培育，直到隔年 3 月，期间需打开精养池两边的门，保证对流通风，以到达降温效果，同时每天 24h 补充渠道水，进行流水型养殖，保证低水温，防止亲鱼性腺发育不成熟。

营养物质是亲鱼性腺发育的主要物质基础。它除了向亲鱼提供自身生命活动所需要的能量及正常生长物质外，主要用于生殖细胞的增殖、生长及卵内营养物质的积累——卵黄的积累。为了促进亲鱼性腺发育，产前应投喂粗蛋白质含量 45% 以上的，富含进口优质鱼粉、α-淀粉、鱼油、有机螯合矿物质和稳定型维生素的全价粉状配合饲料，通过对亲鱼的营养调整，确保亲鱼营养需求的均衡供给，进而改善繁殖质量。水温的升降会直接影响其性腺发育的过程，这种影响是通过改变新陈代谢强度而实现的。在最适宜的水温范围内，鱼体新陈代谢速度加快，食欲增强，被鱼体吸收的营养物质也多，性腺发育的速度加快。在福建闽北地区，越冬期间水温保持在 $11 \sim 18℃$ 以上，当水温低于

13℃时，不投喂饲料，当水温维持在 13~18℃ 时，饲料投喂量为亲鱼总体重的 0.5% ~ 1.0%，水温越高，投喂量越多，每天傍晚 17 时投喂。同时，溶解氧也是影响亲鱼性腺发育的主要因素，它主要体现在生殖细胞的生长、发育耗氧量增大以及影响亲鱼摄食强度。一般应保持培育池中溶解氧在 5mg/L 上。在福建省农业科学院邵武澳洲龙纹斑养殖基地，100 条亲鱼、300m² 0.7m 水深的池子四周分布四个 0.5m×1m 的纳米曝气装置即可满足耗氧量需求。随着澳洲龙纹斑亲鱼性腺发育成熟，亲鱼食量开始逐渐递减，肉眼可见亲鱼池中的粪便量减少、粪便变小、粪便形状由长柱形变为椭圆的颗粒状，此时应减饲料投喂量，加强日常管理和巡塘观察。使用的饲料应符合 NY5072《无公害食品渔用配合饲料安全限量》的规定，饲料添加剂符合《饲料和饲料添加剂管理条例》的规定。每天早、中、晚巡塘，观察水色变化、亲鱼摄食和活动情况，发现问题及时解决。2014 年 12 月 4 日至 2015 年 8 月 6 日亲鱼成活率见表 3-2。

表 3-2　亲鱼成活率

入池日期	亲鱼数量（尾）	死亡日期	死亡数量（尾）	成活率（%）	备注
		2014.12.4	1	99	运输
		2015.1.26	1	98	烂尾炎症
		2015.3.26	1	97	搬池
2014.12.4	100	2015.6.28	7	90	中毒
		2015.7.3	1	89	卵巢炎
		2015.7.27	1	88	腹水

第二节　苗种繁育

澳洲龙纹斑一般采用自然繁殖法，不需要流水刺激和人工催产，繁殖方法相对比较简单，对环境的要求不高。澳洲龙纹斑繁殖的适宜水温在 20℃ 以上，只要水温稳定在 20℃ 以上一周左右，亲鱼就能进行自然繁殖。由于亲鱼经过低温培育后，一般体质较弱，性腺发育同步性差，当水温稳定在 20℃ 以上的条件下，每天都会有几尾亲鱼繁殖。

一、繁殖的条件和准备

（一）场地条件

亲鱼产卵地点仍然在亲鱼培育池里进行，受精卵孵化池和鱼苗培育池必须与亲鱼池严格隔离，选择在水源充足、水质良好、进排水方便且独立分开、交通便利、供电可靠、环境安静的区域，最好选择靠近亲鱼产前培育池旁边。孵化池最好采用玻璃缸，以长方形为宜，面积 2 ~ 5m²，缸深 50cm、水位 30cm；鱼苗培育池一般采用水泥池，以方形为宜，面积 60 ~ 80m²，池深 100cm、水位 80cm；面积过大不利于投饵和捞苗，面积过小，水温变化大，水质难以控制。水源可为江河水、水库水、地下水和山泉水，最好为地下水，水源水质应符合 GB11607《渔业水质标准》的规定，养殖池塘水质应符合 NY5051《无公害食品 淡水养殖用水水质》的规定。

（二）配套设备

1. 澳洲龙纹斑产卵器

澳洲龙纹斑鱼卵的比重大于水，卵膜外层具有黏性物，在产出后鱼卵能黏附在塑料网、水草等物体上。针对黏性卵具有黏性这一特质，人们发明了适合黏性卵鱼类进行产卵的产卵器。通常，产卵器包括遮布以及产卵器本体，遮布包裹在产卵器本体外侧，而产卵器本体的内侧设置有塑料网，当鱼类进入到产卵器本体内完成产卵后，所产出的黏性鱼卵会沉降并黏附在产卵器本体的塑料网上，而后水产养殖人员可以将塑料网从产卵器本体中取出，进而使用人工孵化器完成对黏性鱼卵的孵化。

然而，现有的黏性卵鱼类的产卵器依然存在着许多弊端。首先，产卵器中的纱网往往是固定于产卵器本体内部，而为了节约生产成本，往往是将纱网压放于产卵器本体的内侧底部，导致纱网很难从产卵器中抽出，且由于需要放置于水下，受到水流压力的影响，纱网往往容易在水中摇摆漂浮，发生形变，不利于其表面黏性卵的附着。对于产卵器两端口处的鱼卵，在提取过程中，往往容易从端口处掉落至水中，给水产养殖造成损失。

基于上述原因，本研究提供一种新型黏性卵鱼类的产卵器（图 3 - 1），用以解决水产养殖人员在从黏性鱼类的产卵器中获取鱼卵时，取卵困难、鱼卵容易掉落导致给水产养殖业造成损失的问题。该产卵器，包括产卵器本体、遮布和筛网。遮布位于产卵器本体的外表面；产卵器本体为两端开口的中空筒体，产卵器本体根据实际需要，可以为不同的几何体，例如可以为长方体、正五棱柱、圆柱体等，其内表面的形状也相应不同；筛网设置于产软器本体的内表面的底面上，筛网与产卵器本体活动连接，筛网包括网布和边框，网布固定于边框上，边框设置于网布的边沿，方便水产养殖人员在取筛网时只需用双手握住筛网的边框两侧，而后将边框整体从产卵器本体中抽出，即可完成取卵操作，使得取卵变得更加高效、便捷。此外，由于边框的保护作用，网布在水流的冲击下也不容易发生形变，网布上的鱼卵也不容易从网布的侧面滑落。本产卵器大大提高了取卵效率，也降低了相应的人工成本，故在水产养殖领域具有广阔的市场前景。

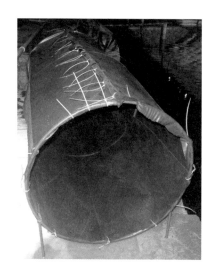

图 3-1 澳洲龙纹斑受精卵孵化设备

澳洲龙纹斑受精卵由于黏附于具有一定硬度的塑料网衣上，因此需要将其悬挂置于孵化桶（图3-2）中。孵化桶为体积400L的塑料桶，塑料桶一边上下各打两个孔，下边的两个孔为排水口，上边的两个孔作为水位限位孔；在塑料桶底部放置一个沉水的方形的纳米曝气盘，用于增氧；在塑料桶顶部每隔20cm固定一根铁线，铁线上有夹子，用于固定布满受精卵的网衣；在塑料桶上方布置一排管道，用于输送恒温孵化用水，水用潜水泵24h抽提。同时制备200cm×200cm×60cm的网箱或定制的原先或方形玻璃

图 3-2 澳洲龙纹斑鱼卵孵化系统

缸，面积 2 ~ 5m²，缸深 50cm、水位 30cm。

2. 丰年虫卵孵化设备

丰年虫又称卤虫、丰年虾、卤虾等，是一种世界性分布广泛耐高盐的小型甲壳动物，分类上属于节肢动物门，有鳃亚门，甲壳纲，鳃足亚纲，无甲目，盐水丰年虫科。丰年虫作为一种重要的饵料生物，一直受到人们的广泛重视。丰年虫有以下特点：对不良环境适应能力强，繁殖能力高，它的休眠卵又可以长期保存，需要时可以随时孵化获得幼虫，初孵仅需 18 ~ 30 小时。丰年虫卵是指由丰年虫所产生的休眠卵，目前世界上已经记载的丰年虫卵有 100 多个品系。无节幼体具有大量的卵黄，并含有丰富的蛋白质和脂肪（蛋白质约含 60%、脂肪约含 20%），其成体所含营养成分也很高，因此丰年虫是鱼、虾和蟹等幼体和成体的极好的饵料。据报道，当前世界上 85% 以上的水产养殖动物的育苗都以丰年虫作为饵料的来源。

丰年虫孵化率是影响幼鱼食物来源的重要因素，影响丰年虫孵化的主要因子有如下几种。

（1）温度。一般将温度控制在 26 ~ 30℃ 之间，水温过低丰年虫孵化时间加长，孵化率降低，过高的水温则影响丰年虫的新陈代谢，导致虫卵死亡；一般采用加热棒保持水温。

（2）溶解氧。要求保持在 2mg/L。同时要求曝气要使虫卵翻滚，保证受到均匀的光照。

（3）盐度。一般控制在 20‰ 左右。由于澳洲龙纹属淡水鱼类，在内陆山区无法得到海水，故采用食盐和水按一定比例配制相应的盐度。

（4）pH 值。一般控制在 8 ~ 10。由于在丰年虫孵化过程中，会产生大量的 CO_2，导致 pH 下降，故常加入小苏打，以保证水中 pH 值维持在 8 ~ 10，一般 300L 淡水中加入 18 ~ 20g 为宜。

（5）密度。一般 1L 水投入 2 ~ 3g 丰年虫卵。密度过高，耗氧量上升，加大曝气增加溶解氧却会导致无节幼体受伤；过低，则达不到幼苗开口需求。

（6）光照。适当的光照有利于丰年虫孵化，在邵武澳洲龙纹斑养殖基地，一般采用 45 瓦黄色灯泡即可满足光照需求。

丰年虫卵孵化设备（图 3 - 3），包括筒身，筒身为圆柱体，筒身内部贮有孵化液，筒身下部与筒底连接，筒底为倒立的圆锥形，筒底为透明材料，与筒身一同形成连通的腔室，筒底下端设置有出水口，出水口与出水管的一端连接，连接处设置有阀门，阀门用于控制出水口与出水管的导通与隔离，出水管的另一端还与筛网连接。所述筒身的上部还与顶盖连接，顶盖内部设置有灯泡。筒身内部还设置有加热棒，加热棒用于养殖液进行加热。丰年虫卵孵化设备还包括爆气软管，曝气软管设置在筒身内壁的下端，沿圆周方向固定在筒身内壁，爆气软管管壁开有气孔，曝气软管的一端与空气泵连接。同时为了进一步提高收集丰年虫的效率，在进行收集时，关掉顶盖内部灯泡，在筒底外进行照明，利用丰年虫的喜光特性，让丰年虫向筒底聚集，提高丰年虫的收集效率。水产技术人员使用 200 目的纱网收集丰年虫，收集的丰年虫无节幼体应用养殖用水进行清洗，放入 10L 养殖用水，并加入在 2 ~ 3g 果根、黄芪或者康达宁，其间曝气 3 ~ 5min，使丰年虫充分吸收果根、黄芪或者康达宁，达到杀菌消毒及提高幼鱼机体免疫力的目的。

图 3 - 3　丰年虫孵化设备

二、苗种繁殖过程与生产工作

澳洲龙纹斑的繁殖过程可分为以下 3 个阶段。

(一) 发情阶段

包括抢窝、守窝和配对等行为。当水温达 20℃ 以上时，雄鱼开始在池边放置产卵器的附近占据势力范围，当其他雄鱼接近或侵入产卵器时，雄鱼即发出警告并将其驱赶开，雄鱼守候在产卵器两端。雌鱼在产卵器内游动，时而游出产卵器。雌雄交配时而互绞，尾鳍拍水，雄鱼用头部触碰雌鱼下腹部进行求偶行为。

（二）产卵阶段

黎明时分当发情至高潮时，雌鱼从产卵器一端开始产卵，并向产卵器另一端边游边产卵，雄鱼紧随并立即排精于卵上，卵随即黏附于筛网上。产卵时间 5～15min，一次产出。产卵后，雌鱼立即离窝，而雄鱼仍继续守窝护卵，并驱赶其他靠近产卵器的亲鱼。

（三）孵卵阶段

把附有卵的筛网取出后快速送至运到孵化设备中孵化。孵化池放卵的密度一般为 1m³ 水体的小孵化池可放 2 万～5 万粒。在进行孵化的过程中，要随时检查卵的孵化进展情况。一般发育的卵呈现出透明的珍珠状，并且呈黄灰至米黄色，或者呈奶油色，未发育的卵呈白色的不透明状。水温保持在 20～22℃，曝气充氧，流水孵化，流量为 3～5L/min。在此条件下澳洲龙纹斑受精卵开始孵出时间是 5 天，绝大多数是 7 天孵出，第 8 天全部孵出。卵在发育期间，前 4 天每天都采用 1 000mg/kg 福尔马林浸泡半个小时，防止水霉在死卵上生长，到第 5 天仔鱼快孵出时停止使用福尔马林药浴。到第 8 天时，将网 180°翻转，将孵出的仔鱼倒入玻璃缸中进行暂养。通过自然繁殖技术，产约 17.7 万枚卵，平均受精率达 73%；通过人工孵化技术，受精卵平均孵化率达 92%，见表 3-3。

表 3-3　亲鱼自然排卵受精及人工孵化记录

受精情况						孵化情况						
产卵日期	温度（℃）	产卵量（万枚）	受精卵数量（万枚）	未受精数量（万枚）	受精率（%）	网箱号	出膜日期	孵化完成日期	温度（℃）	受精卵数量（万枚）	未出孵化数量（万枚）	孵化率（%）	备注
2015. 4. 4	20	2.1	1.7	0.4	81		2015. 4. 9	2015. 4. 11	22	1.7	0.12	93
2015. 4. 5	20	0.8	0.7	0.1	88		2015. 4. 10	2015. 4. 12	22	0.7	0.05	93
2015. 4. 6	21	1.5	1.3	0.2	87		2015. 4. 11	2015. 4. 13	22	1.3	0.11	92
2015. 4. 7	21	1.5	1.3	0.2	87		2015. 4. 12	2015. 4. 14	22	1.3	0.12	91
2015. 4. 9	21	2.1	1.6	0.5	76		2015. 4. 14	2015. 4. 16	22	1.6	0.15	91
2015. 4. 10	22	2.3	2.1	0.2	91		2015. 4. 15	2015. 4. 16	23	2.1	0.21	90
2015. 4. 26	22	0.8	0.7	0.1	88	1	2015. 5. 1	2015. 5. 4	22	0.7	0.06	91
2015. 5. 1	22	2.1	1.5	0.6	71		2015. 5. 4	2015. 5. 8	22	1.5	0.07	95
2015. 5. 2	22	2.1	1.5	0.6	71		2015. 5. 5	2015. 5. 9	22	1.5	0.12	92

（续表）

	受精情况					网箱号	孵化情况					
产卵日期	温度（℃）	产卵量（万枚）	受精卵数量（万枚）	未受精数量（万枚）	受精率（%）		出膜日期	孵化完成日期	温度（℃）	受精卵数量（万枚）	未出孵化数量（万枚）	孵化率（%）	备注
2015.5.3	23	2.1	1.4	0.7	67	1	2015.5.6	2015.5.10	22	1.4	0.09	94	
2015.5.5	22	0.7	0.4	0.3	57		2015.5.10	2015.5.14	22	0.4	0.04	90	
2015.5.6	22	1.3	0.8	0.5	62		2015.5.11	2015.5.15	22	0.8	0.06	93	
2015.5.7	22	2	1.2	0.8	60		2015.5.12	2015.5.16	22	1.2	0.11	91	
2015.5.9	22	2	1.2	0.8	60		2015.5.13	2015.5.17	22	1.2	0.11	91	
2015.6.7	22	0.7	0.3	0.4	43		2015.6.11	2015.6.15	22	0.3	0.03	90	
合计		24.1	17.7	6.4	73					17.7	1.45	92	

三、繁殖期间的生产管理

亲鱼繁殖生产过程中必须做好水质调控、水温调控、饲料投喂和日常管理等工作。

（一）水质调控

澳洲龙纹斑对水环境的变化相当敏感，对养殖用水的水质要求极高。在澳洲龙纹斑繁殖生产过程中，对水体中悬浮物、有机物、敌害生物、致病微生物和有害物质要严格控制和进行有效去除。养殖水质的主要调控方法有筛网物理法、水质改良剂化学法和益生菌净化生物法三种，在实际养殖应用中结合生产实际，选择三种方法中的一种或几种对养殖用水进行调控。

（二）水温调控

水温是保证亲鱼顺利产卵繁殖和受精卵孵化的重要因素。澳洲龙纹斑亲鱼的生理成熟与水温的周期变化有着密切的关系，需要一定的低温冷刺激。一般情况下，澳洲龙纹斑亲鱼性腺的生理成熟要求在产前不少于3个月的低温（13℃以下）刺激，性腺成熟后又需要不断升温到20℃以上，亲鱼才会产卵排精。澳洲龙纹斑受精卵的孵化时间视孵化水温而定，16~18℃时，10天孵出；19~22℃时，5天孵出；22~24℃时，4天孵出；24~25℃时，4天孵出。因此在整个繁殖期间，要确保亲鱼培育水温低，亲鱼产卵和受精卵孵化水温基本稳定。水温调控措施主要有通过渠道水降温，加温的措施有：搭建保温棚、锅炉热水加温、抽取地下深井水加温等，生产中一般是将几个措施结合使用。

（三）饲料投喂

影响亲鱼产卵量的另一个关键因素就是饲料，养殖往往对于配合饲料的价格更为关注，而对于饲料的质量及饲料何时投喂、喂多少、如何喂等问题随意性大，导致饲料浪费严重、饲料效率较低、水质恶化和胁迫性病害增多等，这些问题都会对繁殖期的亲鱼产生不利影响。因此，亲鱼饲料应选择营养物质均衡、蛋白质含量大于45%的全价粉状配合饲料，在投喂饲料前按投喂量加工制作成软颗粒饲料，投喂饲料时应遵循"四定"和"三看"的原则，掌握好科学的饲料投喂技术。

（四）日常管理

在繁殖期间的日常生产管理中，要认真观察亲鱼的摄食、发情、产卵和出苗等情况，定期测定水温、溶解氧、氨氮和亚硝酸盐等水质指标，并做好养殖生产记录。要做好早晚巡塘、饵料加工台定期消毒和检查进排水口网袋是否完好等工作。同时，应确保繁殖池周边环境的安静，24h增氧，防止亲鱼因受惊或缺氧而不产卵排精。坚持"预防为主，防治结合"的病害防控原则，及时发现问题并采取有效措施进行处置。

第三节　苗种培育

一、鱼苗暂养

（一）暂养池

刚刚孵化出来的稚鱼形似蝌蚪，体长约为1cm，主要依靠卵黄囊提供营养，经5~7天内源性营养期，卵黄囊逐渐被消耗，稚鱼的各个器官不断发育完善，体色由淡色透明逐渐变淡黄，并出现黑色斑点，做压片观察时，黑点呈分散花纹状。从卵黄囊时期开始到鱼苗生物饵料投喂结束为止，这段时间的培育称为暂养。暂养池为孵化用的孵化设备，最好为玻璃缸，玻璃缸内壁光滑，可以减少因鱼池粗糙对鱼苗产生的损伤。

（二）水质及暂养密度

暂养稚鱼用水必须符合要求，最好是溶解氧含量高的水，刚孵化出的鱼苗可以放在具有微流水和充气条件的玻璃缸中进行暂养，由于在玻璃缸中，稚鱼常集结成群，故暂养密度不宜过高，可以控制在2万~5万尾/m³，有条件的养殖场可适当减少暂养密度，分散暂养，可提高鱼苗成活率。

二、鱼苗开口

随着卵黄囊被消耗，内源性营养完全消失，此时需要外源性营养。习惯上，把鱼苗第一次摄取外源性食物称为鱼苗开口。掌握鱼苗开口时机，是关乎澳洲龙纹斑养殖产量的重要因素，在人工养殖条件中，要求注意观察卵黄囊消耗情况，提前进行外源性营养补充。澳洲龙纹斑鱼苗开口采用的是动物性饵料投喂，即活饵开口。使用的活饵有水蚯蚓、哲水母、剑水蚤类、桡足类、枝角类和小型水生昆虫。在较大规模的生产中，多采用丰年虫卵孵化出的丰年虫作为开口饵料。投喂前 2 天，将丰年虫卵置于丰年虫孵化桶中，孵化桶内水的盐度为 20‰，pH 值为 10，温度为 28℃。中初期每日投饵量按鱼体重的 100% 进行投喂，随着鱼苗体质的增强和规格的增大，投喂量也要做相应的调整。开口后期投饵率可降低至 40% ~50%。鱼苗规格越小，体质越弱，投喂的次数越多。鱼苗开口初期 4 次/天，随着鱼苗的增长，投喂次数可适当地逐步减少到 2 次/天。

三、鱼苗培育

（一）鱼苗转口驯化

鱼苗转口驯化是指用活饵料开口的鱼苗改喂人工配合饲料的转换过程，这个过程对后期的培育至关重要。

1. 转口驯化时间

孵出的澳洲龙纹斑鱼苗经过 40 ~60 天时间的培育后，其体长可达约 3cm，这时候可以用配合饲料进行驯化。

2. 转口驯化方法

在澳洲龙纹斑鱼苗培育的实践中，采用活饵与配合饲料交替投喂法进行转口驯化。澳洲龙纹斑鱼苗经过 40 ~60 天时间的培育后，由于鱼苗生长存在参差不齐，大部分鱼苗体长可达约 3cm，但是还有小部分鱼苗还比较弱小，因此采用交替投喂能确保转口成活率高。其做法是在每天的投喂食物中，逐步减少丰年虫的投喂量，同时逐渐增加人工配合饲料的投喂量，经过 5 ~7 天时间转口驯化后，根据鱼的摄食情况，完全使用配合饲料。采用交替投喂法成活率较直接投喂饲料法高，效果比较稳定，继续饲养的成活率很高，在养殖水温和饲料条件适宜的情况下，生长速度也较快，抵抗力强，患病死亡量少。

澳洲龙纹斑鱼苗生长记录表详见表 3 –4。

表3-4　澳洲龙纹斑鱼苗生产记录

投苗时间	饵料名称	投苗数量（万尾）	死亡数量（尾）	死亡率（%）	备注
2015.4.13 至 2015.5.12		11.39	15 918	86	开口
2015.4.13 至 2015.6.12	丰年虫	15.98	31 459	80	小瓜虫病害
2015.4.13 至 2015.6.29		16.25	36 891	77	
2015.6.15 至 2015.7.14	配合饲料	12.56	27 389	78	转料
2015.6.15 至 2015.8.4		12.56	28 778	77	
2014.12.4 至 2015.1.3		0.43	18	100	鱼苗购自浙江港龙公司，购买时采用体重换算成鱼苗数量，换算后为 4 500 尾，但存在一定偏差。经过分选后确定鱼苗投苗数量为 4 300 尾
2014.12.4 至 2015.2.3		0.43	104	98	
2014.12.4 至 2015.3.3		0.43	190	96	
2014.12.4 至 2015.4.3	配合饲料	0.43	392	91	
2014.12.4 至 2015.5.3		0.43	508	88	
2014.12.4 至 2015.6.3		0.43	632	85	
2014.12.4 至 2015.7.3		0.43	731	83	
2014.12.4 至 2015.8.4		0.43	778	82	

（二）培养管理

1. 放养密度

在其他条件相同的情况下，放养密度的大小对鱼苗的生长速度有一定的影响。密度大时，会加大鱼苗的自身抑制作用，影响鱼苗的新陈代谢活动和鱼苗对饵料的消化利用率，同时也极易污染其生活环境，引起池内缺氧，造成死亡。因此，应根据鱼苗规格合理地调整放养密度，放养密度参考表3-5。

表3-5　澳洲龙纹斑鱼苗放养密度参考值

鱼体长（cm）	鱼体重（g）	放养密度（尾/m²）	备注
1~3		10 000~30 000	2m² 玻璃缸养殖
3~5		500~1 000	80m² 水泥池养殖
5~10		200~500	80m² 水泥池养殖
10~50		100~200	80m² 水泥池养殖
	50~200	50~100	300m² 水泥池养殖
	200~500	30~50	300m² 水泥池养殖
	500 以上	1~30	300m² 水泥池养殖

2. 管理

澳洲龙纹斑鱼苗对外界环境的变化较为敏感，要避免温度的骤然变化，培育水温应控制在 20 ~ 22℃，此时鱼苗对水体的溶氧量要求较高，水供应量要充分。用配合饲料投喂时，饲料颗粒的大小应严格同鱼苗的规格相适应，改换饲料粒径应由小到大逐步进行。初期日投喂为 4 次，后期可根据鱼苗的生长和摄食情况调整到每天 2 次。

（三）鱼池管理

（1）每天监测培育池水质、曝气设施、供电及鱼苗活动情况等，记录相关的生产技术数据，包括日期、池号、死亡量、投饵量、水温、溶解氧、pH 值、用药情况等。

（2）根据培育池的水质情况，认真做好排污工作，每天至少清池 1 ~ 2 次，保持育苗池环境稳定良好，以利于鱼苗的生长发育。应及时对鱼苗进行分池，筛选出体小、体弱、不摄食或者摄食极少的鱼苗，先用丰年虫扶壮一段时间，待鱼苗体质有所恢复后再用配合饲料投喂，对于那些摄食积极、体大、体壮的鱼苗也要分选出来另行培育，防止大鱼咬小鱼造成死亡。

（3）建立值班制度，除了认真保管好工具外，还要定时巡逻，经常检查进排水系统、增氧系统等是否运行正常。

四、澳洲龙纹斑孵化过程和鱼苗生长发育阶段观察

编者在实验室开展澳洲龙纹斑孵化过程和鱼苗生长发育阶段观察记录试验，进一步掌握其孵化及苗种生长规律。水霉病是水霉属、绵霉属、丝囊霉属的多种丝状真菌引起的真菌性病害，在我国所有大宗淡水鱼类养殖区均有不同程度的发生。鱼卵孵化过程中最容易感染水霉病，故有效防治水霉病是人工繁育技术的关键环节。实验结果表明鱼卵孵化时使用的福尔马林溶液最佳溶度为 10mg/kg，定时定量使用福尔马林溶液消毒显著提高了鱼卵的孵化率，并且减少了水霉病的发生。通过仔细观察鱼苗外部形态及器官结构的发育特征、摄食行为等生活习性的变化，将澳洲龙纹斑稚鱼的发育阶段划分为早期仔鱼（0 ~ 7 日龄）、晚期仔鱼（8 ~ 17 日龄）、稚鱼（23 ~ 57 日龄）3 个阶段。

（一）材料与方法

实验鱼卵由福建省农科院位于邵武市的嘉福水产养殖基地提供，鱼卵于 2015 年 3 月份人工繁殖获得，在福建农林大学水产实验室完成孵化实验。

实验材料：增氧泵，恒温箱，福尔马林溶液，体视镜，水族箱，直尺、1L 烧杯，胶头吸管等。

饲养条件：将水温度控制在（21 ± 1）℃，孵化时间为 5 ~ 7d，刚出膜的鱼苗全长约为（7.35 ± 0.25）mm。将幼鱼放在长、宽分别为 30cm，25cm 的塑料水族箱中饲养，水深保持在 15cm。实验用水经充分曝气，恒温箱控制水温，视水质情况每天吸污 2 ~ 3

次，每次换水量为水体的 1/3，pH 控制在 6.5～7.0。

首先在 1L 的烧杯中配制不同浓度的福尔马林溶液，参考文献数据，设置一个对照组和 5 个浓度梯度的福尔马林溶液，分别为 2mg/kg，4mg/kg，6mg/kg，8mg/kg，10mg/kg。每组实验鱼卵数量为 190 个，试验鱼卵置于烧杯中，每天定时观察记录持续 3 天，并记录每天的死卵、患水霉病的鱼卵数量及出膜量。记录完成后，用胶头滴管将死卵和患水霉病的卵挑出，防止污染水质及感染健康鱼卵。孵化时间为 5～7 天，孵化第五天，则需要更换曝气后的清水进行孵化，因为福尔马林溶液会刺激刚出膜的鱼苗，对其造成伤害。第五天和第七天记录烧杯中每天孵化出来的鱼苗数，最后计算每个烧杯中鱼卵的孵化率和发病率。

收集实验过程统计的数据，计算出每组实验的孵化率，以及水霉病的发病率。由（表 3-6）可知对照组的孵化率约为 45%，发病率为 15%；2mg/kg 浓度的实验组孵化率约为 53%，发病率 12%；4mg/kg 浓度的实验组孵化率约为 60%，发病率为 6%；6mg/kg 浓度的实验组孵化率约为 70%，发病率 2%；8mg/kg 浓度的实验组孵化率约为 85%，发病率 1%；10mg/kg 浓度的实验组孵化率约为 95%，而发病率 0。由此得出，用 10mg/kg 福尔马林溶液孵化澳洲龙纹斑鱼卵孵化率最高。

表 3-6　澳洲龙纹斑鱼卵孵化情况

浓度（mg/kg）	鱼卵数量（枚）	孵化数量（尾）	孵化率（%）	发病率（%）
对照组	184	83	45	15
2	185	98	53	12
4	187	113	60	6
6	183	129	70	2
8	186	159	85	1
10	186	177	95	0

（二）育苗生长观察实验方法

记录实验鱼苗出膜高峰期当天为 0 日龄的鱼苗数量，每天定时随机抽取 5 尾鱼苗进行观察，10 日后隔天定时取 5 尾鱼苗，随机测量 3 尾。将鱼苗置于体式显微镜下进行观察和拍摄，并测量相关形态学数据，之后将测量鱼苗放回养殖箱，见表 3-7。

早期仔鱼（0～7 日龄）：全长为 7.35mm ± 0.25mm。刚出膜的仔鱼纤细透明，口较大，卵黄囊内可见淡黄色的油球，卵黄囊上布满网状血管网，心脏位于卵黄囊腹面靠前部位，尾部鳍部细小，为主要运动器官。主要营养来源为卵黄囊，不摄食外源性营养。

晚期仔鱼（8～17日龄）：全长为 10.00mm ± 1.15 mm。头部抬起，眼部边缘出现色素环；体表出现黑色斑纹，腹部有少量鳞片，鳃部分化，鳃丝变红；卵黄囊逐渐变小直至消失，胸鳍及尾鳍发育逐渐完善，能自由运动捕食。主要营养来源为卵黄囊及摄食外源性营养。

稚鱼期（18～40日龄）：全长为 11.25～16.35mm。头部发育正常，眼部发育成熟，出现晶状体；可明显看见鳃丝；口裂变大，有锯齿状的齿；腹部鳞片发育完全，背鳍发育趋于完善。主要营养来源为主动摄食外源性营养。

表 3-7 澳洲龙纹斑胚后生长发育情况

日龄（d）	1	2	3	4	5	6	7	8	9	10	11
平均全长（mm）	7.43	7.46	7.76	8.18	8.31	8.56	8.76	8.64	8.90	9.39	9.77
标准差	0.19	0.37	0.28	0.13	0.29	0.08	0.09	0.13	0.28	0.25	0.29
平均卵黄囊高（mm）	2.00	1.97	1.85	1.83	1.84	1.86	1.85	2.13	2.04	1.39	1.55
标准差	0.05	0.08	0.02	0.02	0.04	0.04	0.03	0.09	0.29	0.10	0.08
平均卵黄囊长（mm）	3.29	3.37	3.35	3.34	3.27	3.72	3.58	3.83	3.81	3.66	3.35
标准差	0.05	0.14	0.11	0.20	0.12	0.18	0.06	0.11	0.18	0.22	0.19
日龄（d）	12	13	14	15	16	17	18	19	20	21	45
平均全长（mm）	10.04	10.35	10.51	10.68	11.10	11.16	11.40	11.26	11.22	11.12	16.43
标准差	0.39	0.23	0.12	0.22	0.08	0.26	0.03	0.11	0.58	0.57	0.05
平均卵黄囊高（mm）	1.30	1.20	1.25	1.01	1.07	1.03					
标准差	0.27	0.19	0.22	0.11	0.07	0.04					
平均卵黄囊长（mm）	3.32	2.96	2.61	2.28	2.33	2.19					
标准差	0.15	0.13	0.18	0.16	0.10	0.09					

将孵化出的仔鱼置于静水池中，并投入少量浮游生物，如轮虫、枝角类等。饲喂 5～8 周，幼鱼可长至 40～70 毫米。仔鱼适温范围为 7～30℃，最佳生长水温为 18～22℃，pH 为 5.5～8.5，最低溶氧为 2mg/L。

澳洲龙纹斑属肉食性鱼类，生性凶猛，在其转饵时要特别注意，转饵成功与否关系着澳洲龙纹斑养殖产量及生产效益。故鱼苗开口摄食后，投喂丰年虫。投喂前需将未孵化的丰年虫卵过滤，并使用淡水冲洗。鱼苗长至 9.45～9.55mm 时，进行转料，转料期持续 1～2 周，丰年虫及饲料按 1∶1 混合投喂。其中，需将未能摄食饲料的鱼苗挑出并使用丰年虫扶壮一段时间后，继续转料。转料按照"丰年虫"→"丰年虫+饲料"→"饲料"的步骤依次进行，每天投喂次数为 3～4 次。同时，隔段时间需将养殖池中体形差异较大的鱼苗捞出并进行分池，防止出现相互残食的现象。

本研究在参考其他石斑鱼发育分期的基础上，结合澳洲龙纹斑外部形态和主要内部器官的发育特点，将澳洲龙纹斑胚后发育分为早期仔鱼、晚期仔鱼和稚鱼3个阶段。早期仔鱼从仔鱼出膜（0日龄）开始至仔鱼开口摄食（7日龄），这一时期仔鱼有卵黄囊作为营养来源，以呼吸和防御敌害掠食为主；卵黄囊期仔鱼的命名简单，正确地表达了这一时期仔鱼的形态、功能及生态特征，已被广泛使用。表3-7表明，鱼苗发育至17日龄后卵黄囊彻底消失，鱼体腹部出现细小的鳞片，鱼苗形态特征基本发育成熟，主要靠摄食获取营养。早期仔鱼处于龙纹斑胚后发育的内营养阶段（lecithotropHicstage），晚期仔鱼和稚鱼阶段处于龙纹斑胚后发育的外源营养阶段（exotropHic stage）。

参考文献

安丽等.2013.虫纹鳕鲈外形特征及内部消化系统结构的研究［J］.长江大学学报（自科版），（17）：29-32.

曹凯德.2001.澳大利亚墨累河鳕鱼养殖技术［J］.水利渔业，21（1）：16-18.

海洋监测质量保证手册编委会.2000.海洋监测质量保证手册［M］.北京：海洋出版社.230-231.

韩茂森.2003.澳洲虫纹鳕鲈的生物学特性及引养前景［J］.淡水渔业，33（4）：50-52.

李娴等.2013.虫纹鳕鲈的生物学特性及人工养殖技术研究［J］.湖北农业科学，52（5）：2114-2115，2148.

刘怡.2014.澳洲龙纹斑在广东全人工繁育成功［J］.海洋与渔业（5）：28-30.

罗钦等.2015.澳洲龙纹斑肌肉氨基酸的分析研究［J］.福建农业学报，30（5）：446-451.

农业部编撰委员会.2005.新编渔药手册［M］.北京：中国农业出版社.

宋理平等.2013.虫纹鳕鲈肌肉营养成分分析与品质评价［J］.饲料工业（16）：42-45.

谭永胜等.2011.高锰酸钾对虎斑乌贼胚胎和幼体的毒性研究［J］.水产养殖，32（01）：12-15.

王玉堂.2012.第一批正式转为国家标准的渔药——第三部分：消毒药物［J］.中国水产（01）：62-66.

杨小玉等.2013.澳洲龙纹斑工厂化养殖技术［J］.水产养殖（02）：26-27.

张庆阳等.2015.养殖密度对龙纹斑幼鱼生长的影响［J］.水产养殖（04）：34-38.

左瑞华等. 2001. 虫纹鳕鲈苗种培育影响因素初步分析 [J]. 安徽农学通报 (03): 57 – 59.

Abery N W, Abery N W, Gunasekera R M, De Silva S S. 2002. Growth and nutrient utilization of Murray cod *Maccullochella peelii* (Mitchell) fingerlings fed diets with varying levels of soybean meal and blood meal [J]. Aquaculture Research, volume 33 (4): 279 – 289 (11).

Abery NW, Silva SSD. 2005. Performance of Murray cod, Maccullochella peelii (Mitchell) in response to different feeding schedules [J]. Aquaculture research, 36 (5): 472 – 478.

Anderson JR, Morison AK, Ray DJ. 1992. Age and growth of Murray cod, *Maccullochella peelii* (Perciformes: Percichthyidae), in the Lower Murray-Darling Basin, Australia, from thin-sectioned otoliths [J]. Australian Journal of Marine and Freshwater Research, 43 (5): 983 – 1013.

Francis DS, Turchin GM, Giovanni M, *et al.* 2007. Effects of fish oil substitution with a mix blend vegetable oil on nutrient digestibility in Murray cod, Maccullochella peelii [J]. Aquaculture, 269 (1 – 4): 447 – 455.

Francis DS, Turchin GM, Jones PL *et al.* 2006. Effects of dietary oil source on growth and fillet fatty acid composition of Murray cod, Maccullochella peelii [J]. Aquaculture, 253 (1 – 4): 547 – 556.

Francis DS, Turchin GM, Jones PL, *et al.* 2007. Growth performance, feed efficiency and fatty acid composition of juvenile Murray cod, Maccullochella peelii, fed graded levels of canola and linseed oil [J]. Aquaculture nutrition, 13 (5): 335 – 350.

Gooley GJ. 1992. Validation of the use of otoliths to determine the age and growth of Murray cod, Maccullochella peelii (Mitchell) (Percichthyidae), in Lake Charlegrark, western Victoria [J]. Australian Journal of Marine and Freshwater Research, 43 (5): 1091 – 1102.

Gunasekera1 RM, Silva1 S S D, Collins1 RA, *et al.* 2000. Effect of dietary protein level on growth and food utilization in juvenile Murray cod Maccullochella peelii (Mitchell) [J]. Aquaculture Research, 31, (2): 181 – 187.

Ingram B A. 2009. Culture of juvenile Murray cod, trout cod and Macquarie perch (Percichthyidae) in fertilised earthen ponds [J]. Aquaculture; 287 (1/2): 98 – 106.

Silva SSD，Gunasekera R M.，Gooley G. 2000. Digestibility and amino acid availability of three protein-rich ingredient-incorporated diets by Murray cod Maccullochella peelii（Mitchell）and the Australian shortfin eel Anguilla australis Richardson［J］. Aquaculture Research，31（2）：195&ndash；205.

Silva SSD，Gunasekera RM，Collins RA，*et al.* 2002. Performance of juvenile Murray cod，Maccullochella peelii（Mitchell），fed with diets of different protein to energy ratio［J］. Aquaculture nutrition，8（2）：79−85.

Stuart IG，McKillup SC. The use of sectioned otoliths to age barramundi（Lates calcarifer）（Bloch，1790）［Centropomidae］. Hydrobiologia，479：231−236.

Turchini GM，Francis DS，Senadheera SPSD. 2011. Fish oil replacement with different vegetable oils in Murray cod：Evidence of an "omega-3 sparing effect" by other dietary fatty acids［J］. Aquaculture，315（3−4）：250−259.

（罗土炎、罗钦、刘洋执笔）

第四章　澳洲龙纹斑的营养需求与饲料

随着澳洲龙纹斑养殖业的发展，规模化养殖是澳洲龙纹斑发展的一种趋势。规模化养殖澳洲龙纹斑，只有在充分了解澳洲龙纹斑营养需求的基础上，使用优质的饲料原料，制定均衡的营养饲料配方，选择科学的加工工艺，科学投喂，充分发挥各种饲料的营养效能，才能提高澳洲龙纹斑产量，获得较高的经济报酬，促进澳洲龙纹斑产业的健康发展，故迫切需要产业化开发高效、低成本、环境友好型澳洲龙纹斑专用配合饲料，以推进其"标准化、规模化、集约化、产业化"健康养殖的持续发展。

第一节　澳洲龙纹斑的营养需求

澳洲龙纹斑的营养需求研究成果是开发其配合饲料的基础。目前，国内外有关其营养需求研究较少，主要开展了澳洲龙纹斑的营养成分分析、蛋白质营养需求和脂类营养需求等研究工作。研究表明，鱼体化学组成是在鱼体生长发育过程中，饲料经过消化、吸收并在鱼体内经过代谢、转化沉积的结果，其含量不仅反映了鱼体生长发育和代谢的情况，也反映出了鱼体对于来自于饲料的营养素需要量的差异。鱼类各生长发育阶段的代谢规律（内因）和饲料营养水平、水温、溶解氧、水域环境（外因）共同影响着鱼体自身的物质和能量代谢，进而影响营养素在鱼体中的沉积以及鱼类对饲料中营养素的需要量（Haard，1992；Shearer，1994）。因此，探明某种鱼的鱼体营养成分的种类与含量，不仅可以为其营养品质评价基础数据，而且可以为鱼类配合饲料的研发提供理论借鉴和科学依据。

一、蛋白质和氨基酸的营养需求

（一）蛋白质的营养需求

蛋白质是鱼类生长的最关键的营养物质，不仅是构建机体组织细胞的主要成分，而且在组织的更新、修复以及能量供给方面发挥着不可替代的作用。作为澳洲龙纹斑增强机体免疫、提高澳洲龙纹斑的产量的物质基础及饲料成本中成本最大的部分，蛋白质不仅是构成澳洲龙纹斑组织器官不可缺少的物质，而且还是其机体内许多生物活性物质，如酶、激素和抗体等的组成成分，此外，饲料中蛋白质作为能量利用时将伴随有氮的排泄而影响水质。

澳洲龙纹斑对蛋白质的要求较高，但不同生长发育阶段、不同养殖模式下、不同蛋白源和饲料组成条件下，澳洲龙纹斑对蛋白质的营养需求各异。蛋白质是维持澳洲龙纹斑生长、健康、繁殖及其他生命活动所必需的营养素，在澳洲龙纹斑营养上具有非常重要的作用和特殊地位，是其他营养素所无法替代的，必须由饲料供给。作为典型肉食性鱼类，澳洲龙纹斑将摄取的饲料蛋白质在其消化器官内代谢分解成小肽或游离氨基酸，小肽或氨基酸在鱼体内被吸收合成为鱼体蛋白质，用于鱼体生长、修补组织及维持生命。蛋白质是澳洲龙纹斑饲料中所占费用最高的营养素，探明其适宜的营养需求是开发澳洲龙纹斑优质配合饲料需要解决的首要问题。研究表明，澳洲龙纹斑对饲料蛋白质的需求量较高，其适宜需求量主要由蛋白质品质决定，同时也受到澳洲龙纹斑生长阶段、生理状况、养殖密度、养殖模式、环境因子（水温、溶解氧等）、日投饲量、饲料中非蛋白质能量的数量等因素的影响。

迄今为止，有关澳洲龙纹斑蛋白质营养需求研究较少，大多采用测定鱼体蛋白质含量作为其蛋白质营养需求的参考依据之一。饲养实验结果表明，澳洲龙纹斑幼鱼饲料中适宜的蛋白质需求量为50%（Gunasekera et al，2000）；在饲料脂肪含量为24%时，澳洲龙纹斑幼鱼饲料中蛋白质含量40%也可以满足其生长发育需要。脂肪含量10% ~ 17%时，50%蛋白质含量的饲料养殖效果更好（De Silva et al，2002）。这与其他鱼类最佳生长速度的蛋白质需求基本一致（40% ~ 50%），也符合澳洲龙纹斑肉食性鱼类的习性。澳洲龙纹斑饲料中的蛋白质含量维持较为合理的水平才能有效促进鱼体生长。蛋白质含量过低无法满足其快速生长对蛋白质营养的需求，而含量过高则会造成蛋白质吸收效率下降，带来资源浪费和环境污染的问题。综合而言，澳洲龙纹斑幼鱼阶段配合饲料的蛋白质需求量应在45%以上，达到幼鱼快速生长的配合饲料蛋白质含量应在50%左右；成鱼配合饲料中蛋白质的需求量应在40%以上，达到更佳生长速度的饲料蛋白质水平为45%左右，其中鱼粉对蛋白的贡献率应不低于50%，且应尽量减少饲料中纤维素的含量，避免食物过快的通过消化道，从而避免营养物质尚未完全吸收就被排出体外。

由于不同蛋白质源的氨基酸组成和比例存在差异，其对澳洲龙纹斑的营养价值也各异。鱼粉作为一种优质动物蛋白质源，在澳洲龙纹斑配合饲料中使用量较大，然而由于鱼粉是一种资源性产品，因其供应量有限而需求量不断增加导致其价格不断攀升，采用其他蛋白源，尤其是植物性蛋白源替代部分鱼粉已成为水产饲料开发研究的热点和前沿。在粗蛋白质为50%，脂肪为14%的基础饲料中，采用脱脂豆粕蛋白和血粉蛋白分别替代鱼粉蛋白8%、16%、24%和32%进行为期70d的饲养实验结果表明，脱脂豆粕蛋白替代32%的鱼粉蛋白对澳洲龙纹斑幼鱼的生长性能、干物质消化率（ADC_{dm}，70.6%±1.46%~72.3%±1.81%）、粗蛋白质的消化率（ADC_p，88.6%±0.57%~90.3%±0.17%，）、鱼体健康等与鱼粉组的ADC_{dm}，74.3%±1.63%；ADC_p，91.3%±0.55%）均差异不显著，但血粉由于适口性等原因，造成澳洲龙纹斑生长较差，这提示在实际生产配方中如选择血粉作为蛋白源应注意多种蛋白源搭配使用，并关注饲料的适口性和氨基酸的平衡问题（Abery *et al*，2002）。

测定鱼类对常用饲料原料的消化率是评价其营养成分可利用性的常用手段，也是编制营养全面、成本合理的鱼用饲料配方的必不可少的重要步骤。为了提高筛选澳洲龙纹斑配合饲料蛋白质原料的效率，已有学者开展了各种原料中和配合饲料蛋白质消化率的测定。采用体质量为100.4g的澳洲龙纹斑幼鱼评价其对饲料中鲨鱼粉、豆粕和肉骨粉的表观消化率，结果表明，鲨鱼粉和豆粕的干物质表观消化率（*Apparent dry matter digestibility*，ADM）分别为73.1%±1.58%和70.6%±0.82%；粗蛋白的消化率（*protein digestibility*，PD）分别为87.5%±1.27%和86.5%±0.49%；幼鱼对肉骨粉的ADM和PD的较低（De Silva *et al*，2000）；澳洲龙纹斑幼鱼对鱼粉的干物质表观消化率（*apparent dry matter digestibility*，ADC_{dm}）为74.3%±1.63%，蛋白质表观消化率（*Apparent protein digestibility*，ADC_p）达91.3%±0.55%；幼鱼对脱脂豆粕的ADC_{dm}为70.6%±1.46%~72.3%±1.81%，ADC_p达到88.6%±0.57%~90.3%±0.17%，均表现出了高的消化率（Abery *et al*，2002）。鱼粉替代技术开发是研发高效、低成本、环境友好型鱼类配合饲料的一个重要方面。植物性蛋白源在不同程度上均存在着氨基酸不平衡、抗营养因子、适口性差及消化率低的特点，采用酶解、发酵、选育、膨化等技术，减少、消除或钝化植物性蛋白源中的抗营养因子，以提高饲料转化率以及干物质和总能的表观消化率。

（二）氨基酸的营养需求

研究表明，鱼类对蛋白质的营养需求实质是对寡肽和氨基酸的营养需求，特别是对必需氨基酸的营养需求。鱼类的10种必需氨基酸（*essential amino acid*，EAA）是指赖氨酸、色氨酸、蛋氨酸、亮氨酸、组氨酸、异亮氨酸、缬氨酸、苯丙氨酸、精氨酸和苏氨酸等。澳洲龙纹斑配合饲料中必须提供足够、平衡的各种EAA，以保证其快速、健康生长，并避免 EAA 的浪费，以节约饲料成本。尽管目前尚未见有关澳洲龙纹斑的 EAA 营养需求研究报道，但有学者分析了不同生长阶段的澳洲龙纹斑肌肉中氨基酸组成及其比例，这可为澳洲龙纹斑配合饲料配方中氨基酸参数的确定提供参考，见表 4-1。

表 4-1 3 种不同生长阶段的澳洲龙纹斑肌肉中氨基酸种类及含量

氨基酸种类	澳洲龙纹斑亲鱼		澳洲龙纹斑商品鱼		澳洲龙纹斑幼鱼	
	含量（%）	组成比例（%）	含量（%）	组成比例（%）	含量（%）	组成比例（%）
甲硫（蛋）氨酸	1.73	7.33	1.72	6.63	1.70	6.40
苯丙氨酸	2.57	10.84	2.88	11.09	2.92	10.97
异亮氨酸	2.61	11.03	2.86	11.01	3.03	11.40
缬草氨酸	2.96	12.50	3.24	12.48	3.38	12.72
苏氨酸	3.09	13.07	3.35	12.91	3.41	12.83
亮氨酸	4.91	20.74	5.40	20.81	5.63	21.19
赖氨酸	5.79	24.48	6.51	25.08	6.51	24.51
必需氨基酸总量（TEAA）	23.66	100.00	25.94	100.00	26.58	100.00
胱氨酸	0.44	1.05	0.46	1.03	0.53	1.25
组氨酸	1.49	3.58	1.59	3.53	1.48	3.47
酪氨酸	2.05	4.91	2.22	4.94	2.30	5.39
丝氨酸	3.02	7.25	3.26	7.24	3.21	7.52
脯氨酸	3.32	7.97	3.52	7.82	2.96	6.95
丙氨酸	4.42	10.61	4.80	10.65	4.44	10.42
精氨酸	4.63	11.10	4.99	11.08	4.61	10.80
甘氨酸	5.74	13.76	5.97	13.27	4.51	10.57
天门冬氨酸	6.48	15.54	7.14	15.86	7.32	17.16
谷氨酸	10.10	24.22	11.07	24.59	11.29	26.47
非必需氨基酸总量（NEAA）	41.70	100.00	45.02	100.00	42.66	100.00
17 种氨基酸总量（TAA）	65.36	—	70.96	—	69.24	—
TEAA/TAA	36.20	—	36.56	—	38.39	—
NEAA/TAA	63.80	—	63.44	—	61.61	—

注：氨基酸含量为扣除了所有水分的含量。

表 4-1 的分析结果表明，3 种不同生长阶段的澳洲龙纹斑鱼体肌肉均含有 17 种氨基酸，但在氨基酸含量上有所差异，氨基酸总含量最高为商品鱼 70.96%、其次为幼鱼 69.24%、亲鱼最低为 65.36%。3 种不同生长阶段均以谷氨酸的含量最高，其次为天门冬氨酸、赖氨酸、甘氨酸、亮氨酸、精氨酸、丙氨酸等，并且含量均高于 4.00%。3 种不同生长阶段的必需氨基酸均以赖氨酸含量最高、甲硫氨酸含量最低，赖氨酸是人体必

需氨基酸之一，可促进人体发育、增强免疫力；非必需氨基酸均以谷氨酸含量最高、胱氨酸含量最低，谷氨酸在人体内具有促进红细胞生成、改善脑细胞营养及活跃思维等作用。3 种不同生长阶段的 7 种必需氨基酸含量的高低顺序基本一致，唯一的差别是商品鱼的苯丙氨酸含量（2.88%）高于异亮氨酸的含量（2.86%），但含量的差值很小，仅为 0.02%，由此可知，澳洲龙纹斑在生长过程中，必需氨基酸的组成成分和比例基本不变。

对 3 种不同生长阶段的氨基酸组成比例进行统计分析，结果显示必需氨基酸占 17 种氨基酸总量的比例 EAA/TAA 中最高为商品鱼 36.56%、其次为亲鱼 36.20%、最低为幼鱼 38.39%；非必需氨基酸占 17 种氨基酸总量的比例 EAA/NEAA 中最高为亲鱼 63.80%、其次为商品鱼为 63.44%、最低为幼鱼 61.61%。由此可知，3 种不同生长阶段的氨基酸组成比例中亲鱼和商品鱼的组成比例很接近，而幼鱼的氨基酸组成比例则有所变化，在必需氨基酸中，其 EAA/TAA 值则比亲鱼以及商品鱼低 2% 左右，而在非必需氨基酸中，EAA/NEAA 比值又高于亲鱼与商品鱼 2% 左右，见表 4 - 2。这些必需氨基酸需求量数据的获得，对于澳洲龙纹斑饲料实际生产中配方的氨基酸指标调整提供了重要的参考标准和指导作用。

表 4 - 2　体质量 45~50g 的澳洲龙纹斑肌肉中氨基酸种类及含量

项目	AA 占鲜样的百分比（%）
必需氨基酸（EAA）	
苏氨酸（Thr）	0.79
蛋氨酸（Met）	0.55
缬氨酸（Val）	0.72
苯丙氨酸（pHe）	0.73
异亮氨酸（Ile）	0.72
亮氨酸（Leu）	1.33
赖氨酸（Lys）	1.59
合计	6.43
半必需氨基酸	
组氨酸（His）	0.26
精氨酸（Arg）	1.13
合计	1.39
非必需氨基酸（NEAA）	
天门冬氨酸（Asp）	1.73
丝氨酸（Ser）	0.74

（续表）

项目	AA 占鲜样的百分比（%）
谷氨酸（Glu）	2.73
脯氨酸（Pro）	0.67
甘氨酸（Gly）	0.76
丙氨酸（Ala）	0.99
胱氨酸（Cys）	0.09
酪氨酸（Tyr）	0.57
合计	8.28
总氨基酸含量（TAA）	16.10
TEAA/TAA	39.93
TEAA/TNEAA	77.66

注：引自（宋理平 等，2013）

3 种商品鱼均含有较高的作为天然的鲜味最强的两种氨基酸，即谷氨酸和天门冬氨酸，鲜味类氨基酸含量最高的为澳洲龙纹斑 18.21%、其次为石斑鱼 17.15%、最低的为鲟鱼 17.38%。3 种商品鱼肌肉中甜味氨基酸和鲜味氨基酸的含量之和均超过 50%（澳洲龙纹斑 57.17%，石斑鱼 57.68%，鲟鱼 57.85%），并且含量相近，说明 3 种商品鱼在肉质味道鲜美上相近，见表 4-3。澳洲龙纹斑与石斑鱼和鲟鱼差异不明显，可以间接反映出石斑鱼和鲟鱼饲料在氨基酸组成上比较适合澳洲龙纹斑的需求，但在蛋白质脂肪比上不太适合澳洲龙纹斑的需求，因此企业需要在石斑鱼和鲟鱼饲料的基础上，研制出更加适合澳洲龙纹斑生长所需的专用配合饲料。

表 4-3　3 种特种水产商品鱼肌肉中呈味氨基酸的分布

氨基酸种类	澳洲龙纹斑商品鱼		石斑鱼商品鱼		鲟鱼商品鱼	
	含量（%）	组成比例（%）	含量（%）	组成比例（%）	含量（%）	组成比例（%）
苏氨酸	3.35	/	3.07	/	3.03	/
丝氨酸	3.26	/	2.82	/	3.40	/
谷氨酸	11.07	/	10.39	/	10.74	/
甘氨酸	5.97	/	6.47	/	7.53	/
丙氨酸	4.80	/	5.06	/	4.93	/
脯氨酸	3.52	/	3.67	/	4.09	/
赖氨酸	6.51	/	5.93	/	5.88	/
甜味类氨基酸含量	38.47	38.80	37.42	39.55	39.61	40.21

（续表）

氨基酸种类	澳洲龙纹斑商品鱼		石斑鱼商品鱼		鲟鱼商品鱼	
	含量（%）	组成比例（%）	含量（%）	组成比例（%）	含量（%）	组成比例（%）
苯 丙 氨 酸	2.88	/	2.63	/	3.22	/
精 氨 酸	4.99	/	4.91	/	5.14	/
异 亮 氨 酸	2.86	/	2.59	/	2.76	/
缬 草 氨 酸	3.24	/	3.07	/	2.91	/
亮 氨 酸	5.40	/	4.95	/	4.93	/
甲硫（蛋）氨酸	1.72	/	2.03	/	1.84	/
组 氨 酸	1.59	/	1.36	/	1.68	/
苦味类氨基酸含量	22.66	22.86	21.54	22.76	22.48	22.81
组 氨 酸	1.59	/	1.36	/	1.68	/
天门冬氨酸	7.14	/	6.77	/	6.64	/
谷 氨 酸	11.07	/	10.39	/	10.74	/
酸味类氨基酸含量	19.80	19.97	18.51	19.56	19.06	19.34
天门冬氨酸	7.14	/	6.77	/	6.64	/
谷 氨 酸	11.07	/	10.39	/	10.74	/
鲜味类氨基酸含量	18.21	18.37	17.15	18.13	17.38	17.64
氨基酸总量	70.96	100.00	68.25	100.00	71.13	100.00

注：氨基酸含量为扣除了所有水分的含量。

营养价值较高的食物蛋白质不仅所含的 EAA 种类要齐全，而且 EAA 之间的比例也要适宜，最好能与人体需要相符合，这样 EAA 吸收最完全，营养价值最高。表 4-4 表明，3 种商品鱼肌肉中的 E/T、E/N 依次为：澳洲龙纹斑商品鱼（40.34%、67.62%）＞石斑鱼商品鱼（39.27%、64.68%）＞鲟鱼商品鱼（37.92%、61.08%），高于 FAO/WHO 的值，低于鸡蛋的值，但是比较接近 FAO/WHO。根据 FAO/WHO 模式，澳洲龙纹斑商品鱼超过了 WHO/FAO 提出的 E/T 应为 40% 左右和 E/NT 应为 60% 以上的参考蛋白质模式标准，说明澳洲龙纹斑商品鱼肌肉中的蛋白质氨基酸不仅种类组成合理，而且与人体需要相符合。

表 4-4　3 种特种水产商品鱼肌肉中的 EAA 含量与鸡蛋蛋白、FAO/WHO 标准模式的比较

氨基酸	澳洲龙纹斑商品鱼（mg/g N）	石斑鱼商品鱼（mg/g N）	鲟鱼商品鱼（mg/g N）	鸡蛋蛋白（mg/g N）	FAO/WHO
Ile	225	253	238	331	250
Leu	426	483	426	534	440

（续表）

氨基酸	澳洲龙纹斑商品鱼（mg/g N）	石斑鱼商品鱼（mg/g N）	鲟鱼商品鱼（mg/g N）	鸡蛋蛋白（mg/g N）	FAO/WHO
Lys	514	579	508	441	340
Met + Cys	172	243	194	386	220
pHe + Tyr	402	457	451	565	380
Thr	264	300	262	292	250
Val	256	300	252	411	310
TEAA	2 260	2 615	2 331	2 960	2 190
E/T（%）	40.34	39.27	37.92	48.92	35.73
E/N（%）	67.62	64.68	61.08	95.76	55.58

注：TEAA：The total of essential amino acid（Contain Cys and Tyr）；E/T：TEAA/TAA；E/N：TEAA/（TAA-TEAA）。

综上所述，实用澳洲龙纹斑配合饲料中推荐的经济有效的蛋白质水平为45%以上。

二、脂肪及脂肪酸的营养需求

（一）脂肪的营养需求

脂类在鱼类生命代谢过程中具有多种生理功用，是鱼类所必需的营养物质，在组成组织细胞、提供能量、提供必需脂肪酸、节省蛋白质、提高蛋白质的利用率上发挥着巨大的作用，而且某些不饱和脂肪酸（如 n-3，n-6 高度不饱和脂肪酸）淡水鱼类不能合成，必须依赖于饲料直接提供，才能保证鱼体健康生长。饲料中脂肪含量不足将会导致鱼类代谢紊乱、蛋白质利用率下降、脂溶性维生素及必需脂肪酸缺乏等问题；同时脂肪含量过高，将会导致鱼类肝脏脂肪沉积，疾病抵抗力下降，并且脂肪含量过高的饲料易变质，不宜保存。因此，饲料中的脂肪比例应适中。据 Stansby（1962）分析，脂质是鱼类一般营养成分中变动最大的成分，种类之间的变动在 0.2%～64%，含量最低的种类与含量最高的种类之间，实际差别达 320 倍之多，而且即使同一种类，也因年龄（大小）、生理状态、营养条件等而有很大变动。

脂肪是维持澳洲龙纹斑生长、健康和繁殖等生命活动所必需的营养素，澳洲龙纹斑对脂肪利用率较高，对碳水化合物利用率较低，饲料中添加多不饱和脂肪酸（Polyunsaturated fatty acid，多不饱和脂肪酸）将有助于澳洲龙纹斑获得更好的生长速率和饲料利用效率。因此，脂肪就成为澳洲龙纹斑的重要能量来源之一。饲料中的脂肪含量适宜，澳洲龙纹斑就能充分利用；饲料中脂肪含量不足或缺乏，澳洲龙纹斑摄取的饲料中蛋白质就会有一部分作为能量被消耗掉。饲料蛋白质利用率下降，同时还可发生脂溶性维生素和必需脂肪酸缺乏症，从而影响澳洲龙纹斑生长，造成饲料蛋白质浪费和饵料系数升高，然而饲料中脂肪含量过高时，短时间内可以促进澳洲龙纹斑的生长，降低饲料系数，但长期摄食高脂肪饲料会使澳洲龙纹斑产生代谢系统紊乱，增加体内脂肪含量，导致鱼体脂肪沉积过多，内脏尤其是肝脏脂肪过度聚集，产生脂肪肝，进而影响蛋白质的消化吸收并导致机体抗病力下降。此外，饲料脂肪含量过高也不利于饲料的贮藏和成型加工，因此，只有使用脂肪和蛋白质含量均适宜的饲料才能实现澳洲龙纹斑养殖的最佳效果。研究表明，澳洲龙纹斑不同生长阶段对脂质的最适需求是有变化的，总体是随着个体的生长，对脂质的需求呈逐步下降的趋势，影响澳洲龙纹斑饲料中脂肪营养需求的主要因素有鱼体大小、鱼的生理状态、脂肪源、饲料组成（特别是蛋白质：脂肪：碳水化合物之比）、水温和水体中饵料生物的种类与含量、摄食时间等。澳洲龙纹斑对脂肪有较高的消化率，尤其是低熔点脂肪，其消化率一般在90%以上。饲料所含的脂肪，不能直接被鱼类吸收，必须经过消化酶分解为甘油和脂肪酸后，才能被吸收，它不仅是鱼类的能源物质，而且作为脂溶性维生素 A、D、E、K 的载体，促进输送与其吸收。添加适量脂肪可节约蛋白质，增进食欲，提高饲料利用率，在生产上有更重要的意义。

有关澳洲龙纹斑饲料中脂肪的营养已经开展了一些探讨。研究表明，澳洲龙纹斑幼鱼蛋白质含量在50%时，获得最大生长速度的脂肪含量为17%（Gunasekera *et al*，2000），若饲料蛋白质含量为40%时，饲料中脂肪含量为24%可以获得良好的生长效果（De Silva *et al*，2002）。澳洲龙纹斑养成饲料中蛋白质含量≥45%时，饲料中的脂肪含量以≥15%为宜。综合文献报道，澳洲龙纹斑对饲料中脂肪的含量需求在12%～25%，高含量的脂肪可以提供充分的能量，从而节约蛋白质，促进鱼体快速生长，但是也可能导致脂肪在鱼体肌肉、肝脏和腹腔中的大量累积，对鱼类健康造成一定不利影响。鱼类对饲料脂肪的利用能力，也与脂肪来源及必需脂肪酸的种类有密切关系。鱼类饲料中采用植物油替代鱼油已经是研究热点。采用100%的鳕鱼油（*cod liver oil*，FO）、100%的菜籽油（*canola oil*，CO）、100%的亚麻籽油（*linseed oil*，LO）以及100%的混合油（1：1 *blends of canola oil and cod liver oil*，CO：FO 为 1：1）为脂肪源，配制成5种等氮等能等脂（脂肪含量17%）的5种饲料在水温22 °C条件下饲喂澳洲龙纹斑幼鱼（平均初始体质量为6.45 ±1.59 g）84d。结果表明，FO组和LFO组的幼鱼最终体质量、特殊增重率和摄食量均显著高于LO组，但各组间饲料效率和蛋白质效率差异不显著，且澳洲龙纹斑幼鱼肌肉中的脂肪酸组成与饲料脂肪源的脂肪酸组成具有较为吻合，饲喂鱼油饲料的澳洲龙纹斑肌肉中脂肪酸中的 EPA（20：5n‑3），ArA（20：4n‑6）和 DHA

（22∶6n－3）最高，饲喂菜籽油饲料的澳洲龙纹斑肌肉中油酸（*oleic acid*，OlA）含量高达（每 g 脂肪中 OLA 为 192.2±10.5mg），饲喂亚麻油饲料的澳洲龙纹斑肌肉中的亚麻酸（*α-linolenic acid*，ALA）含量高达（每 g 脂肪中 ALA 为 107.1±6.7mg）。本研究表明，澳洲龙纹斑饲料中鱼油可以被 100% 的菜籽油取代或 50% 的亚麻籽油取代，对其生长影响不显著（Turchinietal.，2006a）。进一步的研究表明，饲喂 25d 植物油饲料的澳洲龙纹斑在上市前转喂以鳕鱼油的饲料 16d，澳洲龙纹斑肌肉中的脂肪酸组成和含量与一直饲喂鱼油饲料相似（Turchinietal.，2006b）。低鱼粉饲料中植物油也是可以部分替代鱼油，只是替代比例不能太大，可替代 25% 的鱼油（Turchinietal.，2007b）。

脂肪易被氧化产生醛、酮等对澳洲龙纹斑有毒的物质，摄食脂肪氧化的配合饲料，澳洲龙纹斑会产生厌食现象，降低饲料转化率，长期使用油脂已氧化变质的饲料，则会使澳洲龙纹斑体色变淡，并产生"瘦背病"，增加死亡率。因此，在使用澳洲龙纹斑配合饲料时，应注意饲料保存的条件，尽量贮存在避光、通风、干燥、阴凉处，不使用氧化变质的脂肪或含变质脂肪的澳洲龙纹斑配合饲料。

（二）必需脂肪酸的营养需求

必需脂肪酸（*essential fatty acids*，EFA）是指机体内不能合成或合成的量不能满足鱼体营养需求但又为鱼体所必需的脂肪酸。EFA 是合成多种生物活性分子的前体，例如前列腺素、白细胞三烯、凝血恶烷类等，EFA 缺乏，会影响繁殖期间亲鱼的产卵数量和质量以及胚胎的早期发育。EFA 只有通过摄食获得才能满足机体的营养需求。鱼类的 EFA 通常包括 n－3 多不饱和脂肪酸中的亚麻酸（*linolenic acid*，ALA）、二十碳五烯酸（*eicosapentaenoic acid*，EPA）、二十二碳六烯酸（docosahexaenoic acid，DHA）和 n－6 多不饱和脂肪酸中的亚油酸（*linoleicaci*，LIN）、花生四烯酸（*arachidonic acid*，ARA）等，对鱼类的生长、免疫和繁殖生理活动具有重要的调控功能。一般认为，饲料中含有 1% C18 多不饱和脂肪酸（18∶3n－3 和 18∶2n－6）就能满足淡水鱼类必需脂肪酸需要量。研究表明，澳洲龙纹斑对脂肪酸的消化率随碳链延长而降低，随脂肪酸的不饱和度的增加而增强。碳链长度、脂肪酸不饱和度和脂肪酸熔点显著影响脂肪酸的消化率，一般脂肪酸的消化率由大到小依次为多不饱和脂肪酸＞单不饱和脂肪酸＞饱和脂肪酸和短链＞长链脂肪酸（Francisetal.，2007a）。ALA＋LA 总量为 51% 不变的情况下，ALA/LA 的范围为 0.3～2.9 内，随着饲料中 ALA/LA 比值的增大，对澳洲龙纹斑幼鱼的生长和肌肉中的脂肪含量影响不显著，但显著影响澳洲龙纹斑幼鱼的肌肉的脂肪酸组成和营养品质，ALA/LA 比值大（即 ALA 含量高），澳洲龙纹斑幼鱼肌肉中的 EPA 和 DHA 含量高，ALA/LA 比值小则显著降低肌肉的营养品质（Senadheeraetal.，2010）。

进一步的研究发现，饲料中 ALA/LA 比值会影响澳洲龙纹斑脂肪酸代谢调节，ALA 更能激化脂肪 β-氧化和生物转化，而 LA 则更能促进脂肪储存，且 ALA/LA 比值高能提高 Δ-6 去饱和酶（Δ-6 *desaturase*）的活性，促进肌肉中 n-3 长链多不饱和脂肪酸（n-3 *LC*-多不饱和脂肪酸）的合成（*Senadheeretal.*，2011）。目前，有关澳洲龙纹斑脂肪酸的营养需求研究较少，主要是分析澳洲龙纹斑各组织器官中脂肪酸的种类组成和比例以及部分饲养试验来探讨澳洲龙纹斑的脂肪酸营养需求。已有学者分析了体质量 45~50g 的澳洲龙纹斑幼鱼肌肉中的脂肪酸组成与含量，共检测出脂肪酸 19 种（具体见表 4-5），其中饱和脂肪酸（*saturated fatty acids*，饱和脂肪酸）7 种，占总脂肪酸的 31.95%；单不饱和脂肪酸（*monounsaturated fatty acid*，单不饱和脂肪酸）4 种，占总脂肪酸的 24.36%；多不饱和脂肪酸（多不饱和脂肪酸）8 种，占 43.44%。不饱和脂肪酸含量（67.80%）远高于饱和脂肪酸含量（31.95%）。油酸（C18：1）含量最高，为 18.75%，其次为棕榈酸 17.46%、亚油酸 17.28%，最少的是芥酸（C22：1）0.62%。多不饱和脂肪酸中 EPA（C20：5）与 DHA（C22：6）的含量分别为 4.56% 和 10.12%（宋理平等，2013）。

表 4-5　澳洲龙纹斑肌肉中脂肪酸组成及含量（%）

饱和脂肪酸	含量	单不饱和脂肪酸	含量	多不饱和脂肪酸	含量
豆蔻酸	2.08	棕榈油酸	3.92	亚油酸	17.28
十五碳酸	1.26	油酸	18.75	亚麻酸	3.27
棕榈酸	17.46	花生一烯酸	1.07	二十酸二烯酸	1.20
十七碳酸	1.29	芥酸	0.62	二十酸三烯酸	0.73
硬脂酸	6.98	Σ 单不饱和脂肪酸	24.36	花生四烯酸	2.97
花生酸	1.67			EPA	4.56
山嵛酸	1.21			DPA	3.31
Σ 饱和脂肪酸	31.95			DHA	10.12
				Σ 多不饱和脂肪酸	43.44

注：引自（宋理平等，2013）

三、碳水化合物的营养需求

碳水化合物（*Carbohydrates*）也称糖类（*saccharides*），一般有碳、氢、氧三种元素构成，是鱼类生长所必需的一类营养物质，主要起提供能量的作用，是 3 种可能供给能量的营养物质中最经济的一种，同时是鱼类的脑、鳃组织和红细胞等必需的代谢供能底物之一，与鱼体维持正常的生理功能和存活能力密切相关（Nakano 等，1998）。在鱼类饲料中添加适宜水平的糖类能起到节约成本、减少饲料蛋白质作为能源被消耗的作用，同时可增加 ATP 的形成，有利于氨基酸的活化，促进鱼体蛋白质的合成。糖类也是 DNA 和 RNA 的重要组成成分。此外，糖类还是抗体、某些酶和激素的组成成分，参加机体正常的新陈代谢，免疫反应、维持正常的生命活动。研究表明，鱼类主要以蛋白质和脂肪作为能量来源，对糖的利用能力较低，饲料中糖水平超过一定限度会引发鱼类抗病力低、生长缓慢、死亡率高等现象（Dixon 和 Hilton，1981）。鱼类被认为具有先天性的"糖尿病体质"（Wilson，1994），糖的利用能力较低，若长期摄入过量，会发生脂肪肝，导致肝脏解毒功能下降，鱼类抗病力低、生长缓慢、死亡率高等症状。摄入量不足，则饲料蛋白质利用率下降，长期摄入不足还可导致鱼体代谢紊乱，身体消瘦，生长速度下降。鱼类特别是肉食性鱼类，通常被认为具有葡萄糖不耐受性，当饲料中含有过多的糖类时，它们体内就会长时间维持在高血糖状态，一般认为淡水鱼体内缺乏胰岛素，从而导致其糖代谢能力弱（Polakofetal.，2009）。也有研究表明，鱼类并不缺乏胰岛素，而是缺少相应的胰岛素受体或胰岛素受体功能不全。鱼类营养学研究领域的一个重要课题便是如何提高其对饲料碳水化合物的利用（Kirchner 等，2003）。鱼类配合饲料中使用一定量的碳水化合物，充分发挥其供能和免疫功能，节约蛋白质能耗，增加脂肪的积累，提高机体的免疫能力，不但可以缓解目前水产配合饲料行业对鱼粉的过分依赖，减轻氮排泄对养殖水体的污染，而且还可以降低饲料成本，同时有助于配合饲料，特别是膨化配合饲料的制粒，促进鱼类健康养殖业的发展。

　　鱼类对不同来源和种类的碳水化合物利用率各异。鱼类对单、双糖的消化率较高，淀粉次之，纤维素最差，有不少鱼类不能利用纤维素。饲料中碳水化合物含量过高，对鱼类的生长和健康不利。淀粉类既可作为配合饲料的黏结剂，又能在鱼体酶系统的参与下被消化，使其以单糖的形式被吸收供给鱼体生命活动的能量，同时为鱼体新陈代谢形成体脂和合成非必需氨基酸提供原料，节约蛋白质，提高蛋白质的有效利用率。纤维素只作为填充物或载体，起帮助消化和吸收其他营养素的作用，肉食性鱼类消化道中纤维素酶活性极低，不能分解纤维素，纤维素偏高在某种程度上可能反而会起到负面作用。目前，有关澳洲龙纹斑饲料适宜碳水化合物营养需求尚未见报道，但根据鱼类比较营养学的研究结果，肉食性鱼类饲料中的碳水化合物含量不宜超过 20%，为此，建议澳洲龙纹斑适宜的饲料中碳水化合物含量不超过 20%。

四、无机盐的营养需求

无机盐是构成鱼类机体组织的重要成分，有助于维持鱼类的正常生长、健康和繁殖等功能，对机体渗透压、调节机体正常生理代谢、调节酸碱平衡发挥着重要的作用。鱼类除了从饲料中获得矿物元素外，还可以从水环境中吸收矿物质，淡水动物主要通过鳃和体表吸收。镁、钠、钾、铁、锌、铜和硒等矿物元素通常从水中吸收可部分满足鱼类的营养需求，然而氮、磷和硫大部分只能从饲料中吸收补充。矿物质如锌、铁、铜和硒作为金属酶的辅酶，对维持高等脊椎动物免疫系统的细胞功能是至关重要的。澳洲龙纹斑属于底层鱼类，世代形成肉食习性且食性较杂，天然饵料为含有丰富矿物质的蟹、虾、贝、鱼和浮游动物等，天然和养殖澳洲龙纹斑的矿物质含量不随季节变动，且相当稳定。因此，澳洲龙纹斑对各种矿物质的需求量相对较高。澳洲龙纹斑鱼体中主要含有以下 8 种元素，分别为钙（Ca）、磷（P）、钾（K）、钠（Na）、铁（Fe）、锌（Zn）、铝（A1）、锰（Mn）。一般认为，在澳洲龙纹斑的人工配合饲料中矿物质复合物的添加量为 10% 左右。但至今未见有关矿物质对澳洲龙纹斑的生长、健康、免疫系统、肌肉品质和繁殖影响的研究报道，也未见澳洲龙纹斑矿物质营养需求的研究报道。澳洲龙纹斑矿物质的营养需求可以参照淡水肉食性鱼类矿物质营养需求，以研发出高效环境友好型澳洲龙纹斑系列配合饲料。

五、维生素的营养需求

维生素是维持鱼类健康、促进鱼类生长发育所必需的一类低分子有机化合物，需求量很少，每日需求量仅以 mg 或者 μg 计算，对维持鱼类的新陈代谢、免疫功能、生长和繁殖是必需的，其主要是通过调节体内物质和能量代谢以及参与氧化还原反应对机体起作用。由于动物本身不能合成大多数维生素，抑或合成的数量不能满足动物生长必需量，所以大多数维生素必须由食物提供。维生素缺乏时，除导致鱼厌食、新陈代谢受阻、鱼体增重减慢、鱼的抗病力下降外，还会出现一系列缺乏症。如果饲料中营养成分不平衡，鱼体对维生素需求量也显著增加，在澳洲龙纹斑养殖过程中，常根据生长阶段的鱼类在饲料中添加维生素 C，一般为 1~3g/kg 饲料。饲料中维生素 C 能增强鱼对环境污染物和刺激物的耐受能力及对病菌的免疫能力，维生素 C 缺乏，就会出现身体畸形、生长受抑制、免疫力及抗应激能力降低等问题。红鳍东方鲀维生素 E 缺乏，体色就会微黑，身体消瘦，对环境适应性差，各种鱼的维生素 E 缺乏会出现白肌纤维萎缩和坏死症状，毛细血管渗透性增加，引起渗出液外流积累而出现心脏肌肉及其他组织水肿、红细胞生成受阻和肝脏蜡样质沉积，红鳍东方鲀饲料中添加维生素 E 能促使肌肉退化症和脂样色素症症状显著改善。因此饲料中必须有计划地添加维生素。配合饵料中维生素的适宜添加量约为 3%，如加倍添加对生长和生理状态并无促进效果。

　　鱼类需要 11 种水溶性维生素：硫胺素（V_{B1}）、核黄素（V_{B2}）、吡哆醇（V_{B6}）、泛酸、尼克酸（V_{B3}）、生物素、叶酸、钴胺素（V_{B12}）、肌醇、胆碱、抗坏血酸（V_C）以及 4 种脂溶性维生素 A（V_A）、维生素 D（V_D）、维生素 E（V_E）和维生素 K（V_K）。澳洲龙纹斑也同样需要这些维生素。有关澳洲龙纹斑的维生素营养需求尚未见报道，其营养需求可以参照其他肉食性鱼类的维生素营养需求，如大西洋鲑（*Salmo salar*）的维生素营养需求。澳洲龙纹斑对维生素需求量受发育阶段、生理状态、饲料组成和品质、饵料生物、养殖模式、环境因素以及营养素间的相互关系等影响，较难准确的测定。

第二节　澳洲龙纹斑饵料种类

　　尽管澳洲龙纹斑人工养殖已有二三十年的历史，但由于人工养殖起步晚，人们对其各个生长阶段的营养需求的研究甚少，至今澳洲龙纹斑全价系列配合饲料尚未有效研发。目前主要采用生物饵料进行开口，采用石斑鱼饲料进行幼鱼培育，采用高档鳗鱼饲料进行亲鱼产前营养强化。

一、生物饵料

　　目前，国内外澳洲龙纹斑人工育苗阶段主要采用生物饵料，常见的有水蚯蚓、蜇水母、剑水蚤类、桡足类、枝角类和小型水生昆虫。轮虫能大规模培养，但培育技术不稳定，育苗中常出现轮虫供应不足，且不同培育方式培育的轮虫营养成分差异较大；桡足类是仔稚鱼的优良饵料，但大规模培养技术尚未确立，目前主要是靠从自然海区捕捞，供应不稳定。为此，在较大规模的生产中，多采用丰年虫卵孵化出的丰年虫作为开口饵料。同时今后应开展桡足类批量化生产工艺研究，加强轮虫的高产稳产技术研究。同时积极探索开发人工微粒饲料，逐渐替代部分生物饵料，为大规模工厂化人工育苗提供量足、质、优的人工饲料，以推进澳洲龙纹斑人工育苗产业的发展，进而推进澳洲龙纹斑养殖产业的发展。

二、配合饲料

　　澳洲龙纹斑经训食后，能很好地摄食配合饲料，所以人们对研发其配合饲料兴趣浓厚。项目组成员参照石斑鱼配合饲料，通过与福建天马饲料有限公司和福州海马饲料有限公司多年合作，采用进口优质鱼粉、菌体蛋白类、面粉、酵母粉、鱼油、矿物质和维生素等原料按一定的比例加工制作成澳洲龙纹斑专用幼鱼饲料，采用进口优质鱼粉、α-淀粉、鱼油、有机螯合矿物质和稳定型维生素等原料按一定的比例加工制作成澳洲龙纹斑亲鱼专用饲料。编者抽取了这两种配合饲料样品委托福建省农业科学院中心实验室进行品质检测，品质检测结果见表4-6。

表4-6 澳洲龙纹斑配合饲料的品质检测结果

样品名称	澳洲龙纹斑亲鱼饲料	澳洲龙纹斑鱼苗饲料
水分（g/100g）	7.0	7.9
粗脂肪（g/100g）	5.2	8.9
蛋白（%）	46.00	47.88
脂肪酸（%）		
C14：0	5.8	3.5
C16：0	20.9	18.8
C16：1	7.1	4.3
C18：0	5.3	4.7
C18：1n9	10.4	15.7
C18：2n6	2.9	21.8
C18：3n3	1.0	2.6
C18：3n6	ND	ND
C20：0	ND	ND
C20：1n9	1.0	0.9
C20：2n6	ND	ND
C20：3n6	ND	ND
C20：4n6	1.6	0.7
C20：5n3	10.6	5.8
C22：6n3	12.9	6.5
其他	20.6	14.8
氨基酸（g/100g）		
天门冬氨酸	4.20	4.51
苏　氨　酸	2.03	2.12
丝　氨　酸	1.87	2.09
谷　氨　酸	6.06	7.40
甘　氨　酸	2.97	2.93
丙　氨　酸	2.89	3.04

（续表）

样品名称	澳洲龙纹斑亲鱼饲料	澳洲龙纹斑鱼苗饲料
胱　氨　酸	0.34	0.40
缬草氨酸	2.25	2.39
甲硫（蛋）氨酸	1.03	1.19
异亮氨酸	1.90	1.99
亮　氨　酸	3.40	3.71
酪　氨　酸	1.40	1.52
苯丙氨酸	1.91	2.11
赖　氨　酸	3.63	4.13
组　氨　酸	1.27	1.27
精　氨　酸	2.80	3.01
脯　氨　酸	1.89	2.32
总　　量	41.84	46.13

第三节　澳洲龙纹斑配合饲料研发及其质量评价

研发高效环境友好型澳洲龙纹斑系列配合饲料是推进其"规模化、集约化、标准化和产业化"养殖业的物质基础。配合饲料的质量不仅决定了澳洲龙纹斑生长性能、养殖效益，而且还影响澳洲龙纹斑产品质量与安全。开发的澳洲龙纹斑系列配合饲料，不仅要满足澳洲龙纹斑的营养需求和摄食习性，实现其高效利用，而且更要达到对人类、澳洲龙纹斑和环境的友好，以推进澳洲龙纹斑健康养殖的持续发展。目前，我国对高效环境友好型澳洲龙纹斑系列配合饲料尚在研发之中，建立澳洲龙纹斑配合饲料质量评价体系对指导优质澳洲龙纹斑配合饲料的开发具有重要意义。

一、澳洲龙纹斑配合饲料的研发

（一）优质原料

根据2011年修订发布的《饲料与饲料添加剂管理条例》和2014年发布的《饲料质量安全管理规范》的要求，对于生产配合饲料使用的大宗原料饲料要符合《饲料原料目录》（农业部1773号公告）及其修订单，饲料添加剂产品要符合《饲料添加剂产品目录》。饲料原料质量决定了澳洲龙纹斑配合饲料的品质的基础。筛选合适的原料应该考虑的基本要素为：原料营养价值及营养成分的稳定性、安全性、新鲜度、原料的养殖效果、原料是否掺假、原料的加工特性、饲料配方效果、原料的价格性能比与市场供求的稳定性。研发澳洲龙纹斑常用的饲料原料有：鱼粉、膨化大豆、豆粕、酵母粉、虾粉、淀粉、面粉、海藻粉、鱼油、稳定型复合维生素及复合矿物质等。饲料添加剂不仅要考虑营养性添加剂，更要充分考虑功能性饲料添加剂，如免疫多糖、壳寡糖、益生素等，维持澳洲龙纹斑的肝肠健康，以促进其健康成长。

（二）科学配方

研发高效环境友好型澳洲龙纹斑配合饲料首先要设计并筛选出系列饲料配方。目前，国内澳洲龙纹斑配合饲料按其性态主要有三种形态，硬颗粒状、膨化颗粒状和粉末状。这三种不同形态的饲料，对其配方结构要求也有较大的差异。粉末状配合饲料需要加工成团练状，因此其配方原料中需要使用约20%的预糊化淀粉。硬颗粒配合饲料与膨化颗粒配合饲料都需要经过蒸汽调质，因此配方中需要添加高筋面粉10%～20%以获得良好的颗粒黏结性。一个良好的澳洲龙纹斑配合饲料配方，一方面能满足不同阶段的澳洲龙纹斑消化生理的特点、营养需求；另一方面要充分考虑各种原料营养特性和加工工艺的要求。饲料配方设计的依据是澳洲龙纹斑营养需求参数（建议营养需求参数为：蛋白质含量40%～50%、粗脂肪含量12%～25%、粗纤维含量2%～5%、粗灰分含量15%左右、钙含量2.5%左右、总磷含量0.8%～1.2%、赖氨酸含量≥2.6%），各种原料营养特性和消化率，灵活运用营养调控理论与技术，选择消化率高、适口性好、加工性能优良的饲料原料，编制营养平衡的系列饲料配方，以充分满足不同生长阶段、养殖模式、季节和地区养殖的澳洲龙纹斑的营养需求，提高饲料利用率，降低营养物质排出率，以开发出高效环境友好型系列澳洲龙纹斑配合饲料。我国已有相关饲料企业开展了其饲料配方研究，并申请了相关专利。现将通威集团公开的专利配方介绍如下：澳洲龙纹斑鱼苗开口配合饲料推荐配方：进口白鱼粉25%～50%、卤虫粉2%～10%、南极磷虾粉3%～10%、乌贼肝脏粉1%～5%、海藻粉5%～15%、啤酒酵母2%～5%、α-淀粉3%～10%、高筋面粉10%～20%、大豆卵磷脂1%～5%、鱼油2%～8%、维生素预混料0.2%～1.0%、微量元素预混料1%～5%、磷酸二氢钙1%～5%、枯草芽孢杆菌0.03%～0.1%、维生素C、醋酸酯0.1%～0.6%、抗氧化剂0.01%～0.1%、氯化胆碱0.05%～0.5%（发明人文远红等，2014）；澳洲龙纹斑育成期配合饲料推荐配方：鱼粉20%～40%、虾肉粉5%～10%、鸡肉粉5%～10%、豆粕5%～20%、高筋面粉18%～30%、啤酒酵母2%～8%、乌贼膏2%～8%、鱼油2%～5%、大豆磷脂油2%～5%、维生素预混料0.1%～1.5%、微量元素预混料1%～5%、磷酸二氢钙1%～3%、氯化胆碱0.1%～0.5%、维生素C磷酸酯0.1%～0.5%、特免皇0.1%～0.3%、维生素E 0.03%～0.1%、防霉剂0.01%～0.05%、细麸皮0.5%～1.5%（发明人文远红等，2014）。

（三）精细加工

一般采用二次粉碎二次混合的加工工艺生产澳洲龙纹斑配合饲料，以实现饲料耐水性好、饲料中营养物质在水中的溶失率低、营养物质的利用率高、饲料系数低、营养物质的加工损失小等目标。

根据澳洲龙纹斑的消化生理特点，澳洲龙纹斑配合饲料对原料粉碎的要求比较高，应采用超微粉碎工艺，稚鱼、幼鱼配合饲料原料95%通过100目，成鱼和亲鱼配合饲料原料95%通过80目，充分混合均匀，实现混合均匀度小于5%。同时生产颗粒配合饲料时，从调质温度、水蒸气添加量、蒸汽质量和调质时间等方面考虑综合调质质量，以提高淀粉的熟化度，由于澳洲龙纹斑对淀粉糊化度和耐水性要求高，需要有更强的调质措施，应对方法是在制粒后增加后熟化工序，即改变以往颗粒饲料制成后马上进入冷却器冷却，而在制粒机与冷却器之间增加后熟化器，使颗粒饲料进一步保温完全熟化，可避免外熟内生现象，大大增加澳洲龙纹斑饲料利用率及水中稳定性。

二、澳洲龙纹斑配合饲料质量评价

（一）澳洲龙纹斑配合饲料的安全质量评价标准

饲料产品的安全关系到澳洲龙纹斑产品的安全，进而影响人类的食品安全。澳洲龙纹斑配合饲料的安全质量评价应执行《饲料卫生标准》（GB13078）和《无公害食品 渔用配合饲料安全限量》（NY5072—2002），依据《配合饲料企业卫生规范》（GB/T 16764—2006）、《中华人民共和国农业部1224号公告（2009）》以及《饲料和饲料添加剂安全使用规范》等，结合企业实际建立完善的《卫生标准操作规范》（*Sanitation Standard Operation Procedure*，SSOP）管理体系以及《饲料质量安全管理规范》，以规范和提高澳洲龙纹斑配合饲料生产卫生管理水平。配合饲料产品安全质量管理重点考虑如下几个方面：是否添加了违禁药物与饲料添加剂；饲料原料中是否存在天然的有毒有害物质及其含量；是否含有害微生物及其代谢产物（如黄曲霉毒素）是否超标；饲料中的铅、汞、无机砷、镉、铬等重金属含量超标，限量的营养素是否超过限制，如铜、锌、锰、碘、钴、硒等微量元素。

（二）澳洲龙纹斑配合饲料的营养质量评价标准

饲料产品的营养质量不仅要通过测定分析饲料中的营养素含量与比例以及营养素的消化率来评价，更重要的是通过正常养殖生产条件下的养殖动物实际生产效果及其配合饲料养殖成本来评价。澳洲龙纹斑配合饲料营养质量应着重从如下几方面评价：配合饲料产品的营养素含量是否达到澳洲龙纹斑营养需求标准，是否能满足澳洲龙纹斑各生长阶段的营养需求；是否能促进澳洲龙纹斑的生理健康，是否有助于提高养殖澳洲龙纹斑的免疫力、抗病力、抗应激力；饲料的诱食性和消化利用率如何；是否能满足不同养殖模式、季节、地区养殖澳洲龙纹斑的营养需求；实际养殖效果和养殖饲料成本等。

（三）澳洲龙纹斑配合饲料的加工质量评价标准

饲料的加工质量不仅要满足养殖动物的摄食习性，而且要求水中的稳定性好，水中溶失率小。评价澳洲龙纹斑膨化颗粒配合饲料的加工质量主要从颗粒大小、色泽、切口、表面和沉降速度等方面来展。作为优质的澳洲龙纹斑配合饲料，要求颗粒大小均匀、色泽均匀、切口整齐、膨化适度、耐水时间适中（大于2h）、软化时间合适（15～30min）、含粉率低。一般来说，饲料颜色不均匀与熟化和烘干过程相关；长短不一的饲料颗粒影响澳洲龙纹斑饲料的整体外观外，也会导致饲料不能充分被澳洲龙纹斑利用，造成浪费；外表毛糙不仅仅影响澳洲龙纹斑饲料的外观，而且还会导致饲料粉多，同时也会影响饲料的浮水率或沉降速度。

第四节　澳洲龙纹斑配合饲料的科学投喂

目前，澳洲龙纹斑配合饲料有3种形态，即硬颗粒饲料、膨化饲料、粉末状饲料。硬颗粒饲料适口性差，在水中易溶失，若投喂过快则易于沉到网底造成浪费和水质污染；膨化颗粒既能避免营养流失和污染水质，又方便养殖者观察鱼摄食情况，但其加工过程有一定程度的营养损失，且价位也较高。粉末状饲料使用时，加鱼浆或水按一定比例混合均匀，经绞肉机设备制成水分含量在30%～40%的湿软饲料，湿颗粒饲料虽然是适口性好，不需加热、加压，饲料中营养成分特别是一些活性酶和维生素不受损失，能提高饲料利用率和饲用价值，但由于水分含量高需当天制作投喂或冷冻保存，否则易被氧化或微生物污染，同时由于产品熟化度不够，降低了其消化率。

澳洲龙纹斑配合饲料良好的养殖效果只有建立了科学投喂技术体系才能取得。科学投喂应以澳洲龙纹斑的摄食习性、营养能量学、营养需求等研究成果为依据，探讨最佳的投饲量及投饲策略。

一、确定适宜的投喂量

投喂量应根据养殖澳洲龙纹斑的规格及数量，并按照投饲率（一般为1.5%～3.5%）灵活确定，同时依照天气、季节、水温、水质、鱼的摄食情况以及鱼的活动情况等予以适当调整。

适宜的投喂量对于澳洲龙纹斑健康养殖极为重要。投喂量不足则会造成澳洲龙纹斑处于饥饿状态，导致澳洲龙纹斑不生长或生长缓慢。此外，投喂量不足，也会造成澳洲龙纹斑抢食，导致大鱼吃食多，小鱼吃不到，鱼体大小差异明显。严重时，投喂量不足，还会导致典型肉食性鱼类——澳洲龙纹斑的相互残食。投喂量过量，一是造成饲料浪费，饲料利用率下降；二是过剩的饲料败坏水质，增加水中有机物的含量。饲料投喂不足或过量均会引起饲料系数增加，养殖成本提高，疾病容易发生。

二、提高澳洲龙纹斑配合饲料投喂效果的措施

饲料成本占澳洲龙纹斑养殖成本的 60% ~ 70%。降低澳洲龙纹斑的养殖成本，提高澳洲龙纹斑配合饲料投喂效果，应采取如下措施。

（1）选择优质的澳洲龙纹斑苗种，以提高饲料效率。选择优质的澳洲龙纹斑苗种养殖，同时保持适宜的养殖密度是提高饲料效率的有效措施。

（2）选择高效环境友好型澳洲龙纹斑配合饲料。高效环境友好型系列配合饲料是既能全面保证不同阶段的澳洲龙纹斑营养需要、饲料转化率高、颗粒大小适合澳洲龙纹斑摄食，又能提高澳洲龙纹斑抗病能力的配合饲料。选购澳洲龙纹斑系列配合饲料时，应选择具有先进设备与工艺、原料品控保障、配方技术雄厚的饲料企业生产的澳洲龙纹斑配合饲料。

（3）营造良好的养殖水环境。为澳洲龙纹斑营造良好的生活环境，水中的溶氧量保持在 5.0mg/L 以上，pH 值为 6.8 ~ 7.0，铵态氮含量小于 0.5mg/L，以提高配合饲料转化效率。其中最为重要的环境因子是关注水体中的溶解氧，尽可能提高水中溶解氧含量。同时要保持适宜的水温，适宜温度 22 ~ 28℃。

（4）遵循"四定四看"的投喂原则。"四定"是指"定质、定量、定时、定位"。定质：配合饲料要做到营养全面、稳定、新鲜、无变质发霉、安全卫生；定量：每次投喂要以投喂率来确定投喂量，并根据摄食时间（15 ~ 30min 内摄食完为宜）来调整投喂量；定时：每次投喂的时间较为确定，澳洲龙纹斑不喜强光，投饵时间为清晨和傍晚，一天 2 次，鱼苗一般采取少量多次的投喂的方式，一天 3 ~ 4 次；定位：应在相对固定的地方投喂。

四看是指"看水质、看水温、看天气与季节、看澳洲龙纹斑的摄食、生长和活动情况"。

投喂时要耐心细致。在投喂时，应尽量做到饲料投到水中能很快被澳洲龙纹斑摄食。以人工手撒投喂时，切勿把饲料一次性投到水里，这样会造成饲料溶失掉，饲料利

用率低。每次投喂 15～30min，有 80% 以上的澳洲龙纹斑摄食饱即可。

投喂的过程中要掌握适当的投喂速度，表现为"慢—快—慢"的原则，这样有利于鱼集中摄食。投饵后待鱼摄食池底饲料 15～30min 后观察鱼体摄食情况，及时调整下次投饵量，每天投饵 3～4 次。

（5）适当饥饿。采取适当饥饿的技术措施，有利提高饲料效率及澳洲龙纹斑的健康。适当饥饿，不仅可以提高食欲、刺激消化机能，还可以提高澳洲龙纹斑机体免疫力、促进澳洲龙纹斑运动、清理肠胃、动员肝脏营养，减少脂肪肝的发生，同时还可以增强澳洲龙纹斑索饵、充分利用天然饵料，节约饲料、降低污染，降低养殖成本。

（6）做好日常管理。做好日常管理是提高饲料效率非常有效的措施，应引起养殖者足够的重视：①及时筛选分养，既保持养殖澳洲龙纹斑的合理密度，又可保持养殖个体大小较为均匀，促进鱼体均匀生长；②做好防病工作；③管好水质，特别是保证水体的富含溶解氧，合理使用增氧机，提高饲料效率。

参考文献

安丽等.2013.虫纹鳕鲈外形特征及内部消化系统结构的研究［J］.长江大学学报（自科版）（17）：29－32.

曹凯德.2001.澳大利亚墨累河鳕鱼养殖技术［J］.水利渔业，21（1）：16－18.

郭松等.2012.澳洲鳕鲈的生物学特征及人工繁养技术［J］.江苏农业科学（12）：242－243.

林香信等．2012.花鳗鲡鱼体肌肉的氨基酸分析研究［J］.中国农学通报，28（29）：131－136.

罗钦等.2015.澳洲龙纹斑肌肉氨基酸的分析研究［J］.福建农业学报，30（5）：446－451.

宋理平等.2013.虫纹鳕鲈肌肉营养成分分析与品质评价［J］.饲料工业（16）：42－45.

王波等．2003.虫纹麦鳕鲈的形态和生物学性状［J］.水产科技情报（06）：266－267.

王武.2000.鱼类增养殖学［M］.北京：中国农业出版社.23.

颜孙安.2013.杂色鲍及其杂交后代的氨基酸含量和组成分析［J］.中国食品学报，13（6）：249－256.

杨小玉等.2013.澳洲龙纹斑工厂化养殖技术［J］.水产养殖（02）：26－27.

张龙岗等.2012.虫纹鳕鲈线粒体COI基因片段的克隆与序列分析［J］.长江大学学报：自然科学版，9（8）：25－29.

张媛媛等.2010.团头鲂对营养需求的研究进展［J］.安徽农业科学，38（32）：18239－18241.

朱小明等.2001.能量代谢研究对水产配合饲料研制和评价的应用价值［J］.应用海洋学学报，20（S1）：29－35.

Abery N W，Abery N W，Gunasekera R M，De Silva S S. 2002. Growth and nutrient utilization of Murray cod *Maccullochella peelii peelii*（Mitchell）fingerlings fed diets with varying levels of soybean meal and blood meal［J］. Aquaculture Research，33（4）：279－289.

AVMA. 2007. Hog farms in at least five states restricted amid melamine contamination fear［EB/OL］. Available at：www. avma. org/press/releases/070424＿hog＿farms. asp. Accessed Jul 10，2007.

Brown C A，Jeong K S，Poppenga R H，*et al.* 2007. Outbreaks of re-nal failure associated with melamine and cyanurie acid in dogs and cats in 2004 and 2007［J］. Vet. Diagn. ，Invest，19（5）：525－531.

Burns K. 2007. Events leading to the major recall of pet foods［J］. JAm. Vet. Med. Assoc. ，230：1600－1620.

Burns K. 2007. Recall shines spotlight on pet foods［J］. J. Am. Vet. Med. Assoc. ，230：1285－1288.

Buur J L，Ronald E Baynes，Jim E Riviere. 2008. Estimating meat withdrawal times in pigs exposed to melamine contaminated feed using a pHysiologically based pHarmaeokinetie model［J］. Regulatory Toxicology and pHarmacology，51：324－331.

CFR 175. 105；U. S. 2007. National Archives and Records Adminis-tration's Electronic Code of Federal Regulations［EB/OL］. Available from：http：// www. gpoaccess gov/ecfr as of June 18.

Cornell University. Cornell Details Effect of Pet Food Contam-inant，Melamine［JB/OL］. （20 07－4－10）［2007－10－26］.

De Silva S S，Gunasekera R M，Collins R A，*et al.* 2002. Performance of juvenile Murray cod，*Maccullochella peelii peelii*（Mitchell），fed with diets of different protein to energy ratio［J］. Aquaculture Nutrition，8（2）：79－85.

De Silva S S, Gunasekera R M, Gooley G. 2000. Digestibility and amino acid availability of three protein‐rich ingredient‐incorporated diets by Murray cod *Maccullochella peelii peelii* (Mitchell) and the Australian shortfin eel Anguilla australis Richardson [J]. Aquaculture Research, 31 (2): 195 –205.

Dobson RLM, Motlagh S, Quijano M, *et al.* 2008. Identification and Characterization of Toxicity of Contaminants in Pet Food Leading to an Outbreak of Renal Toxicity in Cats and Dogs [J]. Toxicilogical Sciences Advanced publication, 106 (1): 251 –262.

EC (European Committee). 2006. Directive 2002/32/EC of the European parliament and of the council on undesirable substances in animal feed.

EFSA (European Food Safety Authority). 2007. EFSA's provisional statement on a request from the European Commission related to melamine and structurally related compounds such ascyanuric acid in protein-rich ingredients used for feed andfood [EB/OL]. http: //www. efsa. europa. eu/cs/BlobServer/Statement/efsa_ statement_ melamine_ en_ rev1. pdf? ssbi-nary = true.

Forbes J P, Watts R J, Robinson W A, *et al.* 2015. Recreational fishing effort, catch, and harvest for Murray Cod and Golden Perch in the Murrumbidgee River, Australia [J]. North American Journal of Fisheries Management, 35 (4): 649 –658.

Forbes J P, Watts R J, Robinson W A, *et al.* 2015. System-specific variability in Murray cod and golden perch maturation and growth influences fisheries management options [J]. North American Journal of Fisheries Management, 35 (6): 1226 –1238.

Francis D S, Turchini G M, Jones P L, *et al.* 2007. Effects of fish oil substitution with a mix blend vegetable oil on nutrient digestibility in Murray cod, *Maccullochella peelii peelii* [J]. Aquaculture, 269 (1): 447 –455.

Francis D S, Turchini G M, Jones P L, *et al.* 2007. Growth performance, feed efficiency and fatty acid composition of juvenile Murray cod, *Maccullochella peelii peelii*, fed graded levels of canola and linseed oil [J]. Aquaculture nutrition, 13 (5): 335 –350.

Gooley G, Rowland S J. 1993. Murray-Darling finfish current developments and commercial potential [J]. Austasia Aquaculture, 7 (3): 35 –38.

Gunasekera R M, De Silva S S, Collins R A, *et al.* 2000. Effect of dietary protein level on growth and food utilization in juvenile Murray cod *Maccullochella peelii peelii* (Mitchell) [J]. Aquaculture Research, 31 (2): 181 –187.

Haard N F. 1992. Control of chemical composition and food quality attributes of cultured fish [J]. Food Research International, 25 (4): 289 – 307.

Kearney R E, Kildea M A. 2001. The status of Murray cod in the Murray-Darling basin [M]. Applied Ecology Research Group, University of Canberra.

Polakof S, Panserat S, Soengas J L, et al. 2012. Glucose metabolism in fish: a review [J]. Journal of Comparative pHysiology B, 182 (8): 1015 – 1045.

Rowland S J. 2004. Overview of the history, fishery, biology and aquaculture of Murray cod (*Maccullochella peelii peelii*) [C] //Management of Murray Cod in the Murray-Darling Basin: Statement, recommendations and supporting papers. Proceedings of a workshop held in Canberra. 3 – 4.

Sawyer J M, Arts M T, Arhonditsis G, et al. 2016. A general model of polyunsaturated fatty acid (多不饱和脂肪酸) uptake, loss and transformation in freshwater fish [J]. Ecological Modelling, 323: 96 – 105.

Senadheera S D, Turchini G M, Thanuthong T, et al. 2010. Effects of dietary α-linolenic acid (18: 3n – 3) /linoleic acid (18: 2n – 6) ratio on growth performance, fillet fatty acid profile and finishing efficiency in Murray cod [J]. Aquaculture, 309 (1): 222 – 230.

Senadheera S D, Turchini G M, Thanuthong T, et al. 2011. Effects of dietary α-linolenic acid (18: 3n – 3) /linoleic acid (18: 2n – 6) ratio on fatty acid metabolism in Murray cod (*Maccullochella peelii peelii*) [J]. Journal of agricultural and food chemistry, 59 (3): 1020 – 1030.

Shearer K D. 1994. Factors affecting the proximate composition of cultured fishes with empHasis on salmonids [J]. Aquaculture, 119 (1): 63 – 88.

Turchini G M, Francis D S, De Silva S S. 2006. Fatty acid metabolism in the freshwater fish Murray cod (*Maccullochella peelii peelii*) deduced by the whole-body fatty acid balance method [J]. Comparative Biochemistry and pHysiology Part B, 144 (1): 110 – 118.

Turchini G M, Francis D S, De Silva S S. 2006. Modification of tissue fatty acid composition in Murray cod (*Maccullochella peelii peelii*, Mitchell) resulting from a shift from vegetable oil diets to a fish oil diet [J]. Aquaculture Research, 37 (6): 570 – 585.

（林虬、张蕉南、艾春香执笔）

第五章　澳洲龙纹斑常见疾病与防控

　　造成水产养殖鱼类发生疾病的因素多种多样，经常是一种或者几种病因相互作用使养殖鱼类致病，现归纳以下六种：病原微生物的威胁，如病毒、细菌、真菌等微生物和寄生原生动物等寄生虫的侵袭；突变的环境因素，如水体中的水温、溶解氧、pH 值、光照强度等因子变化较大，鱼类会产生应激反应，若超出养殖鱼类最大忍受限度就会导致疾病发生；营养不良，如投喂饲料的数量或者营养成分不足，其中维生素、微量元素和氨基酸等营养成分的缺乏会引起鱼类营养代谢性疾病；养殖鱼类由于先天或遗传的缺陷而导致的疾病；机械损伤，如在捕捞、运输和养殖管理过程中由于摩擦或者碰撞导致伤口受到各种病原微生物侵入引起病变；农药及重金属污染水体后引起的中毒性疾病。随着澳洲龙纹斑养殖规模的不断扩大，集约化程度不断提高，必然会伴随着水质环境污染、管理与技术措施滞后等问题。澳洲龙纹斑虽然抗病能力较强，但其在养殖的过程中，也会受到各种鱼病的威胁。研究及掌握其发病机制是制定预防疾病的合理措施、做出正确诊断和提出有效治疗方法的根据。在受精卵孵化阶段主要威胁是由水霉引起的真菌性病害；鱼苗和成鱼养殖阶段的主要威胁为侵袭性鱼病，危害较大的有车轮虫病、小瓜虫病、斜管虫病和盾纤毛虫病，另外聚缩虫病也不容忽视；在澳洲龙纹斑的生长过程中，细菌主要引起继发性感染，从而产生烂鳃病、烂尾病等细菌性疾病；另外由鱼病毒造血坏死病毒（epizootic haematopoietic necrosis virus（EHNV））引起的病毒性疾病也应受到高度重视，该病曾在澳洲本地养殖过程中造成过重大的经济损失。

第一节　病害特征

一、水霉病的危害及其特征

该病由卵菌纲中 *Saprolegnia* 属，*Achlya* 属和 *ApHanomyces* 属等多种霉菌感染引起。

此类霉菌温度适应范围广，5～26℃均可生长繁殖，最适生长温度为13～18℃，28℃以上受到抑制，故水霉病25℃以下都会发生，一年四季都能感染。病鱼鱼体体表受伤组织和死卵容易受到感染，且在死鱼上水霉繁殖特别快，是一种腐生性的继发性感染。病鱼发病早期肉眼不易察觉，随着水霉菌在伤口处大量繁殖，向内、外生长并扩散。向内侵入上皮和真皮组织，分枝多且细小，产生内菌丝，能够吸收机体营养。向外生长出外菌丝，外菌丝形似灰白色棉絮。患病鱼体严重时患处肌肉腐烂，体表黏液增多，行动迟钝，食欲减退，最后瘦弱死亡。内菌丝根植于卵膜里面，外菌丝附着于卵膜外，造成卵丝病（图5－1）。在澳洲龙纹斑鱼卵孵化过程中，如果受精卵发育正常，则悬浮在卵间质中的内菌丝，一般停止发育，也不长出外菌丝；当卵由于未受精、受伤破损等原因导致死亡时，则内菌丝迅速侵入卵内而繁殖，与此同时外菌丝丛生，在病卵旁边正常发育的卵由于菌丝的覆盖缺氧死亡，病情得不到及时控制时，可引起整张塑料网上的卵全部死亡。

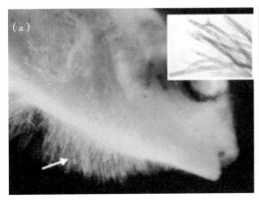

（a）水霉菌感染死去的鱼，其中斜箭头指示的为霉菌菌丝；（b）澳洲龙纹斑鱼卵感染水霉菌的情况

图5－1　水霉菌感染澳洲龙纹斑

二、侵袭性疾病的危害及其特征

（一）车轮虫病的危害及其特征

车轮虫病病原为车轮虫或小车轮虫，属纤毛虫，二者的差别是小车轮虫无向中心的齿棘，虫体侧面形如毡帽，反面观呈圆碟状，做车轮样转动，体表寄生的车轮虫形体较大，鳃上寄生的则略小。车轮虫主要寄生在澳洲龙纹斑体表和鳃上，大量寄生时，使鱼苗、鱼种成群绕池狂游，呈"跑马"症状；造成鱼体衰弱，体色暗淡，失去光泽，运

动迟缓，不摄食；刺激鳃和鱼体体表产生大量黏液，呼吸困难；常造成鱼苗大量死亡。严重感染时，鱼昂头浮游，皮肤出现蓝灰色斑块，幼鱼体表常因虫体刺激而炎性水肿变得破烂不堪。诊断时很难通过外观来判断，必须通过镜检进行确诊。

（二）小瓜虫病的危害及其特征

小瓜虫病病原为多子小瓜虫（*IchthyopHthirius multifiliis*），其生长周期分为营养体和游离体两种状态：营养体寄生到宿主体表、鳍条或鱼鳃上，病情加剧时，躯干、头部、鳍条、鳃丝等部位布满病原体，肉眼下可见白色斑点，同时寄生部位有大量黏液，表皮脱落、溃烂；显微镜下，可见虫体外围布满短密且均匀的纤毛，具 U 型大核，反时针运动时虫体内部体液随之翻滚。营养体可以在宿主之间传播；营养体成熟后脱离宿主，形成被囊膜包裹的分裂体，分裂体在囊膜内以二分裂的形式产生幼虫，体呈椭圆形，前端尖，呈乳突状，后端圆。此病的危害性较大，幼鱼、成鱼均易发生。在病鱼的鳃、皮肤、鳍条上，肉眼可见 0.5~1.0mm 的白色针尖状小点胞囊，严重时体表覆盖一层白色薄膜。严重感染时因病灶处细菌继发感染，使体表发炎，或局部鳞片脱落，鳍条烂裂。病鱼食欲下降，鱼体消瘦，反应迟钝，或漂浮水面。最终因细菌继发感染引发败血症而死亡。

（三）斜管虫病的危害及其特征

斜管虫病原为鲤斜管虫（*Chilodonella cyprini*），虫体呈纺锤形，从前端到后端有拉丝状，后端向内轻微陷入，侧面观背面隆起，腹面平坦，前端较薄，后端较厚。斜管虫主要寄生在澳洲龙纹斑口腔、鳃部、体表，少量寄生危害不大，大量寄生时，刺激寄主分泌大量黏液，使寄主皮肤表面形成苍白色或淡蓝色的黏液层。病鱼食欲差，鱼体消瘦发黑，在水中急躁不安，病鱼离群独游，头昂到水面以上或侧卧水中，呼吸困难，不久即可导致死亡。

（四）盾纤毛虫病的危害及其特征

此病病原暂定为盾纤毛虫，一年四季均有发生，冬春两季为发病高峰。病鱼食欲减退，常聚群浮于水面，呼吸困难，体表黏液增多，体色变暗。病鱼发病初期出现口唇部、鳃盖、鳍边缘发白的症状，严重者出现体表溃烂和充血，眼睛充血外突甚至脱落和皮下肌肉组织溃疡（图 5-2）。镜检病灶部位发现有大量纤毛虫寄生；剖检发现腹腔积水，肝脏充血，脾脏花状，肾脏暗红，肠中有大量黄色黏液。而在成鱼的内脏组织器官极少发现纤毛虫（图 5-3）。另外病灶处常与细菌复合感染，造成组织溃烂。

（五）聚缩虫病的危害及其特征

该病病原菌为聚缩虫，一年四季均有发生，养殖密度高、鱼体抵抗力下降、养殖水

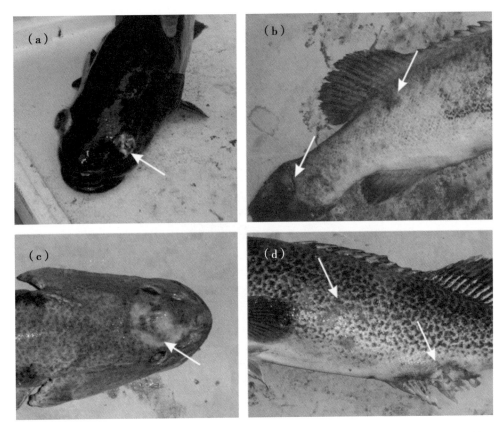

（a）澳洲龙纹斑感染盾纤毛虫后眼睛充血、突出；（b）盾纤毛虫感染皮下组织，尾部病灶处的溃疡组织在显微镜下可观察到病原体；（c）和（d）感染后期，澳洲龙纹斑出现多处溃疡

图 5 - 2　澳洲龙纹斑亲鱼感染盾纤毛虫的症状

（白色箭头所指的位置为感染病灶）

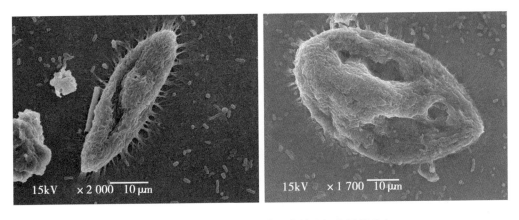

图 5 - 3　不同倍数电镜下澳洲龙纹斑鳃部盾纤毛虫

质环境较差时尤为严重。聚缩虫主要寄生于鱼的鳍部和受伤的体表，患病鱼苗漂浮水面，多于塘边或下风口处集群。病鱼食欲减退，甚至拒食，行动迟钝，病鱼常聚集到池壁或固定物摩擦体表，体表黏液增多。发病初期体表、尾鳍或背鳍边缘出现发白的斑点，有絮状物附着，严重者出现背鳍和尾鳍隆起，充血和溃烂（图5-4），并发细菌感染，引起死亡。

（a）病灶位于背侧；（b）病灶在背鳍附近

图5-4　感染聚缩虫的澳洲龙纹斑

三、细菌性疾病的危害及其特征

（一）细菌性烂鳃病

引起该病的病原菌主要是柱状黄杆菌。细菌性烂鳃病主要危害鱼苗和成鱼，对幼苗的危害尤其严重，在养殖密度高、养殖水质恶化的养殖池塘易发生。病鱼游动缓慢，食欲不振，反应迟钝，呼吸困难，喜欢单独在池边或池角游动，体色变黑，头顶常呈暗黑色，胸鳍基部充血；病鱼鳃丝肿胀，黏液增多，腐烂带有污泥，不易洗去，鳃盖骨的内表皮往往充血，中间部分的表皮常腐蚀成一个圆形不规耻的透明小窗（俗称开天窗）。在显微镜下观察，澳洲龙纹斑鳃瓣感染了粘细菌以后，引起的组织病变不是发炎和充血，而是病变区域的细胞组织呈现不同程度的腐烂、溃烂和"侵蚀性"出血等症状。

（二）细菌性烂尾病

烂尾病病原菌主要为嗜水气单胞菌，杀鲑气单胞菌和柱状黄杆菌，发病季节大多集中在春夏季。烂尾病发病早期鱼尾柄处苍白，黏液流失，尾鳍慢慢被蛀蚀，然后尾柄尾鳍及尾鳍尾柄处充血，尾鳍鳍条开始溃烂。严重时鱼尾尾鳍大部分或全部断裂，尾柄肌肉出血、溃烂，骨骼外露，造成病鱼死亡。

四、病毒性疾病的危害及特征

目前已报道的鱼病毒如造血坏死病毒（*epizootic haematopoietic necrosis virus*（*EHNV*）），*iridovirus*，*picorna-like barramundi virus* 和双 RAN 病毒（*birnavirus*）等，虹彩病毒和 EHNV 病毒有感染澳洲龙纹斑案例，其中虹彩病毒的感染造成的死亡率很高。病鱼食欲不振，昏睡，感染后 4～7 天死亡。病鱼的脾脏，造血组织，鳃组织和心脏组织内发现嗜碱性溶血颗粒。在澳洲本土养殖过程中，发生了一个严重的案例，该案例中，虹彩病毒引起 4～6cm 的鱼苗大量死亡，死亡率在 90% 以上；温度达到 26～27℃ 时，10～15cm 的鱼也受到了感染，死亡率在 25% 以上；目前没有报告成鱼有临床表现。

五、营养代谢疾病的危害及特征

营养代谢病是新陈代谢障碍病和营养缺乏病的总称。关于鱼类营养代谢病的专题研究方面报道不多，但从 20 世纪 80 年代以来的几十余例次病例的报道，反映了我国不少地区和不同鱼确实存在营养代谢病。由于澳洲龙纹斑人工养殖起步晚，人们对其各个生长阶段的营养需求研究工作开展甚少，至今澳洲龙纹斑全价系列配合饲料科学配方尚未有效定论，目前主要采用生物饵料进行开口，采用石斑鱼饲料进行幼鱼培育，采用高档鳗鱼饲料进行亲鱼产前营养强化。因此澳洲龙纹斑养殖过程中，也常常遇到了营养代谢累疾病，给养殖企业造成巨大损失。编者以澳洲龙纹斑为例，结合近年来的鱼类营养代谢病的报告，进行总结，以引起研究者和生产者的重视。

（一）脂肪肝病

胆碱缺乏可导致虹鳟、大鳞大马哈鱼、斑点叉尾鲴、鳗鲡、红海鲷、湖鳟、白鲟等出现生长不良、肝脏脂质积累增加甚至出现"脂肪肝"（图 5－5）等营养缺乏症。近年来，澳洲龙纹斑养殖过程中由于配合饲料营养不均衡，3 年龄以上的商品鱼包括亲鱼经常出现脂肪肝和心肌脂肪沉积，导致鱼体机能下降继发疾病，主要表现为胆汁代谢不良鱼体通体发黄，脂肪发黄，肝细胞脂肪浸润，心肌脂肪沉积和肝脏炎症。澳洲龙纹斑脂肪肝和心肌脂肪沉积的主要原因是饲料中肉骨粉添加过多，鱼粉使用量过少，不饱和脂肪酸不足。

林鼎等对草鱼营养性脂肪肝的研究，发现此病变主要特征为肝贫血，肝细胞脂肪浸

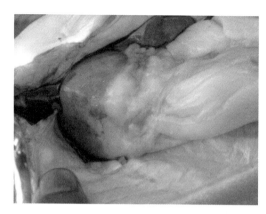 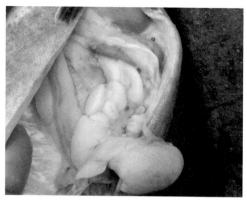

图5-5　澳洲龙纹斑脂肪代谢异常症状，鱼体通体发黄，肝细胞脂肪浸润和肝脏炎症

润、细胞肥大、细胞质充满脂肪，细胞核被挤偏于一端。脂肪肝发生过程有3个阶段：肝脂肪积存阶段、肝脂肪浸润阶段和肝细胞核心出现萎缩阶段。测得病鱼比肝重约在3%以上，肝脂含量高达5%以上，血清中三羧酸甘油脂（Tg）、胆固醇（Ch）水、血清谷草转氨酶（COT）、谷丙转氨酶（GPT）活性均见增高，研究者认为此病由于饵料营养不平衡或缺乏某种肝物质所致，提出适当调整饵料蛋白质水平和添加青饲抖可减少肝脂肪的积存。朱雅珠等报道团头鲂脂肪肝的形成和防治，指出饲料中碳水化合物含量过高，脂肪蛋白质的进食太多，缺乏甲基源、无机磷、必需脂肪酸、泛酸，以及一些毒物的存在，是鱼体形成脂肪肝的主要因素，提出每kg饲料添加1g胆碱，可防止脂肪肝出现。工厂化养殖的罗非鱼，由于脂肪代谢异常，发生成熟期营养代谢障碍性疾病——罗非鱼肥胖症，提出改善营养，增加蛋白质青饲料和维生素量，可防止此病发生。澳洲龙纹斑养殖业中常见营养性疾病为肝脂肪变性病。

（二）营养性障碍综合征

石斑鱼综合征，俗称石斑鱼膨胀病或打转病，由于摄入过多脂类成分已败坏的下脚鱼所致的过氧化脂质中毒，使病鱼鳔腔充气，腹部隆起，失去平衡，病鱼在水面或网底打转游动。其组织病理涉及鳃、胆囊、鳔、肾脏、消化道、心脏、脑、脊髓、卵巢等全身性灶性炎症；肝、肾、脾、脊髓、胃壁的水肿病变；肝脏的脂肪变性表现为小红细胞性贫血。石斑鱼综合征的血清生化测定结果，发现正常肝型与异常肝型在粗脂肪含量和LDH1含量上差异显著；正常鱼与异常鱼在比肝重、LDH总光密度、LDH和LHD2光密度、脂蛋白总光密度、α-脂蛋白和β-脂蛋白光密度上有显著性差异，可作为鉴别诊断的参考。用"消胀宁"药物防治此病，效果显著。张素芳认为，由于饲料质量低劣，配方不合理，以致鲤、鲫、大口鲶等的鱼种和成鱼发生营养不良综合征。病鱼体表灰黑色有花斑，嘴唇发白，尾腐烂，肌肉浮肿，肝萎缩，胆囊变大，鳞片疏松脱落。澳洲龙纹斑养殖过程中也有出现类似症状，流行病学目前正在研究中。

六、中毒性疾病的危害及诊治

鱼类死亡可能是由病害、缺氧、毒藻、机械损伤、化学物中毒等多方面原因引起的，而化学物中毒是最常见的一类致死原因。致鱼死亡的化学物主要指重金属、农药、其他无机物有机物（黄磷、氨、酚、石油类、酸、碱等）和混合废水等。一旦中毒需要进行水质分析和鉴别诊断方可确诊，而水质分析在污染物不明的情况下又难以进行。许多养殖户因不了解化学物中毒造成养殖鱼类伤亡方面的知识，而常常误当作细菌性疾病使用大量抗生素，贻误治疗的理想时机造成更大的经济损失。编者多年从事水产技术推广，现结合澳洲龙纹斑养殖经验把鱼类各种中毒性疾病症状识别、紧急解毒措施简单总结出来，以飨读者。

（一）农药污染中毒

农药品种在千种以上，常用的也有 300 余种，世界上化学农药年产量已达数百万 t，农药的大量使用，造成了环境的严重污染，水体是农药的归宿。农药按其作用分类，可分为杀虫剂、杀菌剂、除草剂、选种剂等。按化学成分分类，可分为有机氯农药、有机磷农药、菊脂类农药、氨基甲酸酯类农药等。农药对水生生物的毒性，随所用农药的种类和性质等的不同而有所不同。有机氯农药如六六六、滴滴涕、五氯酚对于鱼的毒性特别大，有机磷农药如 1605（对硫磷）对于鱼的毒性小于有机氯农药，但对于甲壳类的毒性却高于有机氯农药。农药对鱼类的毒性与鱼的品种及环境条件有很大的相关性，一般来讲，鲑科鱼类比鲤鱼敏感，对于农药的感受性，受精卵的抗性较强，孵化后的仔鱼、稚鱼抗性最差，个体大的鱼抗性又好一些。此外，农药对于鱼的毒性随农药的剂型（乳剂、粉剂）、水温、水的盐度、硬度、pH、溶解氧等条件而改变。

诊断特征：浮游动物品种和数量大量减少，甚至全部死亡，如枝角类等大型水蚤。使用杀虫剂类农药时，浮游植物品种数量基本正常，甚至可能有所增加。使用杀藻剂类农药时，浮游动物和浮游植物的品种和数量都会大量减少，特别是浮游植物甚至可能全部死亡。水体和鱼体（特别是鳃部）常会带有农药的气味。

1. 有机氯农药污染中毒

有机氯农药是一种剧毒农药，它们大多数用作杀虫刘，有机氯农药化学属性稳定，非常难以降解，它们和重金属一样，可以通过食物链在鱼体内富集，富集倍数可以达几万倍以上。它们是属于脂溶性化合物，微溶于水，而在脂肪中却大量溶解积蓄，在肝、肾、心脏也都可以蓄积并使其受到破坏，当鱼体营养不足时，蓄积在脂肪中的有机氯农药也会释放到血液中，使鱼中毒死亡。有机氯农药主要有六六六、滴滴涕、狄氏剂、毒杀芬等。

诊断特征：冲撞（DDT）、狂游（六六六）、眼底出血（狄氏剂）。同等条件下鱼比甲壳类先死亡。鱼体尤其是脂肪蓄积明显，澳洲龙纹斑也有类似的特征。

（1）六六六污染中毒死鱼。六六六又称六氯环己烷，也称六氯化苯。六六六急性中毒后，鱼在水中急速旋转游动，呼吸频率加快，几 min 后游泳能力减弱，对外界反应迟钝。鱼体失去平衡，在水面侧泳或转体运动，最后失去运动能力沉于水底死亡。鳃部黏液增加、明显充血。

（2）滴滴涕污染中毒死鱼。滴滴涕是二氯二苯三氯乙烷的缩写，它也是多种异构体的混合物，其所有异构体都是白色结晶体，无味、无臭，中毒后，鱼的症状与六六六相近，但滴滴涕中毒时鱼表现为剧烈地冲撞、跳跃，而六六六则主要表现为快速游动，冲撞、跳跃不明显。

（3）狄氏剂污染中毒死鱼。狄氏剂学名为六氯—环氧八氢—二甲撑萘。中毒后使鱼肾小管内呈黄色，鱼体呈水肿、眼底出血等症状。白鲢在狄氏剂浓度为 0.002 ~ 0.018mg/L 情况下，经 48 小时畸形率 20% ~ 35%；在相同的浓度下从原肠期胚胎染毒孵育的鱼苗畸形率 <50%，表明狄氏剂对鱼类有致畸作用。

（4）五氯酚钠污染中毒死鱼。五氯酚钠是最常见的一种有机氯毒物，它主要用作灭螺的药物。主要是破坏肾脏系统以及腐蚀和麻痹细胞，使肾小管上皮细胞产生空泡，造成组织病变和坏死。虹鳟鱼受五氯酚钠毒害，肾脏周围淋巴细胞减少，肾管、生殖系统引起变异。受五氯酚钠的毒害，鱼类急剧游动，无目的上下窜游，横冲直撞、翻滚，鳃部充血甚至出血，一般小杂鱼先死，尔后为花鲢、白鲢、草鱼、鲤鱼、鲫鱼等。鱼死亡前有靠岸、钻草的习惯。一般鱼类兴奋期过后，即麻痹不动，沉底死亡。死亡鱼体有的变黑，煮熟后有股刺鼻的酚味，慢性中毒的鱼类表现为疝鳍、黑鳍、眼球突出、腹水等，消化道毛细血管扩张。肾小管上皮变性，消化道乳头腐烂。另外，经多次调查分析，在一定浓度情况下，当鱼类发生死亡时，浮游动植物也中毒死亡。诊断特征：体色发黑，加热有酚气味。血液白细胞增多，特别是中性白细胞增多，比正常值高出 15% ~25%。

2. 有机磷农药污染中毒

有机磷农药是有机氯农药的替代产品，它是目前我国使用比较多的农药，它与有机氯农药相比则化学性能不稳定，降解速度快，在鱼体内残留不明显。由于毒物的性质差异，进入机体的途径也有不同，剂量浓度不一，故症状的出现有急有缓，有轻有重，但潜伏期较短，一般在鱼体接触毒物后 1 小时到 10 多个小时即可出现症状，而症状逐渐明显严重。中毒鱼体的外观症状：鱼体腹部肿大，具有程度不同的积水肿腹，鱼鳞疏松竖立，易于脱落，眼球突出，有缩瞳现象，球底角膜多出现血点。脏器症状：肝肾不同程度的肿大，肝脏血管扩张，并且能出现淤血等毒理症状（主要指乙酰胆碱兴奋，抑制心血管，增加分泌等）：即游动缓慢，心跳迟缓，分泌液增多以及瞳孔缩小有血点等。中枢神经系统症状：鱼类出现癫痫性冲撞游动，瞳孔混浊，呼吸困难以及头部出现脑水肿等。较长时间有机磷染毒的鱼会产生畸形，鱼体弯曲，椎体粘连。诊断特征：呈快速圆周游动。肌肉及背鳍下出血。胸鳍伸至最前位置。脊椎可能会发生弯曲、变形。甲壳类比鱼先死亡。藻类品种、数量正常。

（1）甲胺磷污染中毒。甲胺磷又名多灭磷，学名 O，S-二甲基硫代磷酰胺。急性中毒时鱼会出现急躁不安、狂游、冲撞之后会游动缓慢出现侧泳，头部向下，尾部向上，最后沉于水底死亡，且随着甲胺磷浓度的增加和染毒时间的加长会出现体色变黑，鱼苗尾部会出现弯曲。

（2）甲基对硫磷污染中毒。甲基对硫磷又名甲基1605，学名 O-O-二甲基-O-（对硝苯基）硫代磷酸酯。其污染水环境在低温季节毒性通常可持续 2 个月或 2 个月以上，在25% 水温条件下降解时间一般为 7 天。中毒后鱼类异常兴奋，运动失调，一会儿游泳速度异常加快，一会儿又突然停止，一会儿又是加速游泳，游泳时呈侧游状，特别是白鲢鱼种普遍有侧游现象，在高浓度下则游动缓滞，显得无力，中毒鱼眼球突出，眼底充血，肝、肾肿大，鳞片竖立。

（3）对硫磷（1605）污染中毒。对硫磷又名1605，学名 O，O-二乙基-O-（对硝苯基）硫代磷酸酯。有机磷没有明显的积蓄作用，对动物的危害也是急性中毒并表现为快速致死。鱼类中毒后，胆囊肿大、鱼体腹部腹水、肝脏血管扩张、有混浊、肿胀、空泡变性，鱼体躯干后部充血，尾部弯曲，严重的头、胸、腹及全身表面均出血，澳洲龙纹斑中毒后尾柄弯曲，尾鳍侧面向上翘，浓度越高越明显。中毒的鱼可以看到躯干后部脊椎骨处充血点与其他鱼比较更为明显。同时中毒鲤鱼、鲫鱼鱼体弯曲，经解剖或透视，可以看到脊椎骨粘连、弯曲和扭曲。鲤鱼在 0.09mg/L 中 5 天即出现弯曲，中毒鱼体游泳迟缓，反应迟滞，显得无力，喜欢单独活动，不集群，不活跃。

（4）敌敌畏污染中毒死鱼。敌敌畏（DDVP）属于有机磷磷酸酯类农药，学名为 O，O-二甲基-O-2，2-二氯乙烯磷酸酯。中毒后，鱼没有像其他大多数毒物中毒时一样出现兴奋状态，而是一开始就进入麻木状态，时游时停，或缓慢游动、乏力，然后沉底死亡。

（5）敌百虫污染中毒。敌百虫学名为0，O-二甲基-（2，2，2-三氯-1-羟基乙基）磷酸酯。敌百虫的毒性作用与其他有机磷农药相同，对机体毒性可经食道、呼吸道及皮肤接触吸收而引起中毒，敌百虫在农药中被列为"低毒"品种，对人畜比较安全，对鱼类毒性较大。敌百虫中毒，鱼类开始极度不安，狂游、跳跃、鱼体发黑、游泳缓慢、乏力，反应迟滞。鱼种通常体色变黑，鱼苗游动缓滞，麻痹，鳃部充血，最后失去平衡静卧水底死亡。另外，敌百虫还是一种较强的胃毒药物，鱼体中毒后，不想摄食，饥饿而死，因而鱼挣扎不安，抽搐呈弯曲状，侧卧后可延续较长时间，主要消耗鱼体本身的机体。所以鱼在死亡时，显得消瘦。从解剖中发现，内脏较小，特别是肝，几乎消失。在这种情况下，往往因鱼的种类不同，体质上的差异，产生抵抗力的不同而出现陆续死亡，不像其他毒物在较短的时间内出现很明显的毒性反应和大量死亡现象，而是像得了细菌性鱼病一样，但两者之间有较明显的区别。①鱼病一般表现在一二种或一定规格的鱼类，而敌百虫表现在不同的规格和不同种类的鱼类。②敌百虫中毒开始都有一定的急性毒性反应，毒性反应也表现在不同规格和不同种类的鱼类，而鱼病则数量少，反应单一，而且时间持续长。敌百虫对肉食性的无鳞鱼比对四大家鱼以及鲤鱼、鲫鱼的毒性大，而且敌百虫有较强的胃毒作用，所以会出现肠黏膜受损，小肠表皮绒毛细胞被破坏，肛门严重淤血、流血，体表黏液凝结呈斑状，血液呈深红色、棕红色。

（6）马拉硫磷污染中毒。马拉硫磷又名马拉松、4049、学名O，O-二甲基-S［1，2双（乙氧羰基）乙基］二硫代磷酸酯，它属于有机磷农药。在马拉硫磷中毒时，白鲢鱼种在1.6mg/L废水中8d即出现外形变化，鱼体呈弯曲状态，中毒症状由兴奋、阵发性上窜下钻转为呼吸缓慢，呈昏厥假死状态。刺激后腹部朝上，急剧成螺旋式游动，渐渐鱼体变黑、弯曲，最后死亡。白鲢鱼种普遍发生侧游现象，低浓度时游泳滞缓。马拉硫磷与甲基对硫磷的毒性反应基本相同，只是马拉硫磷刺激后鱼腹部朝上，急剧时成螺旋式游动。这一特征甲基对硫磷没有。

（7）嘧啶氧磷污染中毒。中毒症状：鱼苗、鱼种首先出现兴奋，运动失调，狂游、横冲直撞，然后痉挛麻痹失去平衡，翻转打旋，最后行动缓慢，丧失活动能力，昏迷致死。另外，在受毒过程中鱼体体色也有所改变，与药物浓度、受毒时间呈正相关。如果把因中毒引起的不同程度体色改变的鱼放入清水中饲养5~6d，则能基本恢复到原来的水平，而且体色改变小的鱼，恢复得快。

3. 氨基甲酸酯类农药污染中毒

这类农药与有机磷农药同属于第二代的农药，其特点为残留小、毒性较低，主要有西维因和呋喃丹两种。

（1）西维因污染中毒。西维因是一种触杀和胃毒作用的高效杀虫剂，中毒反应强烈，但易得到恢复。鱼类中毒后出现兴奋状态，急躁不安，上下乱窜，痉挛；特别是鱼苗常见头部与脊椎骨连接处发生弯曲，呈畸形，最后身体失去平衡，侧卧水底，直到死亡，尾部弯曲并有一明显的充血点，中毒的鱼胆碱酯酶显著降低。

（2）呋喃丹污染中毒。呋喃丹具有触杀作用和一定的内吸作用，对鱼类的中毒症状随不同的剂量而有差异。白鲢在浓度为 0.9mg/L，草鱼在浓度为 2.1mg/L 时，均发生狂游、冲撞，尾部剧烈摆动，随即失去平衡，侧游，有的鱼产生畸形。浓度低时，则游动缓慢，鱼体翻转打旋，且鳃部有明显的充血现象；红鲤在 0.4～0.9mg/L 时，就出现狂游、乱撞、失去平衡、打转，排泄物不能离开肛门，产生拖尾，鳃部充血致死，没有死的鱼绝大部分的身体出现弯曲的畸型症状。呋喃丹对鱼类的中毒症状是可逆的，当鱼类中毒至昏迷假死状态时，放入清水即可恢复。在半致死浓度下存活的鱼大都出现鱼体弯曲、畸形。

诊断特征：鱼体可能出现弯曲。肛门外有排泄物形成的"拖尾"。

4. 菊酯类农药污染中毒

菊酯类是我国第三代农药，属于高效、低毒、低残留农药。但对鱼类的毒性都属于剧毒类，鱼类的中毒症状也基本相同。农药杀灭菊酯学名腈氯苯醚菊酯，商品名为速灭杀丁，为拟除虫菊酯类杀虫刘。其有效成分为：a-氰基-3-苯氧基苄基-2-（4-氯苯基）-3-甲基丁酸酯，其分子式为：$C_{25}H_{22}ClNO_3$。菊马乳油和菊杀乳油的毒性主要是由杀灭菊酯引起的，因此表现出与杀灭菊酯相似的毒性。

急性中毒后鱼的行为特征：杀灭菊酯、菊马乳油、菊杀乳油三种农药致毒后，鱼表现烦躁、乱窜、翻滚游动，鳃盖、口部张大，表现出呼吸困难症状，从鱼翻白至死亡挣扎时间较长，最长的可达 12 个小时。死鱼特征：死鱼口部自然合拢，眼球突出，眼底有出血点，鳃颜色较淡，特别是鳃耙部位颜色淡白，并有黑色污物，鳃及体表黏液多，各鳍颜色无变化，胸鳍自然贴紧体表。解剖中毒死亡的鱼时，腹腔内有黄水流出，杀灭菊酯致毒死亡的鱼肾脏上有小黑点，肝、胰肿胀，胆囊肿大。菊马乳油致毒死亡的白鲢鱼肠子变黑，肠子上有小黑点。

诊断特征：眼球突出、眼底出血点。鳃部颜色淡白、有黑色污物。死鱼腹内有黄水。杀灭菊酯致毒死鱼内脏肿胀，肾脏有小黑点。

5. 除草剂污染中毒

目前我国常用的除草剂主要有除草醚、敌稗，属于非激素类型的触杀剂，其中除草醚为奶油色针状结晶固体,溶于乙醇、甲醇、醋酸、丙酮、苯等,它们对于鱼类属于低毒类。高浓度仍会致鱼急性死亡,由于除草剂对于藻类的杀伤,因此其诊断可主要依据水环境特征诊断。诊断特征:水中浮游植物数量、品种大为减少,甚至基本消失。水体缺氧,死鱼会在一天任何时候发生。死鱼不会由于光照减轻。水体透明度大大增加。

(二)重金属污染中毒

重金属一般是指比重大于 5 的金属的统称,约有 50 种,常见的重金属如汞、铬、铅、镉、锰、锌、镍等,重金属是渔业水体中一种广泛存在的污染物,是致鱼急性中毒死亡常见的化学毒物。重金属与体表及鳃分泌的黏液结合成蛋白质的复合物覆盖整个鳃及体表,并充塞在鳃瓣间隙间,使鳃丝的正常活动发生困难,阻碍了鳃的正常呼吸,也会使鱼类窒息死亡。重金属中毒的鱼一般鳃部呈灰白色,鳃上皮细胞受到破坏,上皮细胞缺损脱落,整个鳃叶往往由于腐蚀而溃烂掉,毛细血管中完全看不到红血球,支持细胞也会膨胀坏死。在重金属中毒死鱼时藻类也会受到影响,水体存在大量濒死或死亡的藻细胞,但是,不同的重金属造成鱼的中毒反应和环境特性也有所不同。

诊断特征:鱼鳃部分泌大量黏液并形成许多絮状沉积物,使鱼鳃阻塞。呼吸障碍,常有在水表层游泳等浮头现象出现。鳃部损害明显,皮细胞受到破坏,甚至整鳃叶溃烂、脱落。水体常呈酸性,有时 pH < 6.0。水体中有许多死藻细胞或将死的藻细胞。

1. 汞污染中毒

汞急性中毒后,鱼身体失去平衡,并且表现为周期性的反常游动,时而急速游动,时而缓慢,摄食减少,反应迟钝,体色变换,黏液增多,鳍条下垂,黏膜遭破坏,鳃及体表充血。鳃有腐蚀,鳃丝灰白色。草鱼在 0.1mg/L 醋酸苯汞或氯化乙基汞的水溶液中可引起鱼的眼部出血,眼球被破坏,引起失明或残缺。肠胃通道黏膜出现腐蚀性病变,如水肿、出血和坏死,鱼体胃及口吐物混有黏液和血,肾组织出现炎症和退纤性病变,肝细胞浊肿,肝小叶坏死等。

诊断特征:体色变浅、鳃丝灰白、鳍条下垂。周期性反常游动,急游或侧游。肠胃黏膜病变出血、坏死等。肾炎病、退纤性病变、肝小叶坏死。

2. 铬污染中毒

诊断特征:浮游动物等无脊椎动物对于六价铬的毒性比鱼敏感。三价铬鱼体表有一层不易脱落的灰白膜。六价铬鱼体表呈深黄色,鳃丝呈黄褐色。消化道内可见大量圆柱上皮细胞坏死和溃烂的细胞残渣。

3. 镉污染中毒

镉污染曾引起震惊世界的公害"骨疼病"。镉在鱼体内可以有很高的残留,主要残留在肾脏和肝脏之中，会造成鱼体脊椎弯曲、产生癌变、畸变、突变。

诊断特征：剧烈游动，翻滚，肌肉痉挛。脊椎可能弯曲。鱼苗畸形。肠胃发炎、充血，肝脏肿大。

4. 铅污染中毒

铅的毒性是由于铅离子引起的，铅进入机体主要由肠道吸收后，进入血循环，主要积蓄在肝脏、肾和骨胳中。铅的毒性主要在造血系统、神经系统和血管方面的病变最为明显。血管痉挛是铅中毒的典型症状。

诊断特征：体色明显变黑。血管痉挛，肠道黏膜有炎症。脑水肿，脑血管周围出血。肝、肾包涵体形成和细胞坏死。红血球大小、形状不一。

5. 锌污染中毒

锌是生物体必需的元素，但是过量会造成对于生物的损害，如 0.18mg/L 的锌使雌鱼产卵次数明显减少，产卵率不到正常鱼的 1/5。对于白鲢的急性中毒实验结果表明：中毒后鱼体慢慢翻白浮起，无狂游乱窜现象，口部张大，呼吸慢慢减弱。从翻白浮起至死亡时间较短，一般在 4 小时以内。死鱼口部张开，鳃部充血呈深红色，特别是鳃耙部位充血最为严重，鳃部有黏液，鱼体色加深，胸鳍挺直张开。胸鳍下方呈黄色，各鳍颜色变黑，较长时间中毒，可使次级鳃丝上皮成片地从柱状细胞上分离。解剖浸泡染毒死亡的鱼，并在解剖镜下观察，发现浸泡 6 小时以内死亡的鱼的肝胰脏、胆囊和肾脏等内脏器官和对照组比较没有明显变化；浸泡 24 小时以上死亡的鱼肝脏颜色发暗，胆囊颜色变深，肾脏充血红肿。

诊断特征：重金属各诊断特征。中毒鱼无冲撞、跳跃。鳍色变黑、胸鳍下方呈黄色、胸鳍展开。死鱼张口口中有呕吐物、鳃耙充血严重。鱼体内碱性磷酸酶、黄嘌呤氧化酶活性降低。

6. 镍污染中毒

镍对于鱼构成损害的主要是正二价的镍离子。急性毒性实验表明，在高浓度时，鱼的行为异常，呼吸频率加快，鱼呈快速游动，上下冲撞，48 小时后鱼体局部呈肿块状腐烂，鱼体失去平衡，鱼体排出大量排泄物，鳃盖黏液增多，以至于完全覆盖鱼鳃，使鱼窒息死亡。当浓度稍低时，虽然鱼的行为异常，但是其组织完好，没有产生腐烂。

诊断特征：重金属诊断各特征。冲撞、跳跃。组织肿块状、腐烂。

7. 铜污染中毒

正二价形态存在的铜离子会使鱼的鳃部受到广泛的破坏，出现黏液、肥大和增生，鳃腺体趋向瓦解并彼此覆盖，使鱼窒息死亡。另外会造成鱼体消化道顶端圆柱上皮组织几乎坏死和溃烂，在消化道管腔内，可见大量细胞残渣和黏液，使鱼体灰白，口腔存在呕吐物，鳃丝呈淡绿色，且铜离子达到 1.0mg/L 以上时，水发生混浊并有异味。鱼的毒害受水体硬度影响较大，水的硬度增加会使其毒陛降低。

诊断特征：鳃丝里浅绿色。体色灰白。水体加入皂液生成绿色沉淀。

（三）其他无机物和有机物中毒

1. 黄磷污染中毒

黄磷又称为白磷，为白色或浅黄色蜡样块状或棒状透明结晶体。具有大蒜臭味，可与蒸气一起挥发。黄磷有剧毒，受黄磷污染的水体均引起严重死鱼事件。中毒死亡的鱼其鳃组织或肠胃内容物以及肝组织在酸性条件下经脱水处理后，在黑暗处由于挥发，可发现有磷光。黄磷在生物体内具有明显的蓄积作用，主要蓄积在肝脏和骨路组织，急性中毒时，主要毒理作用为损伤肝、肾等脏器，破坏细胞内酶的功能，引起肝脂肪变性和肝细胞坏死，以及骨骼脱钙等。黄磷引起鱼类中毒致死的原因主要表现为急性循环衰竭和急性肝、肾功能衰竭。急性中毒症状：体表症状为鱼体腹部有水肿均为出血性血水，腹部充血明显，鱼鳞有不同程度的疏松竖立，易脱落，眼球突出，口、吻、眼呈红色，表皮、角膜点状出血；解剖症状为肝、肾肿大明显，肝体积重量比一般正常鱼高 20% ~40%，肝有胆汁郁积，胆囊突出的肿大，肝组织外表有点状或片状出血灶，脏器发现有溢血等。

诊断特征：眼球突出。口、吻、眼呈红色，角膜、表皮有出血点、有溶血现象。腹部积水肿胀，鳞片竖立。鳍肌充血。体表及鳃部有黄磷附着物。鳃及肠胃内容物在酸性条件下经脱水处理，在黑暗处可见磷光。

2. 氨污染中毒

氨是一种无色气体，有强烈的刺激性气味，易被液化成无色的液体，可溶于水、乙醇、乙醚，氨溶于水后形成氢氧化铵，俗称氨水，呈弱碱性。一般水中氨含量随着水温、pH 值、重金属含量升高及溶解氧含量降低而增加，其毒性随着水中的盐度升高而降低。氨的慢性中毒会造成鱼体肝、肾等组织损害。高浓度的氨接触鱼体黏膜或表皮时，可以吸收其水分，碱化脂肪，造成组织坏死，使深层组织受损，会使鱼的次级鳃丝上皮肿胀，黏膜增生，柱状细胞完全分解，使原来排列整齐的鳃小片产生扭曲，鳃上皮增生，甚至出现鳃小片融合。由于对于鱼鳃的危害，使鱼从水中获取氧的能力降低，甚至使鱼窒息死亡。急性中毒时表现为严重不安，由于水体呈碱性，具有较强的刺激性，使鱼体表黏液增多，全身性体表充血，鳃部和鳍条基部出血较为明显，严重时形成血斑，肛门红肿，鱼常在水表层游动，死亡前眼球突出，张大口挣扎。鱼体及血液有 NH_3

的蓄积。中毒初期的鱼放入清水中可恢复正常，对于鲤鱼类急性毒性范围在 0.5 ~ 1.8mg/L，回避阈浓度约为 1.0mg/L。

诊断特征：水面游泳，呼吸急促，张大口挣扎。眼球突出。体表黏液增多。全身性出血，肛门红肿。鳃部受损、鳃盖张开。水体呈碱性。鱼体鳃部及水体有氨刺激气味。

3. 余氯污染中毒

氯气为黄绿色气体，有剧烈刺激性臭味，溶于水和碱溶液。氯气和次氯酸盐在水体中可生成次氯酸。对于鱼的损害主要是次氯酸，它的浓度越高，对于鱼的毒性越大，而次氯酸的量主要取决于水体的 pH 值和水温，pH 值越低则次氯酸的含量越高，在相同的 pH 值下，水温越低次氯酸含量越高，毒性越大。次氯酸有强烈的刺激作用，它可以使鱼的次级鳃丝上皮肿胀，柱状细胞完全分解，对于鳃的损害使鱼获得氧的能力下降，严重时会窒息死亡。且由于氯中毒失去平衡而垂死的鱼放在清洁的水中也不能再活，这是它与氨中毒的不同之点。当氯急性中毒时，鱼会时而窜出水面，时而窜入水中，甚至鱼头会向石缝或泥土中钻，鱼死后往往呈弯曲形，眼底出血，鳃部损害，黏液增多，鱼体及鳃丝发白。

诊断特征：体色发白。体表黏液增加。鳃颜色变淡，鳃丝发白，鳃上皮受破坏。体形弯曲。水体及鱼体有漂白粉气味。水体 pH 值正常，不偏酸性。

4. 氰化物污染中毒

氰化物是指含有氰基（—C≡N）的化合物，是一种剧毒的化合物。在氰化物中毒后，鱼似发狂样沿着容器四周急游，之后失去平衡，头向上，身体向下垂，张口呼吸，然后慢慢地下沉并侧身卧于底部，鳃盖扩张幅度大，呼吸频率减弱，稍后又游出水面张口呼吸，沿池壁急游，头向上，身体下垂，下沉卧于底部，如此反复多次，最后沉于底部死亡，也有少数鱼死后浮于水面。当鱼最初失去平衡后，如能及时将鱼取出，放入清水中，鱼也会慢慢复活。鱼中毒死亡背部颜色变浅或变黑，其他部位呈微红色，白鲢尤为明显，头部微充血。由于氰化物中毒血管中的氧没有被利用，加之血液中的血红蛋白转变成氰化血红蛋白，因此，使血液呈鲜红色，鳃丝颜比正常鱼更为鲜红，且血液凝固缓慢，鱼肠黏膜充血或出血明显。氢化钾对于白鲢鱼种的 24 小时 LC_{50} 为 0.22mg/L。

诊断特征：鳃丝鲜红，鳃盖张开。血液鲜红。血液不易凝固。水中溶解氧基本正常。pH 常为中性或酸性。

5. 酚污染中毒

酚是多种酚类有机化合物的总称，是一种细胞原浆质毒物，低浓度能使蛋白质变性，高浓度使蛋白质沉淀，对于各种细胞有直接毒害。酚的水溶液易被皮肤吸收，对水生动物中枢神经系统有刺激和破坏作用，亦可造成鱼肝、肾损害。对于鱼的表皮和黏膜具有腐蚀作用，高浓度的酚会造成鱼类急性中毒死亡和饵料生物破坏。

诊断特征：鱼体及鳃部有明显酚刺激气味。鳃盖、吻部充血。眼下睑有充血点。鳍条呈黑色丝状。水体有酚刺激气味。中毒血液（血清）中加入三氯化铁溶液数滴，出现蓝色。

6. 石油类污染中毒

石油是深褐色的结构和成分非常复杂的混合物。对于鱼类的致害机理是大量油类覆盖水面使水面与空气交换隔绝造成水体缺氧，另外大量的油污附于鱼鳃、体表、鳍条上影响鱼的呼吸和运动，且鳃上的油污可能引起鱼的鳃部发炎和呼吸障碍死亡。受石油污染的鱼体表及鳃部黏液分泌旺盛，体表及鳃部有较多附着物，中毒后行动缓慢、乏力，鱼苗易造成体形弯曲畸形，鱼肉有煤油及酚味，特别是在加热后，气味更加明显，水体表面有油膜，在水草及周边物体上有油污堆积。

诊断特征：鱼游动缓慢、乏力。体表及鳃部有油污附着物。鱼肉及鳃部有煤油或酚臭味，使用塑料袋封闭再打开或加热时，气味更为明显。水面及向风岸边及水草等物体有油污。

7. 硫化氢污染中毒

硫化氢是带有臭鸡蛋味的气体化合物，当水呈酸性时硫化氢浓度高、毒性大。当水体中含有大量的硫化氢时，它能与血红蛋白结合产生硫血红蛋白，生成如巧克力样的黑色血，即在水体氧很多的情况下，血液也呈黑色，降低了血液携带氧的能力。同时硫化氢对鱼鳃有很强的刺激作用和腐蚀作用，使组织产生凝血性坏死，引起鱼类呼吸困难窒息死亡。硫化氢中毒时鱼鳃呈褐色，鳃盖紧闭，鱼鳃切片上可见动脉瘤，取出尚未死的鱼，血会从鳃上流出，鱼血呈巧克力色（硫血红蛋白），未死鱼在表层游泳，血液、肾、脾中硫代硫酸盐水平增加，用醋酸或盐酸酸化褐色血有 H_2S 臭鸡蛋味放出。水体高 H_2S、CO、NO^-，下风处有 H_2S 臭鸡蛋味（水 0.05mg/L 可嗅到），水体低溶解氧，向风处岸边有黑色腐败有机物。

诊断特征：鱼鳃呈黑褐色，鳃盖紧闭。血液呈巧克力色。用醋酸或盐酸酸化褐色血液，有硫化氢的臭鸡蛋气味放出。未死的鱼常在表层游泳。水中溶解氧特别是底层溶解氧很低。下风处可闻到臭鸡蛋气味。向风处岸边常有腐败有机物。

8. 砷污染中毒

砷俗称砒霜，是一种非金属元素，砷不溶于水，溶于硝酸和王水。砷及砷的化合物均属剧毒物，一般情况下砷的残留量不会对食用水生生物构成问题。砷中毒时，鱼类出现兴奋状态，烦躁不安，乱窜乱跳，体表黏液较多，口腔中有呕吐物，腹部腹水，肛门外翻，有的打旋，昏迷，抽搐，失去知觉到死亡。

诊断特征：口中有呕吐物。肛门外翻。腹部肿胀腹水。

9. 氟化物中毒

氟化物通常指氟为负一价的化合物，其中氟化氢危害最甚，它为无色气体或液体，气体易溶于水，称之为氢氟酸，有强烈的腐蚀和毒性。氟化物可抑制多种酶。鱼类接触氟化物后极度兴奋，狂游、打旋，尾部肌肉颤抖，草鱼体色有明显变化，尤其在 NH_4F 溶液中最为显著，放养于 $60 \sim 105 mg/L$ NH_4F 试验液中的草鱼，24 小时后体色明显变黑，而且随浓度的增加，体色加浓，随着时间的延伸，体色又逐渐变淡。草鱼幼鱼鳃盖溃烂，开始为鳃体充血红肿，突出于鳃盖之外，同时，表现出呼吸困难，游动缓慢，几小时后即出现死亡，死亡鱼体腹鳍基部和生殖孔周围有明显的血斑，更严重者出现溃烂。

氟化物属于原生质毒物，它极易通过各种组织的细胞膜和血球与原生质结合，从而产生破坏原生质的作用，并且有刺激和腐蚀黏膜及皮肤的作用，当浓度较高时，其躯体防护较弱的部位，如：鳃、鳃盖、鱼鳍基部、生殖孔等，易受到氟离子的刺激和腐蚀而产生溃烂。氟在水溶液中，绝大部分以离子状态存在，极易被组织吸收，导致鱼体中毒，与水结合，形成氟氢酸，对鱼类有更强的腐蚀性毒害作用，氟可以与水中某些离子形成不溶性的氟盐，不能被鳃吸收，沉积于鳃部，腐蚀鳃盖，造成溃烂，鳃盖骨基部还由于鳃盖提肌收缩而成开裂状，不能伸张闭合，鳃盖基部出现溃疡，逐渐向头部延伸，呈血斑状，之后溃烂，鳃盖缺损。另外，氟还能引起鱼脊椎骨呈"弓"字形弯曲，椎体肥大，骨骼变形。由于氟化物引起草鱼烂鳃，则很容易与草鱼烂鳃病混淆，编者分析二者的病理特点可以找到以下区别，首先，氟侵蚀的对象为鱼苗，而烂鳃病多为鱼种，而且前者来势较猛，杀伤力大。氟中毒出现极度兴奋、狂游打旋等症状，如腹鳍基部和生殖孔周围有明显的血斑，甚至出现溃烂。

诊断特征：鳃盖溃烂、缺损，鳃体充血红肿，可突出于鳃盖之外。腹鳍基部、生殖孔周围明显血斑、溃烂。可能会造成骨骼变形。有明显的抑制胆碱脂酶作用。

10. 酸污染中毒

鱼的酸中毒是由于酸的阳离子与蛋白质结合、成为不溶性化合物，蛋白变性使组织器官失去功能而造成鱼死亡。另外酸性对于鱼有较强的刺激性，因此鱼鳃部黏液增加，则过多的粘液和沉淀的蛋白质覆盖于鱼鳃使鱼窒息死亡，有些难解离的弱酸，如次氯酸、鞣酸及其他一些有机酸，可能透过鱼体组织，影响体液的 pH 值。在这种情况下，酸类将影响红血球与二氧化碳结合能力，降低整个机体的呼吸代谢，把强酸加到硬度高的水中时，水中的碳酸盐便生成大量游离的二氧化碳，而且不溶性重金属盐转变为可溶性盐，因而毒性增大。在酸性条件下水生生物的种类和数量都减少，其中软体动物最为敏感，pH 值在 4 以下已经无鱼生存。

酸中毒的鱼表现为极度不安、狂游、跳池、呼吸急促，随后呼吸碱缓、反应迟钝、游泳乏力、窒息死亡，鳃部严重充血，血色呈暗红色淤血，肛门及各鳍部皮下出血，鳍呈白边，体表特别是鳃部黏液增多，黏液 pH 值比水体高 1~2，死鱼眼珠混浊发白，角膜损伤，死鱼张口，鳃盖张开，体色发白，水体 pH 呈酸性，透明度增加，浮游生物数量少，水中植物变褐色或白色。

诊断特征：体色明显发白。水植物呈褐色或白色。水体透明度明显增加。水体呈酸性，一般 pH <4。水体存在许多死藻和濒死的藻细胞。

11. 碱污染中毒

碱是一种强烈的腐蚀性物质，又具有强烈的刺激性，由于碱对于鱼的强烈的腐蚀性，使鱼体及鱼鳃严重的损伤。同时，由于刺激性使鳃黏液大量分泌并凝结于鳃部，使鱼呼吸困难窒息，鱼体的强烈被腐蚀，表面黏膜被溶解，使鱼失去了控制水分渗透的能力而死．碱中毒的鱼表现为狂游、乱跳、甚至窜上岸钻入草中、泥土中，体表大量黏液，黏液凝结，甚至可以拉成丝。体长 13cm、体重 32g 鲤鱼在 pH =11 时，体表黏液可达 10mL 之多，黏液 pH 值比水体小 0.5~0.6。鱼鳃腐蚀损伤，鳃瓣血液血红细胞出现破裂、变形、自溶现象。

诊断特征：刺激性狂游，乱窜，体表有大量粘液，甚至可拉成丝。鳃盖腐蚀、损伤。鳃部大量分泌凝结物。水体呈碱性，一般 pH >9。水体存在许多死藻和濒死的藻细胞。

（四）混合废水污染中毒

1. 洗涤废水污染中毒

鱼中毒后呈弱兴奋状态、侧泳、失去平衡、没有狂游，全身无出血点、黏液，死亡迅速，似自由落体方式沉入水底，未死鱼体内脏器官明显充血，肝、胆肿大，受毒时间长，会出现鳞片竖立，个别尾部弯曲。

2. 炼焦、煤气、冶金、炼油厂废水污染中毒

这些废水主要是含酚及含油废水，此外含有大量 NH、硫化物、较高的 BOD、氰化物和其他有机物，其中酚主要是毒性较强的树脂酚。鱼中毒后烦燥不安、尾柄首先开始颤动，随后全身颤动、呼吸不规则、出现痉挛、阵发性无定向的直线冲撞，而后失去平

衡或仰泳或滚动，之后麻痹、侧卧水底、呼吸微弱死亡。

3. 造纸废水污染中毒

一般造纸废水含大量纤维、苛性碱、硫化物、硫酸盐、硫酸盐皂、亚硫酸盐、木质素、糠醛、松脂、高 DH、高 BOD，有大量黄黑色泡沫，毒性大的是硫酸盐皂。鱼中毒后浮头，极度兴奋不安，狂游、狂跃，身体水肿，鳞片侧立，死鱼鳃沾附纤维状物，口腔残渣，体表、鳃部黏液，鳃部淡褐色斑块，腹部鼓胀，鳞及尾部有松油味，鱼头部气味更浓。

4. 染料厂废水污染中毒死鱼

其主要污染物是苯胺和硝基苯（浓度可达每立方米水数十至几百克），并有大量无机酸和有机酸，使水体呈酸性，BOD 很高，可达每立方米水数千克。其中的硝基苯可破坏组织中蛋白质，影响鱼的神经系统，使鱼麻痹死亡，各种有机酸无机酸影响血液 pH 值，影响与 COD 的结合力，使呼吸代谢发生障碍。鱼中毒后狂游、跳跃、分泌大量黏液，特别是鳃部，黏液凝结使鱼窒息。原废水毒性很大，但当把 pH 调至 6.7～7.5 时毒性下降。

5. 制糖厂废水污染中毒

该废水中含有皂角素，因此鱼除有缺氧窒息死亡外，若皂角素含量较高则有中毒死亡症状。鱼中毒后没有兴奋不安、狂游现象，一开始鱼便处于麻痹状态，当皂角素含量为 5.88mg/L 时，鱼开始发晕死亡，在 10mg/L 时，鲤鱼 8～10 小时开始失去平衡、侧泳，11 小时后死亡。

6. 浸麻水污染中毒

浸麻水含有 NH、挥发酚、硫化物、粪臭素、H_2S、乙醇、甲醛等，DH 高达 12.5，并含果胶、纤维素、单宁等有机物，因此鱼的中毒死亡是多种毒物的综合结果。另外，由于水中有机物数量大，此耗氧严重，会使鱼窒息死亡。鱼中毒初期极度兴奋不安，窜游、侧游、仰卧水面，最后沉于水底死亡，鳃部多黏液，水色发黑、发臭、有气泡，溶解氧很低。当确定为化学物中毒死鱼及可疑的毒物之后，必须对这种化学毒物的来源进行调查。因为，有些化学毒物可能是来源外界水体，有些则是由于水体在一定条件下自身的物理化学反应所致，对于外界引入的化学毒物，必须对污染源进行调查。

各种污染物主要来源如下。

汞：主要来源于氯碱厂（用作电促）、氯化乙烯和醋酸乙烯制造厂（作催化剂）、染料工业、炸药制造、制药及农药厂、铜铅锌的冶炼厂、造纸及纸浆工业、热水瓶厂、晶体管厂、电池生产及仪表工业、小金矿等；镉：主要来源于采矿企业和铅锌铜的冶炼厂、荧光颜料厂、高级磷肥厂、塑料颜料试剂等化工厂、电镀厂等；铅：主要来源于铅蓄电池厂、含铅油漆和涂料厂、电镀厂、烷基铅厂、汽车废气淋洗水、冶炼厂等；铜：主要来源于电镀厂、金属加工厂、化工厂、有色金属冶炼厂等；铬：主要来源于电镀厂、制革工业、染料厂、石油和化学工业、铬矿冶炼、金属加工、印染及照像制版等；砷：主要来源于有机药品制造厂、冶炼厂、涂料和染料业、玻璃工业、硫酸及化肥生产等；锌：主要来源于制版厂、黏胶纤维厂、其余与铜的来源相同；硒：主要来源于电子工厂、玻璃和陶瓷工业、橡胶厂等；锰：主要来源于锰矿开采及冶炼、锰合金炼钢以及高锰酸钾电池玻璃及颜料等生产；镍：主要来源于镍矿开采及冶炼、镍合金含镍不锈钢磁铁电镀炼油染料及化工生产；铍：主要来源于铍合金生产、以铍合金生产仪表制造 x 射线管荧光灯及放射性元素生产；铊：主要来源于铊矿开采及冶炼、铊合金染料农药光化学玻璃及医药等生产有铊及其化合物排出；锑：主要来源于铸字合金、减磨合金（即轴承合金）的生产；钒：主要来源于钒矿开采及冶炼、钒合金炼油染料玻璃及农药等生产；磷：主要来源于以磷酸钙生产黄磷、以黄磷制取赤磷、三氯化磷、五氧化二磷和磷酸，以磷灰石生产过磷酸钙、钙镁磷肥等肥料及在其使用中的损失，含磷酸盐合成洗涤剂的生产及使用；酚：主要来源于煤气及焦化厂、炼油厂、木材干馏及木材防腐厂、塑料及合成纤维厂、炸药肥料合成橡胶等；氰化物：主要来源于电镀工业、煤气及焦化厂、炼油厂、煤气合成氨厂、丙烯腈合成厂、有机玻璃厂、小金矿等；硫化物：主要来源于纸浆厂、炼油厂、煤气及炼焦厂、染料及印染厂、制革厂、粘胶纤维厂等；氨：主要来源于煤气及炼焦厂、化工厂、合成氨厂；醛：主要来源于塑料及合成纤维厂、染料厂、制药厂；苯：主要来源于石油裂解分离、铂重整、炼油及石油生产，甲醛、合成橡胶、油漆、化肥、医药、染料、农药及塑料等的生产；油类：主要来源于炼油厂、洗毛厂、机械厂、食品厂、选矿业、油田开采等；游离氯：主要来源于造纸厂、农药厂、氯碱厂、织物漂白厂、化工厂等；氟化物：主要来源于磷肥厂、炼铝厂、玻璃工业、电镀工业、烟气净化等；多氯联苯：主要来源于合成橡胶、塑料厂、电器工业等，油墨及复写纸生产等；合成洗剂：主要来源于合成洗涤剂的生产及城市污水；有机氯、磷农药：主要来源于农药厂、使用这些农药后淋洗水等；热污染：主要来源于电站、化工、纸浆、焦化生产中排出的高温废水；酸：主要来源于冶金、金属加工的酸洗废水、人造纤维、硫酸、化工、选矿废水等；碱：主要来源于碱法造纸厂废水、化纤、印染、制革、炼油等工业废水。

（五）中毒性疾病解救措施

中毒性疾病解救措施因其中毒原因而定。农药中毒多发于农作物生长季节、病虫害流行期间。工业废水或城市生活污水未经处理排向养殖水域引起重金属中毒。养殖户不懂药理，胡乱搭配药物，不按药品的正确用量和方法施用渔药，用药不考虑水温、鱼体对渔药耐受力等因素也会引起鱼类药物中毒。

中毒性鱼病暴发突然、死亡率高，如应对措施不正确、不及时，后果十分严重。一旦发现有中毒迹象，必须准确分析中毒原因，立即采取紧急应对措施，以防进一步蔓延。首先是大量换水，调节水质，增开增氧机，保证水质干净、清新、溶氧充足。同时进行解毒，农药或渔药中毒主要使用阿托品、解磷啶、山莨菪碱等特效药进行药浴解毒，重金属中毒采用络合剂进行络合。

鱼类各种原因中毒一旦发病会引起暴发性死亡，给广大养殖者造成惨重损失，饲养管理过程要加强日常管理，做好预防工作，及早发现及时治疗，才能最大限度地降低经济损失。日常工作采取预防措施：一是加强防范意识，经常巡查进水水源，杜绝污染水进入养殖水体；二是定期检测养殖用水 pH 值、氨氮、亚硝酸盐、硫化氢、重金属等各种水质指标，及时调节水质；三是科学用药、安全用药，治疗鱼病对症下药，少用抗生素或其他化学药物，多用绿色生物渔药。

第二节　澳洲龙纹斑养殖过程中主要病害的诊断和预防

澳洲龙纹斑养殖过程中主要病害包括水霉病、车轮虫病、小瓜虫病、斜管虫病、盾纤毛虫病、聚缩虫病、细菌性烂鳃病、细菌性烂尾病、病毒性疾病。就健康养殖而言，除了把握科学饲养环节之外，重要的工作就是要严格防控疾病发生与及时的防治。为此，在澳洲龙纹斑养殖实践中，要注重应用疾病预防措施，注重疾病的辨别与诊断，同时实施有效的防治。在此过程要因地制宜制订治疗方案，既能有效防控，又能减少药物使用防止环境污染。在实践中，编者课题组总结了澳洲龙纹斑养殖过程中 9 种常见病诊断方法，预防措施，治疗方案以及要点说明等，见表 5 - 1。

表 5－1　澳洲龙纹斑养殖过程中主要病害的诊断方法和预防措施

鱼病类型	诊断方法	预防措施	治疗方案	注意事项
水霉病	病鱼或鱼卵发病早期肉眼不易察觉，随着水霉菌在伤口处大量繁殖，外菌丝会形成形似灰白色棉絮状物（图5－1）	（1）清除池底过多淤泥及腐烂物质，使用生石灰或者漂白粉彻底清塘，保持水质优良和养殖环境清洁 （2）在放养、捕捞、运输过程中，仔细操作，加强饲养管理，提高鱼体抵抗力，避免鱼体受伤 （3）及时清除死掉的鱼卵及鱼 （4）加强亲鱼培育，提高鱼卵受精率，最好选择晴朗天气进行繁殖 （5）产卵池及孵化用具进行清洗消毒 （6）孵化网上的鱼卵不宜过密，避免压到下层鱼卵导致秩序死亡引起水霉	（1）使用食盐和小苏打混合液 400mg/L 水体全池泼洒；新洁尔灭 5mg/L 水体全池泼洒；水霉净（水杨酸）0.3mg/L 水体全池泼洒，每天 1 次，连用 3 次 （2）在上述药剂处理的同时，在投喂的饲料中添加适量抗菌类药物，连续投喂 5～7 d，以防继发细菌感染。水霉病一旦发生，很难治疗，所以要以预防为主，防治结合	尽量避免鱼体受伤，特别要注意选别，搬动等操作
车轮虫病	目检：鱼成群绕池狂游，呈"跑马"症状；昂头浮游，皮肤出现蓝灰色斑块；鱼体破烂不堪 镜检：镜检确诊病原微生物，虫体侧面似毡帽，反面观呈圆碟状，做车轮样转动	（1）彻底清塘，杀灭水体中和底泥中的病原 （2）鱼苗、鱼种下塘前使用 2%～3% 食盐溶液消毒 10～15min	采用 0.05～0.1mg/kg 的车轮净，药浴 16h，严重时重复药浴 16h，同时添加抗生素，如 0.5～1mg/kg 的 10% 氟苯尼考药物制剂，预防细菌感染并发症发生	有机质过多时注意该病发生
小瓜虫病	目检：病鱼体表、鳍条、鳃上均发现有 0.5～1mm 的白色小点状突起，个别重度病鱼全身皮肤和鳍条布满白点，全身体表如同覆盖着一层白色薄膜，黏液增多，体色暗淡无光。病鱼消瘦，多漂浮于水面不游动或缓慢游动。病鱼经常呈浮头状漂浮于水面 镜检：用载玻片刮取病鱼尾鳍或体表白点涂片，可发现小瓜虫成虫在活动，虫体周身布满短密且均匀的纤毛，具 U 型大核，反时针运动时细胞质随之翻滚	（1）加强饲养管理，保持环境整洁，增强鱼体抵抗力 （2）采用生石灰清塘、鱼种消毒、合理放养等措施防止小瓜虫病的发生与传播	根据小瓜虫的生活史（一半的时间处于营养体状态），通过调节水体温度来调节小瓜虫的生长周期，可进行有效治疗；用 1～3mg/kg 的戊二醛和 1～2mg/kg 鱼康乐浸泡病鱼 5 天即可杀灭小瓜虫，感染严重时注意添加抗生素，如 0.5～1mg/kg 的 10% 氟苯尼考药物制剂，预防细菌并发症发生	（1）多发生 pH 值变化高的水质中，例如从高 pH 值迅速降到低 pH 值等 （2）该病多发生在下雨天

（续表）

鱼病类型	诊断方法	预防措施	治疗方案	注意事项
斜管虫病	目检：斜管虫寄生在鱼的鳃及皮肤上，大量寄生时可引起黏液增多、呼吸困难、游动缓慢而死。常在鳃上与其他寄生虫病并发 镜检：必须用显微镜进行检查确诊，虫体呈纺锤形，从前端到后端有拉丝状，后端稍凹入，侧面观背面隆起，腹面平坦，前端较薄，后端较厚	放养前用生石灰彻底清塘。鱼种放养前用 3% ~ 4% 的食盐溶液浸浴 5mins。保持水质良好	使用 1 ~ 3mg/kg 的戊二醛和 1 ~ 2mg/kg 的鱼康乐浸泡 2 天即可杀灭斜管虫	多发生在有机质含量高的水质中
盾纤毛虫病	目检：病鱼发病初期出现口唇部、鳃盖、鳍边缘发白的症状，严重者出现体表溃烂和充血，眼睛充血和皮下肌肉组织溃疡（图 5-2） 剖检：发现腹腔积水，肝脏充血，脾脏花状，肾脏暗红，肠中有大量黄色黏液 镜检：确认盾纤毛虫病	盾纤毛虫感染目前还没有很好的治疗方法，预防措施为彻底清塘，保持水质良好。放养密度不宜过大，4 ~ 6cm 的鱼苗，每立方水体放养量不超过 200 尾。调节水质，定期泼洒益生微生物	用鱼康乐拌料口服（0.5 ~ 1 g/kg），连用 5 天，对盾纤毛虫防治有一定的效果	多发生在有机质含量高的水质中
聚缩虫病	目检：病鱼食欲减退，甚至拒食，行动迟钝，病鱼常聚集到池壁或固定物摩擦体表，体表黏液增多。发病初期体表、尾鳍或背鳍边缘出现发白的斑点，有絮状物附着，严重者出现背鳍和尾鳍隆起，充血和溃烂 镜检：确认聚缩虫病	（1）保持水质良好。定期使用含氯消毒剂进行水体消毒。饵料中定期添加 Vc、电解多维和免疫多糖，提高鱼体的免疫力 （2）放养前用生石灰彻底清塘。鱼种放养前用 3% ~ 4% 的食盐溶液浸浴 5mins	使用 0.05 ~ 0.1mg/kg 的水体纤虫净能有效将其杀灭	多发生在有机质含量高的水质中
细菌性烂鳃病	单独在池边或池角游动，体色加深，胸鳍基部充血；病鱼鳃丝腐烂带有污泥，不易洗去，鳃盖骨的内表皮往往充血，中间部分的表皮常腐蚀成一个圆形不规则的透明小窗（俗称开天窗）。镜检：病变区域的细胞组织呈现不同程度的腐烂、溃烂和"侵蚀性"出血等症状	（1）保持池塘养殖水良好状况，合理投料，确保饲料中不含有病原菌 （2）及时排污换水，定期使用底质改良剂、EM 等微生态制剂调节池塘水质 （3）在疾病流行季节，可用生石灰彻底清塘消毒，或用 15 ~ 20mg /L 的生石灰全池泼洒进行预防，每隔 10d 使用 1 次	（1）0.5 ~ 1.0mg/L 苯扎溴铵水溶液全池泼洒，2 ~ 3d 使用 1 次，连用 2 ~ 3 次 （2）0.8 ~ 1.5mg/L 的聚维酮碘水溶液全池泼洒 （3）拌料投喂 1 ~ 2g/kg 的抗菌药物土霉素或 10% 2 ~ 3g/kg 的氟苯尼考，连喂 5 ~ 7d	夏季是该病的流行季节

（续表）

鱼病类型	诊断方法	预防措施	治疗方案	注意事项
细菌性烂尾病	烂尾病发病早期鱼尾柄处苍白，黏液流失，尾鳍慢慢被蛀蚀，然后尾柄尾鳍及尾鳍尾柄处充血，尾鳍鳍条开始溃烂。严重时鱼尾尾鳍大部分或全部断裂，尾柄肌肉出血、溃烂，骨骼外露	（1）保持池塘良好水质，养殖过程细心操作，尽量避免鱼体受伤，定期水体消毒 （2）鱼苗、鱼种下塘前使用2%～3%的食盐溶液溶液或8～10mg/L高锰酸钾水溶液浸洗10～15min进行鱼体消毒	用1%高碘酸钠溶液1.5～2.0mg/L水体全池泼洒，2～3d使用1次，连用2次；内服抗菌药物盐酸土霉素1～2 g/kg饲料投喂	养殖过程中尽量避免鱼体损伤
病毒性疾病	目检：食欲不振，昏睡，感染后4～7天死亡 镜检：病鱼的脾脏，造血组织，鳃组织和心脏组织内发现嗜碱性溶血颗粒	切断虹彩病毒和EHNV病毒来源，新购买的鱼苗先放到养殖池养殖10天左右，确保没有感染后转移到精养池	一旦发现有鱼苗出现类似的症状，立刻根据鱼苗的大小调节水体温度，尽量避免鱼苗的大量死亡	避免引入病原

参考文献

韩茂森.2003.澳洲虫纹鳕鲈的生物学特性及引养前景［J］.淡水渔业，33（4）：50－52.

李娴等.2013.虫纹鳕鲈的生物学特性及人工养殖技术研究［J］.湖北农业科学.52（5）：2114－2115，2148.

连家雄.1995.淡水养鱼新技术［M］.福州：福建科学技术出版社.

农业部编撰委员会.2005.新编渔药手册［M］.北京：中国农业出版社.

宋理平等.2013.虫纹鳕鲈肌肉营养成分分析与品质评价［J］.饲料工业，（16）：42－45.

杨小玉等.2013.澳洲龙纹斑工厂化养殖技术［J］.水产养殖（02）：26－27.

左瑞华等.2001.虫纹鳕鲈苗种培育影响因素初步分析［J］.安徽农学通报（03）：57－59.

Cadwallader P L. 1977. JO Langtry S 1949－1950 Murray River investigations［M］.Melbourne：Fisheries and Wildlife Division.

Lancaster M J, Williamson M M, Schroen C J. 2003. Iridovirus-associated mortality in farmed Murray cod (*Maccullochella peelii peelii*) [J]. Aust Vet J, 81 (10): 633 –634.

Mfflikin M R l. 1982. Qutative and quantitative nutrient requirements of fish: a review [J]. Fish Bul (80): 655 –686.

Rowland S J. 2004. Overview of the history, fishery, biology and aquaculture of Murray cod (*Maccullochella peelii peelii*) [A] //Management of Murray cod in the Murray Darling Basin [C]. Canberra: Canberra Workshop, 38 –61.

（涂杰峰、饶秋华、罗土炎执笔）

第六章 澳洲龙纹斑养殖环境条件及其调控

鱼的生长繁殖离不开水，养鱼先养水，养好一塘水是池塘养鱼的关键技术之一。控制和管理好池塘水质，使之符合养殖对象的各种生理需要，是池塘养鱼高产、稳产、高效的一项重要措施，是养殖取得成效的基础。根据水色的变化调节水的性质是养鱼的基本功，通过水色的变化，往往能够直观地判断出水质的好坏，这种观察力是每个具有丰富养殖经验的养殖者该具有的基本素质。可是在碰到具体问题时，很多人不能很好的利用水质调节的原理来解决问题，特别是澳洲龙纹斑这种对水质要求较高的大型淡水鱼类。许多的原理养殖者也许并不是很清楚，有些养殖户碰到问题时，显得沉不住气，急于解决问题，而采取了非常盲目的措施，致使出现了一些不能从根本上解决问题的恶性循环，浪费人力物力不说，更严重的是直接导致水的恶化，出现倒水的现象，严重影响鱼的生长。澳洲龙纹斑对水质的要求较高，根据编者从事澳洲龙纹斑养殖的经验，主要从以下角度阐述澳洲龙纹斑饲养过程中水质调控的基本原理及具体的操作技术，同时随着经济的发展和人民生活水平的提高，消费者对水产品质量要求越来越高。产品的质量安全已成为竞争力的主要因素，也是我国澳洲龙纹斑产业发展的关键。面对国内外近年来出现许多水产品安全问题，提高澳洲龙纹斑养殖的质量安全水平，确保产品质量安全，才能增加其市场竞争力，保障澳洲龙纹斑养殖业可持续健康发展。

第一节 水质指标调控

水的生态环境不仅直接影响澳洲龙纹斑的生长和繁殖，也直接影响澳洲龙纹斑的生长和繁殖，同时直接影响澳洲龙纹斑的产品质量。随着澳洲龙纹斑养殖业的快速发展，养殖池内部产生的有害物质的积累、外界带入的一些有害物质以及人为用药等因素，造成了养殖水体水质恶化，养殖环境质量下降，这些都是健康养殖的大敌，也是造成产品质量安全问题的关键。环境是澳洲龙纹斑质量安全保障的关键控制点。澳洲龙纹斑养殖的主要方式是精养池，对澳洲龙纹斑养殖影响较大的主要原因是水温、溶解氧、酸碱度（pH）、氨氮和亚硝酸盐等指标。

一、水　温

水温是影响澳洲龙纹斑摄食和生长的重要因素。一般来说，水温较高，鱼类生长速度较快；水温越低，鱼类的生长速度越慢。其主要是由于鱼类在温度较低的水体环境中，水温的升高或降低影响着鱼类的新陈代谢强度，进而影响鱼类的摄食和生长。新陈代谢速度减慢，消化酶活性低，对营养物质的吸收速率减缓；温度较高时，鱼类摄食量增大，新陈代谢速度快，吸收好，生长速度快；骤降或骤升的温度会导致鱼类产生应激反应，不能适应新的水温而导致鱼类免疫力和应激性下降，进而引起鱼类死亡。澳洲龙纹斑属广温性类，但其生长对水温的要求特别高，其适宜温度范围为 5～35℃，最适生长温度为 22～28℃，在水温在 25～28℃摄食旺盛，生长速度快。鱼类的繁殖水温是固定的，一般情况下，在其适宜生长温度范围内，温度越高，亲鱼的生长发育速度越快。澳洲龙纹斑繁殖季节在春末夏初（时间为每年 4—5 月），最适繁殖温度为 20～22℃。澳洲龙纹斑的抗寒性较弱，因此在北方地区自然条件下饲养澳洲龙纹斑，应注意适时捕捞和越冬保种工作。澳洲龙纹斑的越冬主要采用越冬大棚，另外采取水位的升高、锅炉水加温或地下深井水控温等措施保证澳洲龙纹斑安全越冬。

二、溶氧量

优秀的养殖水质首先要达到符合养殖要求的溶氧量。一般情况下，在养殖季节，每天必须不少于 16h 的水体溶氧量在 5mg/L 以上，其余时间不得低于 3mg/L，澳洲龙纹斑对溶氧量要求较高，一般不小于 6mg/L。高密度养殖模式下，容易引起池水缺氧，到了夏季，养殖对象生长快、摄食量大、排泄物增多、池塘有机物含量升高，使池水中的重金属离子、氨氮、硫化氢、甲烷等有毒物质大量增加。这些有毒物质达到一定数量后，会使养殖鱼类产生慢性中毒，从而使其免疫力低下、摄食量减少，体质下降，有时甚至出现病害。在缺氧的条件下，存在过多的硫酸盐，在加上有机质较多，硫酸盐可能被还原为硫化氢，产生对鱼类的危害，而适当的提高水体容氧水平，可抑制有毒物质的产生，进而减少病害的发生。具体的措施包括使用增氧机增氧和换水增氧来达到，另外也可以使用水质改良剂，吸附水中有害的氨氮、硫化氢，可以增加底层水溶解氧、改善池塘底部的生态环境。水体中溶解氧的含量对饲料的利用效率也有显著的影响。有时溶解氧含量偏低但又不会引起鱼类浮头，甚至对鱼的摄食不会有任何的影响，但是由于处于低氧的状态下，会抑制鱼对饲料的消化，因此溶解氧含量的高低对鱼类的生长甚至生命都有非常重要的影响。最好、最方便的增氧办法是采用罗茨式鼓风机与纳米曝气管结合在养殖水体底部鼓气增氧。水中溶解氧过低时，鱼类将出现"浮头"，甚至"泛池"，此时应采取及时加注新水，开动增氧机，检查纳米管曝气情况，控制养殖密度等措施。

三、pH 值

pH 值决定着水体中很多化学和生物的转化过程，过高或过低的 pH 值，均会使水中微生物活动受到抑制，有机物不易分解。养殖水体的 pH 一般情况下应以中性或微碱性为好。pH 的改变，会直接影响水体中胶体物质的带电状态，影响水中氨与氨离子的平衡，从而导致这些胶体对水中的特定离子产生吸附和释放作用，影响池塘使用肥料的效果和鱼虾对腐殖质的利用。过酸的水质，大量的铵离子会转化成有毒的分子氨，会抑制水中的硝化过程，造成有机物分解缓慢，光合作用弱，养殖对象的代谢缓慢、摄食和消化能力减弱，不爱活动、生长速度受到影响。调节水质的可以适当的泼洒生石灰，因为生石灰呈弱碱性，对偏酸的水体一般使用生石灰能中和酸性进行改良，而且由于生石灰对水体能提供较多的钙质，对鱼的成长极为有利。一般方法是水溶后泼洒，用量为 $20 \sim 30 kg/667 m^2$，即能起到消除污泥中的有毒物质的作用。pH 值过低时，水中 60% 以上的硫化物以硫化铵的形式存在，增大了硫化物的毒性。利用化学指标来判断水质的好坏，以上只是选取两个典型重要的指标作一下说明。靠化学的方法来调节水质可以快速的出现反应，达到立竿见影的效果，但是化学调节带来的负面影响，也是不容忽视的。目前调节水质可从两个方面进行，一是利用微生物进行调节，二是利用藻相进行调节，从而达到调空水质的目的，安全，卫生，只是效果稍微有点延迟。最好采用换水或注入新水的方法，也可用 $2.5 \sim 4.0 kg/$ 亩的乳酸菌或 $0.5 kg/$ 亩的柠檬酸等酸性物质进行调节，以降低水的 pH 值。

四、氨 氮

池塘水体中氨氮的主要来源是养殖鱼类的排泄物，是池水、底泥中有机物经氨化作用而产生。氨是水产动物的隐形杀手，尤其在精养池塘，放养密度高，大量投饵，将使氨氮的浓度增高。除此以外，氨氮的毒性还与池水的 pH 值及水温密切相关，一般情况下，pH 值和水温越高，氨氮的毒性越强。澳洲龙纹斑养殖一般要求水体中氨氮含量在 $0.27 \sim 0.8 mg/L$，最高不超过 $1 mg/L$。氨氮含量一旦过高，容易诱发病害，如澳洲龙纹斑链球菌病的发生与水体氨氮溶度高度相关。防止水中氨氮含量过高的调控措施有：及时换水，排污；选用高质量的饲料，以投喂颗粒膨化饲料为主，尽量减少残饵；定期使用水质、底质改良剂或有益微生物降低氨氮含量；养殖水体中使用铵态肥料时，应避免水体 pH 值过高导致氨氮含量急剧上升。

五、亚硝酸盐

亚硝酸盐是有机物分解的中间产物，在这一过程中，一旦硝化过程受阻，亚硝酸盐就会在水体内积累。精养池养殖过程中经常发生亚硝酸盐过高的情况。亚硝酸盐是一种不稳定的无机盐类，在溶解氧充分时很快转变成硝酸盐，缺氧时转变为毒性强的氨氮。当养殖水体中亚硝酸盐含量过高时，会抑制鱼体血液的载氧能力，易发生高铁血红蛋白症。澳洲龙纹斑养殖过程中水体亚硝酸盐浓度应低于 2mg/L。防止亚硝酸盐含量过高的主要调节措施有：定期或不定期使用有益微生物或化学水质调节剂，保持池水不缺氧，有条件的池塘应定期换水。

编者对澳洲龙纹斑邵武养殖基地的水质进行监测，结果见表 6-1。

表 6-1　澳洲龙纹斑邵武养殖基地水质监测结果

池号	测量时间	水温	pH 值	溶解氧	氨氮量	亚硝酸
7	2015.6.15	23	7~8	7~8	0.4	0.01
9	2015.6.15	23	7~8	8	0.2	0.01
9	2015.6.18	23.5	7	7	0.4	0.01
10	2015.6.18	24	7	7	0.4	0.01
8	2015.6.20	24	6.5~7	6~7	0.4	0.05
35	2015.6.20	24	7~6.5	6~7	0.4	0.05
8	2015.6.21	24	7~6.5	7~6	0.2	0.01
35	2015.6.21	24	7~6.5	7~6	0.2	0.01
7	2015.6.24	24	7	7	0.2	0.01
9	2015.6.24	24.5	7	7	0.2	0.01
8	2015.6.28	25	7	7~8	0.2	0.01
35	2015.6.28	24.5	7	7~8	0.2	0.01
8	2015.7.3	24	7~6.5	7	0.2	0.01
10	2015.7.3	25	7~6.5	7	0.2	0.01
11	2015.7.8	25	7	8~7	0.2	0.01
13	2015.7.8	25	7	8~7	0.2	0.01
9	2015.7.14	25	7	8~7	0.2	0.01
10	2015.7.14	25	7	8~7	0.2	0.01

（续表）

池号	测量时间	水温	pH 值	溶解氧	氨氮量	亚硝酸
11	2015. 7. 21	26	6. 5 ~ 7	6 ~ 7	0. 4	0. 05
13	2015. 7. 21	26	6. 5 ~ 7	6 ~ 7	0. 4	0. 05
11	2015. 7. 25	25	7	8 ~ 7	0. 2	0. 01
13	2015. 7. 25	25	7	8 ~ 7	0. 2	0. 01
14	2015. 7. 29	26	7	6 ~ 7	0. 2	0. 01
15	2015. 7. 29	26	7	6 ~ 7	0. 2	0. 01
16	2015. 7. 29	26	7	6 ~ 7	0. 2	0. 01
12	2015. 8. 3	26	7	6 ~ 7	0. 2	0. 01
17	2015. 8. 3	26	7	6 ~ 7	0. 2	0. 01
9	2015. 8. 4	26	6. 5	6	0. 4	0. 05
10	2015. 8. 4	26	7	7 ~ 8	0. 2	0. 01

第二节　水色变化的调节

水色的变化是养殖生产的晴雨表，通过观察水色，可以及时了解判断池水水质的变化情况，及时采取措施，防止水质恶化，降低养殖风险，减少损失。水色大体上有下面几种。

一、茶褐色水色

茶褐色水色是养殖生产中理想的水色。池水浮游植物以单细胞硅藻、隐藻为主，各种成分的含量比较平衡，因而各种生物的组成也比较平衡，天然饵料的质量与数量都好；另一方面，由于溶氧高，生物的代谢废物少，鱼类的生活环境也较适宜，保证了池塘有较高的鱼产量。

二、黄绿色水色

黄绿色水色是养殖生产中第二种理想的水色。池水浮游植物以单细胞硅藻为主，绿藻次之。形成优势种时，水质指标适宜，氨态氮和亚硝酸盐含量较低或无，浮游动物只有少量的枝角类、无节幼体、纤毛虫和轮虫，水质清爽，池角不产生浮膜，水质呈良性循环状态。

三、淡绿色水色

淡绿色水色是养殖生产中的第三种理想水色。池水浮游植物以单细胞绿藻、裸藻为主，水体透明度适宜，水质的各种理化指标均正常，水质清爽，池面没有浮膜。

四、绿色水色

绿色水色是养殖生产中应尽量避免出现的水色。这种水质浮游植物中大量的多细胞蓝藻繁殖形成绝对优势种，而且密度较大，水质浑浊，水体透明度较低，池塘下风处水表层常聚集有大量的、同样颜色的悬浮泡沫，这种水对渔业生产不利。

五、红色水色

红色水色也是养殖生产中应尽量避免出现的水色。这种水质池水浓淡分布不匀，成团成缕。池水中以枝角类大量繁殖的浮游动物为主，浮游植物量很少，溶氧量很低，水体一般较瘦，严重时水面颜色泛红，水体 pH 值偏低，亚硝酸偏高，这种水色对生产极为不利。

六、灰色水色

灰色水色也是养殖生产中应尽量避免出现的水色。这种水色在温暖季节出现时表明水质已恶化，大量的浮游生物刚刚死掉。根据水色来进行水质的调节，可从以下几个方面进行。

七、适当施肥

澳洲龙纹斑苗种下池之前，进行适当的肥水素添加，可使水体浮游动植物保持一个适当的密度和旺盛的生活状态。浮游植物调节水质的功能主要包括作为营养盐吸收铵和通过光合作用产生氧气两个方面。浮游动物以浮游植物为食，浮游动物又为澳洲龙纹斑苗种生长提供生物饵料，这种模式能有效提高澳洲龙纹斑苗种成活率。在实际操作中，应根据池塘的状况掌握肥水素用量，在温暖季节大致是浮游植物为 200 万 ~ 5 000万个/L，浮游动物为 40 000 ~ 50 000个/L，生产中一般多沿用较简便的方法，即根据透明度和水色加以判断。

八、加注新水

换水是调节水质的最有效、最主要的措施，加注新水的意义在于带进氧气和补充老水中缺乏的某些营养盐类，以及冲淡池水中的有机物质，包括生物代谢的有毒产物，从而恢复池水所含成分的平衡，消除或减弱老水的不利影响。一般鱼池每天要加新水一次，每次换水 20% ~ 30%。具体操作要根据池水肥度、水体中浮游动植物数量、水质理化指标情况而灵活掌握。当池水恶化或浮游生物组成不佳时，大量换水是一个改善或调整水质的有力措施。

九、调节池塘浮游生物的数量和组成

鱼池中浮游动物过多、威胁到池塘的氧气平衡时，可以采取大量换水或药物杀灭的办法，大量换水对压制水蚤的数量很有效。主要是因为冲淡了细菌或藻类的浓度，使水蚤摄食条件恶化而很快减少数量。采用药物杀灭时，用敌百虫泼洒效果很好。敌百虫杀灭各种浮游动物的有效浓度互不相同，因此可选择性地杀灭。杀灭枝角类的有效浓度为 0.03 ~ 0.05mg/L，杀灭桡足类为 0.1 ~ 0.5mg/L。

第三节　微生物制剂调节水质

动物微生物制剂是将动物体内的有益细菌通过人工筛选培育，再经过生物工程工厂化生产出来，专门用于动物营养保健的活菌制剂。现在市场上销售的这类产品名目繁多，如 EM 菌、光合细菌、芽孢杆菌、硝化细菌、乳酸菌、酵母菌等，都属微生物制剂的同类产品。从其内的有益菌种来讲，美国发布了 40 种安全有效的有益菌种，我国农业部允许使用的有益菌种有干酪乳杆菌、嗜乳酸杆菌、乳链球菌、枯草芽孢杆菌、纳豆芽孢杆菌、啤酒酵母菌、沼泽红假单胞菌等 12 种。依活菌种的组成，有单一菌制剂和复合菌制剂。市售的多为复合菌制剂，只是其中的菌种种类和数量有别而异。

一、微生物制剂作用与特点

（一）对水体的作用

微生物制剂可有效降低养殖水质中亚硝酸盐、氨氮、硫化氢等浓度，抑制水体中有害微生物繁殖和生长，净化水质。制剂中的微生物本身代谢具有气化、氨化、解磷、反硝化、硝化及固氮作用，能将污染物分解为二氧化碳、硝酸盐、硫酸盐等无毒物质，进而被水体中的藻类加以利用，达到净化水质的目的，其种群竞争性能抑制致病菌，有益菌与宿主黏膜上皮紧密结合形成致密性菌膜，形成微生物屏障，有的有益菌产生抗生素和细菌素杀死病原菌。

（二）对养殖动物的作用

微生物制剂可提高机体免疫力，防止水产养殖动物体内有害物质的产生。微生物制剂是良好的免疫激活素，能有效提高干扰素和巨噬细胞的活性．通过产生非特异性免疫调节因子激发机体免疫，增强机体的免疫力和抗病力。同时，转化养殖动物肠道、血液及粪便中有害物质浓度，降低有害物质在机体内的累积，有利于机体的健康。

（三）降低成本，保护环境

微生物制剂具有投资小、效益高、使用方便等优点，既能全池泼洒，也能做为饲料添加剂，无毒、无害、无药物残留、不产生耐药性，长期使用可以减少养殖过程中抗生素的使用量，减少病害发生，排放的污水对环境污染也较小。

二、微生物制剂在水产养殖业上的应用

（一）水产微生物制剂的净水作用和肥水作用

1. 水产微生物制剂的净水作用

水产微生物制剂在水产养殖上主要用于净化水质。厄瓜多尔、美国及日本的养虾场通过用微生物技术清洁水体，去除有机物，使水产品的养殖密度增加了20%，同时提高了水产品的品质。国内目前有益微生物在水产的应用日益被接受和重视，但研究仅于起步阶段。在应用方面，国内独立开发的主要是一些单一菌株，如光合细菌、芽孢杆菌、蛭弧菌等；复合制剂主要是仿制或引进国外的商品，且多数是对生长速率、饵料转化率、存活率等方面的数据，还没有用更科学的研究手段和内容评价作用机理和使用效果。水产微生物制剂可迅速降解水体中的残存饲料、鱼类的粪便及其他有机物，特别是清除池塘长时间的养殖水体底部，如海边老虾池底部积累的残余饲料、排泄废物、动植物残体，同时，还能吸收利用水体中的氨、亚硝酸盐、硫化氢等有害物质，能有效避免固体有机物和有害物质的积累。这些藻类为主的浮游植物所产生的光合作用，又为池塘底栖动物，水产动物的呼吸，有机物的分解提供氧气，从而形成池塘良性的生态循环，促使有益微生物的大量繁殖，在池塘内形成优势种群，可抑制病原微生物的繁殖，减少疾病发生。

2. 水产微生物制剂的肥水作用

目前，水产微生物制剂大多是应用在净水，主要用在调节水质方面，在肥水方面用

得不多。人们仅重视微生物制剂单方面作用，其实肥水与净水是有机结合在一起的，两者并不矛盾，而是相辅相成的。所谓的净水就是把水体中的有机物、氨氮等降解，并且能很好地分解养殖生物排泄物、残饵以及浮游植物残体等有机物，使之先分解为小分子（多肽、高级脂肪酸等），而后为更小分子有机物（氨基酸、低级脂肪酸、单糖、环烃等），最终分解为二氧化碳、硝酸盐、硫酸盐等，有效地降低了水中的 COP、BOD，在水质净化中通过氧化、还原、光合、同化、异化把有机物转变为简单的化合物，净化了水体环境，从而有效地改善了水质，且能促进单细胞藻大量繁殖。水体中的浮游植物特别是浮游单细胞藻类（绿藻、硅藻等）利用水体微生物制剂分解养殖生物排泄物、残饵以及浮游植物残体等的有机物转变为简单的化合物及无机元素作为自己的营养物质，在水产微生物制剂的理化和高效化的作用下，迅速大量繁殖起来，使得水体变得肥绿、嫩爽，这就是养殖者所说的肥水。

（二）微生物制剂与饲料预混料

1. 菌种本身的特性是发挥其效能的关键因素

生产用微生态制剂菌株首先必须保证不产生任何内外毒素。由于微生态制剂是通过动物的胃肠道发挥作用的，因此，必须能耐受胃肠道的环境。

2. 饲料对菌种的影响

饲料中的维生素、寡糖、酸化剂、中草药、肽等与微生态制剂有很好的配伍效果，使之能协同发挥作用；铜离子对微生态制剂有明显的抑制作用，其毒害作用可能是致使活菌损失的因素之一；编者也发现抗生素对微生态制剂抑制效果不明显。

3. 菌种与饲料的关系

目前，由于维生素价格暴涨，预混料的成本已经上升了 20% ～ 30%，给众多的预混料生产企业造成了很大的压力。这种压力企业内部无法解决，就将压力转加给消费者，即减少维生素的添加量，由此造成一系列维生素缺乏症，具体表现为肝胆综合征、生长减慢，容易患病，摄食下降，饲料系数高等。而微生态制剂本身可产生大量的维生素，以减少单体维生素的添加量，微生态制剂又具有明显的促生长效果，可以弥补由于维生素含量降低后造成的生长速度下降。编者在实验室内用循环水箱作了鲤鱼和鲫鱼添加微生态制剂的生长试验，从生长检查来看，不论是生长速度还是饲料系数都有明显改善。

（三）微生物制剂对育苗的影响

1. 净化育苗池水质

在工厂化育苗中，水体的污染主要来于自身，如残饵、排泄物及死亡的动物尸体等。制剂中的微生物本身代谢具有气化、氨化、解磷、反硝化、硝化及固氮作用，能将污染物分解为二氧化碳、硝酸盐、硫酸盐等无毒物质，进而被水体中的藻类加以利用，达到净化水质的目的。

由于有益细菌种属不同，参与能量代谢的途径和方式也不同，所以降解环境中有机物的种类和能力也有一定的差异，如硝化细菌包括 2 种不同的代谢群体——亚硝化属及硝化杆菌属。在水质净化过程中，亚硝化菌属细菌把水中的氨离子氧化成为亚硝酸离子（NO_2^-），并从中获得生存所需要的能量，再从二氧化碳或碳酸根离子中制造自身所需的有机物；而硝化杆菌属细菌能把水中的亚硝酸离子氧化成为无毒的硝酸离子（NO_2^-），并也能从中获得生存所需要的能量。这一代谢过程又受到诸多因素的制约，溶解氧（DO）降低时，硝化细菌、亚硝化细菌的增殖速率均下降。自由氨（FA）浓度升高时亚硝酸转化硝酸的过程受到抑制，导致亚硝酸氮的积累。而当温度超过 30℃、pH 值大于 8 时，硝化细菌的活性就会受到抑制。因此在使用微生物制剂时应充分考虑各细菌的代谢特点，采取相应的措施，如开动增氧机提高溶氧，适时调控水温、pH 值等，使其作用发挥到最大。

2. 防治病害

微生物制剂可提高机体免疫力，防止水产养殖动物体内有害物质产生。微生物制剂是良好的免疫激活素，能有效提高干扰素和巨噬细胞的活性，通过产生非特异性免疫调节因子激发机体免疫，增强机体的免疫力和抗病力，同时，转化养殖动物肠道、血液及粪便中有害物质浓度，降低有害物质在机体内的累积，有利于机体的健康。其种群竞争性能抑制致病菌，有益菌与宿主黏膜上皮紧密结合生成致密性菌膜，形成微生物屏障，有的有益菌产生抗生素和细菌素杀死病原菌。

（四）微生物制剂对成鱼养殖的影响

复合微生物制剂含大量的益生菌，其菌体本身含有大量的营养物质，同时还含有多种维生素、钙、磷和多种微量元素、辅酶 Q 等。复合微生物制剂作为饲料添加剂被鱼类摄食后，其所包含的多种微生物可进入消化系统，并在消化道内繁衍、代谢，产生动物生长所必需的营养物质，从而促进鱼类的快速生长。复合微生物制剂对草鱼肝胰脏和肠道淀粉酶、脂肪酶的活性有显著的影响。微生物制剂可以促进动物免疫系统的发育，增强动物免疫功能，改善动物肠道内环境，增加动物肠道内的有益菌数目。

研究结果表明，微生物制剂对鱼类蛋白酶活性、淀粉酶活性、脂肪酶活性都有明显提高，从而促进消化道分解酶活性提高，促进了鱼类对饲料的消化吸收和鱼类生长。

三、微生物制剂前景展望

尽管我国对动物微生物制剂的应用和研究比一些发达国家起步晚，但起点较高。仅在短短的几年里，微生物制剂的开发和应用对促进我国水产业的发展已发挥了积极的作用，且潜力很大。用了微生物制剂的水产动物，不仅生长发育快、疾病少、饲料报酬高，而且水产品的品质也好。所以，动物微生物制剂是绿色的，即安全饲料添加剂。用了微生物制剂的动物能为人类生产出绿色水产品。

随着科学技术进步及研究的深入，生物工程技术的迅速发展，微生物活性物质的分离、鉴定、保存、产生菌株的筛选、活性物质合成、培养技术、纯化技术与剂型研究等方向将有很大的研究空间和开发潜力。微生态制剂技术迎来了前所未有的发展机遇和强劲的发展势头，所获成果必将显示出巨大的经济效益和广阔的应用前景。微生态制剂对保护环境生态平衡，促进水产养殖业健康发展有着重要的意义。光辉的抗生素时代之后，将是一个崭新的微生物时代。

第四节　养殖环境综合调控技术

养殖环境是一个开放型生态系统，对过多营养盐和有机物的自身净化能力有限，一旦超出负荷，缺氧和有毒代谢废物会影响养殖动物的生长和生存。养殖水环境调控的方法大致可分化学调控、物理调控和生物调控三类。

化学调控法能在短时间内迅速解决不利因素，但是治标不治本，化学品用量过多可能对动物造成应激或中毒，同时对外界环境造成一定的污染。化学调控常用的是石灰、氧化剂和还原剂等。

物理调控法是指通过机械或养殖设施增加水体上下水层对流、增大水体与空气接触面积、更换或添加新水，使池塘生态系统沿着改善水质，提高水产品初级生产力的良性方向发展。池塘水质物理调控方法有换水、底泥处理和增氧等。物理调控对养殖水体和外界环境一般不造成污染，但是由于要对水体做功，能耗相对增大，增加了加工生产成本，所以要合理选时、限时利用物理调控，才能达到最大生产效益。

生物调控法是指通过选择和培育有益、高效的生物类来吸收利用水中的营养物质，防止残饵、多余肥料及排泄物积累所引起的水质败坏。与化学调控、物理调控法相比，生物调控法净化水体不会引起二次污染，耗能少，且能逐渐修复被破坏的水体生态平衡，是目前调节养殖水环境最可取、最具发展前景的方法。

　　目前，养殖水体的生物调控主要通过增氧、排污处理来实现养殖水环境综合调控。养殖水体采用罗茨式鼓风机与纳米曝气管结合在养殖水体底部鼓气增氧。该系统增氧效果好，具有使缺氧的水体下层氧债层得到补偿，冲入水体的空气均匀扩散到各个水层，使底层有毒气体加速向空气中扩散，减少噪声对鱼类正常活动的干扰等优点，已得到普及及应用。同时在高温季节，在养殖池上层增加使用增氧机，既可直接增加水中溶解氧量，又使池水垂直、水平流转，解救或减轻鱼类浮头并增进食欲，减低水体中氨氮、亚硝酸盐氮和硫化氢等有毒有害物质含量，消除生长限制因子，并且在每天投喂饵料半个小时候后开始排污，每次必须交换 20% 的水体。在澳洲龙纹斑养殖过程中，生物排泄物、残饵及泥沙等沉积在养殖池底部，容易因细菌分解池底有机物而产生大量有毒的中间物质，如氮、硫化氢、甲烷、有机酸、低级胺类等对养殖动物有很大毒害，影响养殖动物的生长，使饲料系数增大，养殖成本升高，甚至引起中毒死亡。

第五节　投入品管理

　　澳洲龙纹斑养殖生产的投入品种繁多，从鱼池消毒处理、鱼苗繁育，到成鱼养殖、捕捞运输等多个环节都有涉及投入品使用。养殖投入品不但包括养殖用地和养殖用水等自然资源，也包括苗种、饲料、饲料添加剂。渔药、养殖设备和劳动力等生产要素。加强澳洲龙纹斑养殖投入品的使用管理，能促进澳洲龙纹斑产业持续、稳定、健康发展的主要环节。

一、养殖投入品管理的相关法律法规和标准

　　随着水产养殖业的迅速发展，养殖水产品的质量安全管理问题十分突出，已成为制约水产养殖业健康发展的主要原因。为建立健全包括水产品质量安全法律体系，我国先后颁布实施了《食品安全法》《农产品质量安全法》，修订了《渔业法》《兽药管理条例》《饲料和饲料添加剂管理条例》，农业部制定了《食品动物禁用的兽药及其他化合物清单》《无公害食品渔药使用准则》《水产养殖质量安全管理的规定》等。这些法律法规对规范水产养殖生产，监管水产养殖投入品的生产和经营活动起了很好的作用。

二、养殖投入品的管理

　　在澳洲龙纹斑养殖过程中，投入品的使用必须符合国家规定的相关要求，禁止采购、销售不符合国家规定或不符合的产品，不得使用国家禁用的养殖投入品。

（一）养殖用地和用水

澳洲龙纹斑养殖场环境、养殖用水质量应符合《无公害食品 淡水养殖产地环境条件》《农产品质量安全法》《水产养殖质量安全管理的规定》等国家规定。养殖业者应当定期监测养殖用水水质，以确保养殖用水符合相关渔业用水的规定。

（二）苗种管理

澳洲龙纹斑苗种是澳洲龙纹斑养殖生产的重要投入品，所使用的苗种必须符合相关规定，要有渔政部门的产地检疫，保证苗种质量，杜绝带病的鱼苗扩散，防止鱼病暴发和传播。

（三）饲料及饲料添加剂的管理

澳洲龙纹斑养殖用饲料及饲料添加剂等，是澳洲龙纹斑养殖生产的主要投入品。饲料质量的优劣直接关系到澳洲龙纹斑养殖效益和产品质量安全，是保证产品质量安全的关键性因素。配合饲料的使用管理要符合《饲料和饲料添加剂管理条例》的规定。养殖过程使用的各种肥料等投入品，其质量和施用的方法应符合《绿色食品 肥料使用准则》的要求，保证产品的质量安全，防止污染环境。饲料的营养成分要满足水产动物生长、生理需求，不能含有违禁成分，饲料的安全指标限量必须符合《无公害食品 渔用配合饲料安全限量》的标准。

养殖过程使用的药物添加剂种类及用量应符合《饲料药物添加剂使用规范》的规定，有若有新的公告发布，按新规定执行。

（四）养殖用药管理

常用的渔药主要包括消毒剂、抗微生物药物、驱虫杀虫药物、环境改良剂、疫苗以及中草药制剂等，是养殖生产不可缺少的投入品。渔药的使用应严格遵循《食品动物禁用的兽药及其他化合物清单》《无公害食品渔药使用准则》等国家和有关部门的有关规定。严禁使用未经取得生产许可证、批准文号与没有生产执行标准的渔药。

渔药的使用应尽量选择高效、快速和长效的低毒药物。药物在杀灭和抑制病原体的有效浓度范围内，对水环境的污染及其对水体微生态结构的破坏程度小，对人体健康没有影响。病害发生时应对症用药，防止滥用渔药与盲目增大用药量，增加用药次数或延长用药时间，不使用违禁药物。

食用鱼上市前应有相应的休药期、休药期的长短，应确保上市产品的药物残留量符合《无公害食品 水产品中渔药残留限量》的要求。

（五）投入品使用记录管理

在澳洲龙纹斑养殖过程中，养殖业者应依法填写《水产养殖生产记录》，记录养殖品种、苗种来源及生长情况、饲料来源及投喂情况、水质情况、养殖病害情况等；填写《水产养殖用药记录》，记录用药时间，渔药名称、浓度和用药，养殖病害情况，主要症状，处方和处方人、施药人地，并保存记录至该批水产品全部销售后至少 2 年。

参考文献

蔡乘成等.2012.澳洲鳕鲈引种驯化养殖的报告［J］.水产工程，258－259.

蔡星等.2013.一种生态防治澳洲龙纹斑小瓜虫的技术［P］.发明专利.

曹凯德.2001.澳大利亚墨累河鳕鱼养殖技术［J］.水利渔业，21（1）：16－18.

郭松等.2012.澳洲鳕鲈的生物学特征及人工繁养技术［J］.江苏农业科学（12）：242－243.

海洋监测质量保证手册编委会.2000.海洋监测质量保证手册［M］.北京：海洋出版社.230－231.

孔祥迪等.2014.4 种常用消毒药物对棕点石斑鱼（♀）×鞍带石斑鱼（♂）受精卵孵化的影响［J］.渔业科学进展，35.

李建锐等.2012.固体二氧化氯的研究现状与应用［J］，化工中间体（1）：44－47.

李娴等.2013.虫纹鳕鲈的生物学特性及人工养殖技术研究［J］.湖北农业科学，52（5）：2114－2115，2148.

连家雄.1995.淡水养鱼新技术［M］.福州：福建科学技术出版社.

刘佩等.2014.淡水鱼类小瓜虫病的防治概述［J］.渔业致富指南（18）：56－57.

刘晓勇等.2011.杂交鲟幼鱼对几种外用消毒药物敏感度的研究［J］.水产学杂志，24.

农业部编撰委员会.2005.新编渔药手册［M］.北京：中国农业出版社.

宋理平等.2013.虫纹鳕鲈肌肉营养成分分析与品质评价［J］.饲料工业（16）：42－45.

谭永胜等.2011.高锰酸钾对虎斑乌贼胚胎和幼体的毒性研究［J］.水产养殖，32（1）：12－15.

王波等.2003.虫纹麦鳕鲈的形态和生物学性状［J］.水产科技情报（06）：266－267.

王玉堂.2012.第一批正式转为国家标准的渔药——第三部分：消毒药物［J］.中国水产（1）：62－66.

杨小玉等.2013.澳洲龙纹斑工厂化养殖技术［J］.水产养殖（02）：26－27.

张龙岗等.2012. 虫纹鳕鲈线粒体 COI 基因片段的 g 隆与序列分析 ［J］. 长江大学学报: 自然科学版, 9 (8): 25 - 29.

张善发等.2009. 澳洲鳕鲈养殖试验初探 ［J］. 科学养鱼, 21.

左瑞华等.2001. 虫纹鳕鲈苗种培育影响因素初步分析 ［J］. 安徽农学通报 (03): 57 - 59.

Abery N W, Gunasekera R M, *et al*. 2002. Growth and nutrient utilization of Murray cod *Maccullochella peelii peelii* (Mitchell) fingerlings fed diets with varying levels of soybean meal and blood meal ［J］. Aquaculture Research, 33 (4): 279 - 289 (11).

Baily J E. Bretherton M J. Gavine F M. *et al*. 2005 The pathology of chronic erosive dermatopathy in Murray cod, *Maccullochella peelii peelii* (Mitchell) ［J］. J Fish Dis, 28 (1): 3 - 12.

Cadwallader P L. JO Langtry' S 1949 - 1950 Murray River investigations ［M］. Melbourne: Fisheries and Wildlife Division.

Gooley G, Rowland S. 1993. Murray-darling Finfish: Current developments and commercial potential. Austasia Aquaculture ［J］, 3 (7): 35 - 38.

Ingram B A G F. Fish Health Management Guidelines for Farmed Murray Cod. Fisheries Victoria Research Report Series No. 32. ISSN 1448 - 7373.

Ingram B A, Gavine F, Lawson P. Diseases and health management in intensive Murray cod aquaculture ［M］. In: B. A. Ingram and S. S. De Silva (Eds), Development of Intensive Commercial Aquaculture Production Technology for Murray cod. Final Report to the Fisheries Research and Development Corporation (Project No. 1999/328). Primary Industries Research Victoria, DPI, Alexandra, Victoria, Australia. 129 - 146.

Ingram B A. 2009. Culture of juvenile Murray cod, Trout cod and Macquarie perch (Perciehthyidae) in fertilised earthen ponds ［J］. Aquaculture, 287 (1/2): 98 - 106.

Ingram, Brett A. Murray Cod Aquaculture, A Potential Industry for the New Millennium: Proceedings of a Workshop held 18th January 2000, Eildon, Victoria / editor, B. A. Ingram ［M］.

llen-Ankins S, Stoffels R J, Pridmore P A, *et al*. 2012. The effects of turbidity, prey density and environmental complexity on the feeding of juvenile Murray cod *Maccullochella peelii* ［J］. J Fish Biol, 80 (1): 195 - 206.

ROWLAND S J. 2004. Overview of the history, fishery, biology and aquaculture of Murray cod（Maccullochella peelii）［C］//Menagement of Murray cod in the Murray-darling Basincanberra. Canberra：Murray-Darling Basin Commission，38 – 61.

Silva S，Silva S S D，Gunasekera R M，et al. 2000. Digestibility and amino acid availability of three protein - rich ingredient - incorporated diets by Murray cod *Maccullochella peelii peelii*（Mitchell）and the Australian shortfin eel Anguilla australis Richardson ［J］. Aquaculture Research，31：195 – 205.

（罗土炎、张志灯、翁伯琦执笔）

第七章 澳洲龙纹斑越冬技术

澳洲龙纹斑属于温水性鱼类，其适宜生长温度范围在 7 ~ 30℃，最佳生长水温 18 ~ 22℃，低温将会导致澳洲龙纹斑体质变弱，摄食减少，进而导致鱼体消瘦，大大损害了经济和营养价值。澳洲龙纹斑的越冬分为鱼种越冬和亲鱼越冬。搞好澳洲龙纹斑的越冬相关事宜关系到生产和效益，是养殖生产过程中十分重要的环节。要想提高澳洲龙纹斑越冬的安全性，就要做好越冬前、越冬阶段和越冬后 3 个阶段的准备工作。每个阶段的工作都不能马虎，切勿因为一时大意，造成不可逆转的损失。通常来说，温度、溶氧和食物是鱼类生活的三大要素。在澳洲龙纹斑越冬养殖过程中，始终要正确处理这三者之间的关系，确保该鱼安全越冬。

在越冬过程中，应该让水体温度保持在鱼类适宜生长温度以下，从而使鱼的吃食、活动、耗氧等可以维持在比较低的水平。如果水温升高，鱼体的代谢水平也相应升高，吃食活动旺盛，耗氧量增加，排泄物也增加。这些排泄物在使水体中大量的溶解氧被消耗掉的同时，也会生成多种对鱼有害、有毒的物质。但是，如果摄入的饲料等能量性物质不能与鱼的消耗保持平衡，鱼体就会慢慢消瘦以致死亡。因此，在越冬期间，将水温适当控制低一些对鱼本身的免疫力是有利的。同时，也应注意，在低水温区间，又正好是许多病害、寄生虫生长的较适温度，容易受到寄生虫、细菌、真菌的感染和侵袭。因此，只能通过加强饲养管理，采取严格的防病措施来解决。

第一节 越冬前的准备

一、越冬池的准备

(一) 越冬池的结构

越冬池最好选择东西走向，长方形，砖砌的水泥池，其面积在 300m² 左右，池水深度可控制在 1～1.3 米，这样的深度对于保持水温十分有利，上口与地面持平，进水口位于水泥池上方，排水口安排在池底，池底向排水口有一定的倾斜角度，以便于排污，排水口安装 10cm 或者 25cm 的排水管道 1 个或 2 个。水泥池用钢管或竹竿搭成的弯曲的拱形或者类似于人字形的棚架，大棚顶端离地面高约 2 米，在大棚上面覆盖两层塑料薄膜，在进水口方向留有一个小门，以便于进出与饲养管理。

(二) 越冬池位置

由于澳洲龙纹斑喜欢阴暗，害怕阳光，故越冬池搭建应一边阴暗一边背风向阳，靠近水电源，进排水方便，水源最好是地下井水，井水的深度一般为 40～60m，水质要求符合国家水质标准。在生产规模大的养殖场，越冬的鱼数量多，越冬池可根据越冬需要、大小适当进行调整，以便于按规格分池越冬。整体布局要结合集中，以便于建造温室，对越冬的饲养管理有利。越冬池的另一个要求是交通便利，可提高运输活鱼效率及减少运输成本。越冬池最好选择是水泥池。

(三) 越冬池的准备

对于新的水泥越冬池，要经过充分的浸泡后方可使用。浸泡 3 次以上，每次 10～15 天，以消除水泥池中的碱性。当水池水质达到中性后，再灌入清水。使用旧的越冬池前，要认真检查维修，在澳洲龙纹斑进入越冬温室前要仔细检查，搭建好温室，同时清理池底池壁污物。

二、越冬鱼的准备

要进行越冬的鱼应满足体质健壮、体色均匀漂亮、体型匀称、无病无伤的要求；根据规格大小，挑选越冬的鱼种，适当放苗。鱼种规格较大，可适量多放；鱼种规格小，可适量少放。但是，鱼种体重、体长不能太小，同时瘦弱体质的鱼不利于过冬。

(一) 强化秋培

在澳洲龙纹斑进入越冬池之前，要通过增强秋季的培育，来达到体质健壮，抗病抗逆能力提升。方法主要是根据澳洲龙纹斑的营养需求从饲粮的投喂入手，强化培育，将鱼的体质调节到最佳状态。在鱼停止吃料前，就开始着手准备。在水体温度达到 18℃以上时，需要利用微生态制剂调理好水质，同时将水中的氨氮、亚硝酸盐、硫化氢等有害物质降低到最小的水平，以使水色良好和 pH 值稳定在中性或者弱碱性，即氨氮、亚硝酸盐等处于最低水平。水体的透明度要保持在 30～35cm，水色活、爽、嫩。每天投饲量保持在鱼体体重的 2%～5%，其饲料蛋白含量保持在 50% 以上。每次投喂还应根据天气变化、水温变化、鱼类摄食和活动情况等，通过人为方法加以合理的调整，而且可以适当投喂少量青绿饲料，加入适量的维生素及少量的微量元素，以增强鱼体体质。

（二）选择好越冬池

越冬用的水泥池的形状可为长方形、六角形等形状，但是要求要规则齐整，面积 $200\sim300m^2$ 均可，水深在 $1\sim1.3m$ 深，冷热水水源充足，水质清洁良好，进水和排水方便，尤其是要注意水温的调控，要使水体温度保持在 $20\sim25℃$，在换水时要调控好水体温度，且在换水时水温温差不能差别过大，一般不能超出 $2\sim3℃$，防止因温差过大，导致鱼类应激反应过度，进而造成鱼类死亡。

（三）清塘消毒

在澳洲龙纹斑越冬放养之前，需要对水泥池进行清塘消毒，一般选择在天气晴朗，阳光较大的时候进行消毒。采用生石灰或者漂白粉每隔 1 周消毒 1 次，共消毒 $2\sim3$ 次，之后方可试水放鱼。

（四）合理放养

澳洲龙纹斑在放入越冬池之前，需要特别注意水温变化，每年要赶在第一次冷空气之前捕捞起来。不同规格大小的鱼，一定要分池越冬。同时越冬的密度要合适，一般以夏季放养密度差不多即可，可适当减少密度，提高越冬成活率。放养时，应分规格入池，受伤和生病的个体不能入池。

（五）保证鱼体体质好、没有伤口、没有寄生虫、细菌、真菌性疾病等

入池越冬的鱼种，应严格检查有无寄生虫性疾病和伤口等，主要针对车轮虫、小瓜虫、斜管虫等侵袭性疾病的处理，可用相应药物如车轮净、鱼康乐、福尔马林等进行处理。在越冬之前，要将需要集中密集锻炼要进行越冬的鱼，使其对环境的适应力逐步提高，少量的受伤、体质弱的个体应该淘汰、丢弃。

第二节　越冬的方式

根据越冬条件和生产需要，澳洲龙纹斑的越冬方式可以分为两种类型。一种是低温保种，即越冬池水体温度只维持在澳洲龙纹斑基本维持生命需要、不至于死伤。另一种类型是适温培育类型，即越冬池的水体温度在 $20\sim25℃$ 左右，使得澳洲龙纹斑能够有较为旺盛的吃食量，坚持适量投饵，不但可以保持基本生命需要，还可以促进生长发育，增强体质，提高抗病能力。亲鱼的越冬最好保持在 $21℃$ 左右，保持食欲的同时，还可促进澳洲龙纹那亲鱼性腺发育，为来年孵化产卵做好准备。在具体的生产操作中，各地应根据热能资源及越冬生产需要，灵活地选择越冬方法。

一、越冬的类型

（一）温泉水越冬

越冬池的面积大小差异不大，主要是应根据水温、鱼的密度、热水流量大小及生产规模等而定。越冬池的水深、进水量和出水量要相适应，以使水温保持动态平衡，同时水体深度也可保持不变。如果温泉水的水温很高，应该先在蓄水池中冷却，到了要求温度再注入到越冬池，这种越冬方式及越冬密度较高。同时，在水温较高，水量充足的情况下，可加强亲鱼的投饲量和营养，促进亲鱼性腺成熟。在我国，有着丰富的自然温泉水，水温相对较高，有条件的养殖场应根据具体生产，选择靠近温泉水的地方，提高生产。

（二）塑料大棚越冬

塑料大棚越冬是目前澳洲龙纹斑采用的越冬方式中，最为普遍的一种。采用越冬大棚进行越冬，越冬池应选择在背风向阳、水质良好、水电方便的地方。越冬池方向为东西走向，长方形或六角形均可，面积在 $80 \sim 130m^2$，注水和排水方便。池面上用钢筋或者竹木搭成的拱形或人字形的棚架，棚顶距离地面的高度约为2m，其上面有塑料薄膜，外面压有竹片、石头等，棚脚可用泥土压实，并在东西两边打开棚门，以便空气流通和人工投喂。这种越冬方式可以利用地下水，可用水库、溪河水，通过电热器加热，提高水温。

（三）工厂余热水越冬

靠近工厂余热的养殖场，可以使用工厂排出的少量冷却水，可在冷却池旁边建立越冬池进行越冬。越冬池面积随着冷却水水温和流量而调节大小，水体深度在 $1 \sim 1.3m$ 为宜，同时在一些地方，也能够使用工厂废蒸汽，只需在调温池水中，依照生产需求调节好温度，直接将池水灌进越冬池，即可保温越冬。此种越冬的方式，是因地制宜的利用热源条件，成本非常低。但是要特别注意的是，余热水的水质不稳定，要采取相对应的措施进行水质分析，使得水质和所含有的成分不会对养殖鱼类造成损害，如封闭式的电厂余热水，只能作为保种需要，因为水质对胚胎发育不利。

（四）地热水越冬

我国地热资源较少，有地热资源的养殖场，可以采用地热水进行越冬，方法是通过钻取热水井，以保温管道输送热水，引入到越冬池，管道深埋在地下，从而避免散热，越冬池面积和水深可根据生产需要进行调整，同时要检测好地热水的温度及水质条件，使其适合澳洲龙纹斑的生长和发育。

（五）利用水井越冬

在福建闽北山区，在澳洲龙纹斑养殖基地周围打水井，提高养殖水体水温利于澳洲龙纹斑安全越冬。水井深度一般在 7 米以上，冬季最冷时，水温能够保持在 18℃左右。这种越冬方式既经济又简便，适合一般的养殖户进行保种越冬。

二、越冬池设计的注意事项

（1）因为在冬季，阳光斜射进入大棚，玻璃越冬大棚的方向应为南北向东西延长，而塑料大棚方向应为南北延长。

（2）玻璃大棚温室南向的屋顶的应有一定的倾斜角度，最好为 30°左右，一方面太阳光投射更完全，另一方面也可让玻璃大棚吸收太阳的辐射热量更多。

（3）越冬池的选址要求较为简单，通常为避风向阳，靠近水源、热源，进水和排水方便，水质合适，同时适于建造越冬池的地方。

（4）不管建造哪一种类型的越冬温室，棚顶最好尽量降低高度，只要不影响到日常的生产操作即可，这样可以在安全生产的基础上，减少棚内散失热量。

（5）温室必须具有通风设施，特别是在越冬后期冷热季节交替时尤其必要。为了解决与保温的矛盾，通风口不宜过大，应该开在室内的最高地方，利用越冬大棚内温度下低上高的小气候特点，做到通风迅速而有效。

（6）保温是设计温室的主要条件。为了保温，在建造温室时要通局考虑，做到温室结构密实，不透风和漏气。如果是使用砖墙来增加墙体厚度的，在两层砖之间，放入一些糠壳或者隔热保温的材料。玻璃大棚最好采用双层玻璃，塑料大棚则可以在越冬池上用竹片或者钢管制成的架子，再覆盖薄膜。

（7）在生产规模较大，越冬池子较多的情况下，一般采用增加长度而不增加跨度的方案，这样既有利于管理，也不会影响到温湿度、牢固程度。温室最好是连片建造，既可以增加抗风的强度，减少横向热传导的损失，还便于操作和管理。

第三节　越冬鱼种入池的时间和注意事项

一、越冬入池时间

一般情况下，当池水的温度为 18～20℃时，就要开始进入越冬池，最低水温不能够超过 16℃。在水体温度较低的情况下，已经有少数鱼种受伤，从鱼体的外表没办法查看出来，如果这样的鱼种进入越冬池，将会造成大批量死亡，不能够顺利越冬。

秋冬季，当室温降低到 18℃ 的左右，就要开始着手澳洲龙纹斑入池越冬，冬春交际时，室温回升，并且保持在 18℃ 左右的时，澳洲龙纹斑方可从温室中搬出。越冬鱼种进入温室时应该进行消毒，可用食盐、聚维酮碘或高锰酸钾等进行消毒。

二、入冬注意事项

（一）亲 鱼

澳洲龙纹斑亲鱼越冬应按照严格的要求选取，确保每条亲鱼都符合要求。在福建邵武地区澳洲龙纹斑养殖基地，由于亲鱼数量较少，故不做越冬选别，但是应将较小的亲鱼分选出来，防止在越冬过程中，被较大的亲鱼咬伤。在较大规模的生产养殖场，应严格对亲鱼进行选留，最好将雌雄亲鱼分开越冬，防止越冬后期水温上升时发生漏产情况的发生。

（二）鱼 种

越冬鱼种最好能在 7cm 以上。过大的鱼种，越冬池的使用效率小；鱼种过小，鱼种在越冬过程中的适应能力差，影响成活率。鱼种的体表各个部分，如鳞片、鳍部等，要完整无缺，体质健壮，抗病能力强。在越冬前，生病和受伤的弱小鱼种不符合要求不能够进入越冬大棚，应进行病害处理和伤口恢复后方可进行越冬，否则应该淘汰抛弃。鱼种应遵从不同规格大小，分池越冬，不能够将大小不一致、强壮和弱小的鱼种放于一个越冬池，否则将会导致鱼种相互抑制，吃食情况不均匀，大的越大，小的越小越弱，进而发生相互咬伤，死亡量增加的情况。因此，鱼种在进入越冬池之前，应该根据实际情况经过筛选，按规格大小分别入池，以便于管理，提高成活率。选留的鱼种还应选择体质健壮，没有伤病的，游动活跃，体表齐整的个体。

（三）放养密度

越冬池放养密度和水质、水中的溶解氧情况，以及增氧、排泄、越冬的方式、鱼体规格大小等因素有着密切的关系，可以依照实际情况适当调整养殖密度，以保证鱼种安全越冬。

不管是亲鱼或者鱼种的进行越冬，选留的时候操作都应该轻快细致，以免使鱼体受伤，并且马上选马上进入越冬池。鱼种在筛选时，要尽量避免长时间放于网池中，一般在网池中的时间越短越好，最好马上进行分筛，计数入池，最长时间不能够超过 3 个小时，更不能够在高密度进行长途运输，导致越冬成活率下降。

第四节　越冬期间标准化饲养管理

每年冬季，澳洲龙纹斑都会受到北方极寒天气或西北风等恶劣天气的影响，放入越冬池中的鱼的由于密度相对平常高，经常回导致水体溶解氧含量小，水温接近临界点，故必须十分注意饲养管理，如果管理不当，往往造成规模性鱼病，严重的时候，鱼类成批死亡，进入冬季后，澳洲龙纹斑死亡的主要原因是下面第一和第二点。

一、由于伤病造成的死亡

进入到冬季后，澳洲龙纹斑如果管理不善，往往会出现大面积大规模的死亡。死亡通常是在水温由冷转热，水温突变，即人为的升温之后。根据邵武市澳洲龙纹斑养殖两年多的经验来看，当水温、溶解氧以及 pH 值等环境因素发生变动时，多多少少都会对澳洲龙纹斑产生不同的且不良的应激刺激。同时，饲料中缺乏一些维生素或者微量元素的时候，如维生素 a、维生素 k、维生素 c、维生素 e、钙、锌等，都会引起澳洲龙纹斑发生疾病。当水温降低到澳洲龙纹斑生存的温度以下的时候，经过 2 天或者 3 天，鱼类出现活动缓慢，摄食下降等症状。因此，鱼体中的维生素和微量元素慢慢减少。当水温逐渐回暖时，澳洲龙纹斑的活动情况日趋活跃，但是由于体内的维生素和微量元素等由于低温导致摄食下降而得不到充分的积累，寄生虫、细菌等将会随着水温的上升开始侵害鱼体。澳洲龙纹斑的体质由于这些元素的缺乏造成抗病能力减弱，加上疾病的干扰，鱼体日趋衰弱而死亡。

二、冷冻死亡

当水温降低到澳洲龙纹斑适宜生长的温度时，且低温状态持续好几天，鱼体将不会摄食，且受到冰冻的侵害，会造成水池鱼种大批量死亡。

三、澳洲龙纹斑越冬期间的管理工作

造成越冬期间澳洲龙纹斑死亡的因素多种多样，上面两点是其死亡的主要原因。当然还有一些原因也会造成鱼种死亡。当冬天水位下降，水量少、缺氧，浮游生物量少。结冰水面透光性差，光合作用产生氧量不足，耗量大，造成缺氧死鱼。鱼类的规格小、体质差、肥满度不够，体内储存的脂肪等营养物质少，不足以越冬期的消耗。另外，鱼种在拉网时受伤及鱼病会造成鱼类越冬死亡。越冬期间忽视越冬管理，也容易造成鱼类死亡。因此，澳洲龙纹斑越冬期间的管理工作非常重要。

（一）保持水质，合理调节水质，保持鱼体健康

对于水质应根据实际情况采取相对应的措施来保证水质肥、活、爽、嫩，要常巡塘，早、中、晚定时巡塘。定期（根据实际情况，一般为5~7天）灌入新水，更换老水。换水的时候，应避免水温的急剧变化，换水温度差不能超过3℃。当有突发状况，如水质浑浊，发黄，发绿等，应及时采取措施，投放相应的调水药物，以控制水质变化。

（二）加强巡塘，发现异常情况，及时采取措施

越冬期间，应加强巡塘、巡池，关注天气预报，了解未来天气变化，根据节气和天气的变化提前采取相对应的措施。坚持测定水温，观察水温变化，观察鱼情，发现有异常的情况，要根据实际情况及时处理和解决。

（三）防治病害

在越冬过程中，由于越冬池的鱼种密度高，时间长，水质变化幅度大，而且鱼类活动频率下降，经常匍匐于池底，因此经常发生病虫害。鱼病是引起越冬死鱼的主要因素之一。鱼病往往不是由于越冬过程中发生的，而在越冬前就已发病。因此要提早防治鱼病，在饲养后期就应彻底治疗。

（四）保证水体中的溶解氧含量保持在较高的水平

保证水中溶解氧保持在较高的水平，防止鱼类出现浮头甚至泛池的情况发生。有时候，如在晴天中午、夜间发现缺氧的情况下，适当开动增氧机，但是由于开动增氧机会加强水体流动，导致水温下降，故应注意开动增氧机的时机，以防水温下降导致鱼体冻伤。必要时，必须加注新水，及时提高水中溶解氧和改善池中水质。

（五）适量投喂

适量投喂能够减少越冬池内由于剩饵和大量的粪便沉在池里面，导致剩饵和粪便被分解时，不仅消耗大量的氧气，而且会产生氨氮和亚硝酸盐，对越冬鱼种生存生长极为不利。所以，在进行投喂时应该分多次少量投喂，以不剩下饵料为宜。

（六）坚持排污工作

加强管理要经常去除池底污物，如果池底部没有排污设备，可用虹吸管原理吸出粪便、残饵等污物，定期换水。同时要保持越冬池的安静，尽量少惊吓越冬鱼类，以免使鱼类产生应激反应。另外，禁止禽、畜下池，消灭蛇、鳝等有害生物，防止鸟袭鱼，防偷防盗，确保澳洲龙纹斑有一个良好的越冬环境。

参考文献

常青等.2002.亲鱼营养的研究进展［J］.海洋水产研究，23（2）：65－71.

陈三木.2012.新吉富罗非鱼大规格越冬种规模化培育关键技术研究［J］.当代水产（7）：70－71.

郭忠宝等.2011.大规格罗非鱼种池塘围栏越冬技术［J］.南方农业学报，42（5）：552－555.

刘筠等.中国养殖鱼类繁殖生理学［M］.北京：农业出版社.

秦志清等.2014.福建省罗非鱼主要越冬模式［J］.科学养鱼（12）：21－23.

王吉桥等.2002.亲鱼营养状况对繁殖效果的影响［J］.现代渔业信息（1）：24－27.

王武等.2000.鱼类增养殖学［M］.北京：中国农业大学出版社.

肖登元等.2012.维生素在亲鱼营养中的研究进展［J］.动物营养学报，24（12）：2319－2325.

肖俊等.2013.罗非鱼钢丝大棚越冬试验［J］.当代水产（11）：75－76.

杨军等.2001.大规格吉富罗非鱼种塑料大棚越冬技术［J］.南方农业学报（8）：999－1002.

张国辉.2005.饲料蛋白质水平和维生素 E 对黄鳝繁殖性能影响研究［D］.武汉：华中农业大学.

张国辉等.2007.维生素 E 对黄鳝繁殖性能的影响［J］.水生生物学报，31（2）：196－200.

Dabrowski K，Ciereszko A.2001.Ascorbic acid and reproduction in fish：endocrine regulation and gamete quality［J］.Aquaculture Research，32（8）：623－638.

Emata A C，Borlongan I G，Damaso J.2000.Dietary vitamin C and E supplementation and reproduction of milkfish Chanos chanos Forsskal［J］.Aquaculture Research，31（7）：557－564.

Gunasekera R M，Lam T J.1997.Influence of dietary protein level on ovarian recrudescence in Nile tilapia，Oreochromis niloticus（L）［J］.Aquaculture，149（1）：57－69.

Gunasekera R M，Shim K F，Lam T J.1995.Effect of dietary protein level on puberty，oocyte growth and egg chemical composition in the tilapia，Oreochromis niloticus（L）

［J］. Aquaculture, 134 (1): 169 –183.

Izquierdo M, Fermandez-palacios H, Tacon A. 2001. Effect of broodstock nutrition on reproductive performance of fish ［J］. Aquaculture, 197 (1): 25 –42.

Lee K J, Dabrowski K. 2004. Long-term effects and interactions of dietary vitamins C and E on growth and reproduction of yellow perch, Perca flavescens ［J］. Aquaculture, 230 (1): 377 –389.

Soliman A K, Jauncey K, Roberts R J. 1986. The effect of dietary ascorbic acid supplementation on hatchability, survival rate and fry performance in Oreochromis mossambicus (Peters) ［J］. Aquaculture, 59 (3): 197 –208.

Watanabe T, Lee M, Mizutani J, *et al.* 1991. Effective components in cuttlefish meal and raw krill for improvement of quality of red seabream Pagrus major eggs ［EB］. Bulletin of the Japanese Society of Scientific Fisheries (Japan).

（罗土炎、刘洋、任丽花执笔）

第八章　澳洲龙纹斑养殖过程管理及其标准

编者根据多年的养殖经验，制定了澳洲龙纹斑繁育技术操作规程、饲料管理操作规程、安全用药操作规程、病害防治操作规程及养殖技术操作规程，并附上渔业标准，以供澳洲龙纹斑养殖企业参考。

第一节　企业操作规程

一、澳洲龙纹斑繁育技术操作规程

（1）服从部门领导指挥，认真完成本职工作，如实填写各项生产记录。

（2）鱼卵、鱼苗、亲鱼等须经过病原检测，入池前须经严格消毒，防止病原带入养殖场。

（3）根据养殖场负责人和技术人员的要求，遵守饲料管理制度领取当天的饲料、按推荐剂量灵活进行喂养，严禁投喂不鲜或变质饲料。

（4）每日注意观察鱼的活动情况和生长摄食情况，发现病害应及时采取隔离措施并及时汇报和送检，在技术人员的指导下合理使用药物，及时反映用药情况并做好记录，严禁使用违禁药品或乱投药。

（5）定期检测养殖用水，注意观察关注周边污染源，发现水源受到污染时应立即报告养殖场并采取有效措施，确保水质符合养殖要求。

（6）注重和保持养殖环境卫生，及时把死鱼、病鱼和生活垃圾集中起来进行无害化处理。

（7）做好值班和养殖场的安全保卫工作，保证养殖场水、电、气等设备的正常运行，防止外来人员投毒投害，防止有毒有害物质进入养殖场。

（8）注意安全养殖，不准酗酒、打架斗殴，不准拉帮结派，办公室及宿舍禁止吸烟，吸烟应远离易燃物品，注意保管、保养生产物资。

二、澳洲龙纹斑养殖饲料管理操作规程

（1）使用渔用配合饲料应符合《饲料和饲料添加剂管理条例》和《无公害食品渔用饲料安全限量》NY5072—2002）。鼓励使用配合饲料，限制直接投喂鲜（冻）饵料，鲜（冻）饵料使用前须经消毒，确保饵料无活体寄生虫。

（2）禁止使用无产品质量标准、无质量检验合格证、无生产许可证和产品批准文号的饲料、饲料添加剂。禁止使用变质和过期饲料。

（3）建立养殖场专用的饲料清单，对饲料供应商的生产许可证、批准文号、产品执行标准号、主要成分、使用说明、合格证和批次检验报告等资料进行查验确认，并复印保存。

（4）设立独立的饲料仓库，仓库应保持清洁、干燥、阴凉、通风、并有防虫鼠、防潮等措施。库内禁止放置任何药品和有害物质，饲料必须隔墙离地分品种存放。

（5）配有专门的仓库保管员。仓库保管员应具有一定的饲料保存知识，认真填写饲料仓库登记表，记录购入、领用饲料的时间和数量等信息。

（6）由技术人员根据实际情况进行饲料调配，建立饲料使用记录，内容包括饲料投喂时间、品牌、用量、残饵量、动物摄食情况等。

三、澳洲龙纹斑养殖安全用药操作规程

（1）渔药使用应当符合《无公害食品 渔药使用准则》（NY5071—20020），使用药物的养殖水产品在休药期内不得用于人类食品消费。

（2）建立完整的药品购进记录。记录内容包括：药品的品名、剂量、规格、有效期、生产厂商、供货单位、购进数量、购货日期等。

（3）禁止使用假、劣兽药及农业部规定禁止使用的药品、其他化合物和生物剂。原料药不能直接用于水产养殖。

（4）设立独立的药物仓库，各类品种分开存放。仓库要求阴凉、通风、干燥、洁净，防止高温、受潮对渔药的影响。

（5）应配备专门的仓库保管员，保管员要掌握一定的渔药知识，认真做好渔药入库登记和查验。

（6）建立渔药出入库登记表，记录购入渔药的生产许可证、批准文号、产品执行批准号、时间、数量及领用时间和数量。不得使用过期、变质的渔药。

（7）由专门负责渔药使用，并做好水产养殖用药记录，详细记载病害发生情况及用药品种、时间、剂量和防治方法。按照水产养殖用药使用说明的要求或在水生生物病害防治员的指导下科学用药。

（8）配合渔业行政主管部门组织的药物残留抽样检测。

四、澳洲龙纹斑养殖病害防治操作规程

（一）水霉病

诊断方法：病鱼发病早期肉眼不易察觉，随着水霉菌在伤口处大量繁殖，外菌丝会形成形似灰白色棉絮。

预防措施：①清除池底过多淤泥及腐烂物质，使用生石灰彻底清塘，保持水质优良和养殖环境清洁。②在放养、捕捞、运输过程中，仔细操作，避免鱼体受伤。③及时清除死掉的鱼卵及鱼尸体。

治疗方案：①使用食盐和小苏打混合液 400mg/L 水体全池泼洒；新洁尔灭 5mg/L 水体全池泼洒；水霉净（水杨酸）0.3mg/L 水体全池泼洒，每天 1 次，连用 3 次。②在上述药剂处理的同时，在投喂的饲料中添加适量抗菌类药物，连续投喂 5～7d，以防继发细菌感染。水霉病一旦发生，很难治疗，所以要以预防为主，防治结合。

（二）车轮虫病

诊断方法：①目检：鱼成群绕池狂游，呈"跑马"症状；昂头浮游，皮肤出现蓝灰色斑块；鱼体破烂不堪。②镜检：镜检确诊病原微生物。

预防措施：①彻底清塘，杀灭水体中和底泥中的病原。②鱼苗、鱼种下塘前使用 2%～3% 食盐溶液消毒 10～15min。

治疗方案：采用 0.05～0.1mg/L 的车轮净，药浴 16h，严重时重复药浴 16h，同时添加抗生素，如 0.5～1mg/L 的 10% 氟苯尼考药物制剂，预防细菌感染并发症发生。

（三）小瓜虫病

诊断方法：①目检：病鱼体表、鳍条、鳃上均发现有 0.5～1mm 的白色小点状突起，个别重度病鱼全身皮肤和鳍条布满白点，全身体表如同覆盖着一层白色薄膜，黏液增多，体色暗淡无光。病鱼消瘦，多漂浮于水面不游动或缓慢游动。病鱼经常呈浮头状漂浮于水面。②镜检：用载玻片刮取病鱼尾鳍或体表白点涂片，可发现小瓜虫成虫在活动。

预防措施：采用生石灰清塘、鱼种消毒、合理放养等措施防止小瓜虫病的发生与传播。

治疗方案：①根据小瓜虫的生活史（一半的时间处于营养体状态），通过调节水体温度来调节小瓜虫的生长周期，可进行有效治疗。②用 1~3mg/L 的戊二醛和 1~2mg/L 的鱼康乐浸泡病鱼 5 天即可杀灭小瓜虫，感染严重时注意添加抗生素，如 0.5~1mg/L 的 10% 氟苯尼考药物制剂，预防细菌并发症发生。

（四）斜管虫病

诊断方法：①目检：斜管虫寄生在鱼的鳃及皮肤上，大量寄生时可引起黏液增多、呼吸困难、游动缓慢而死。常在鳃上与其他寄生虫病并发。②镜检：必须用显微镜进行检查确诊。

预防措施：放养前用生石灰彻底清塘。鱼种放养前用 3%~4% 的食盐溶液浸浴 5min。保持水质良好。

治疗方案：使用 1~3mg/L 的戊二醛和 1~2mg/L 的鱼康乐浸泡 2 天即可杀灭斜管虫。

（五）盾纤毛虫病

诊断方法：①目检：病鱼发病初期出现口唇部、鳃盖、鳍边缘发白的症状，严重者出现体表溃烂和充血，眼睛充血和皮下肌肉组织溃疡。②剖检：发现腹腔积水，肝脏充血，脾脏花状，肾脏暗红，肠中有大量黄色黏液。③镜检：确认盾纤毛虫病。

预防措施：盾纤毛虫感染目前还没有很好的治疗方法，预防措施为彻底清塘，保持水质良好。放养密度不宜过大，4~6cm 的鱼苗，每立方水体放养量不超过 200 尾。调节水质，定期泼洒益生微生物。

治疗方案：用鱼康乐拌料口服（0.5~1 g/kg），连用 5 天，对盾纤毛虫防治有一定的效果。

（六）聚缩虫病

诊断方法：①目检：病鱼食欲减退，甚至拒食，行动迟钝，病鱼常聚集到池壁或固定物摩擦体表，体表黏液增多。发病初期体表、尾鳍或背鳍边缘出现发白的斑点，有絮状物附着，严重者出现背鳍和尾鳍隆起，充血和溃烂。②镜检：确认聚缩虫病。

预防措施：①保持水质良好。定期使用含氯消毒剂进行水体消毒。饵料中定期添加维生素 C、电解多维和免疫多糖，提高鱼体的免疫力。②放养前用生石灰彻底清塘。鱼种放养前用 3%~4% 的食盐溶液浸浴 5min。

治疗方案：使用 0.05~0.1mg/L 的水体纤虫净能有效将其杀灭。

（七）细菌性烂鳃病

诊断方法：①目检：单独在池边或池角游动，体色加深，胸鳍基部充血；病鱼鳃丝腐烂带有污泥，不易洗去，鳃盖骨的内表皮往往充血，中间部分的表皮常腐蚀成一个圆形不规则的透明小窗（俗称开天窗）。②镜检：病变区域的细胞组织呈现不同程度的腐烂、溃烂和"侵蚀性"出血等症状。

预防措施：①保持池塘养殖水良好状况，合理投料，确保饲料中不含有病原菌。②及时排污换水，定期使用底质改良剂、EM 菌等微生态制剂调节池塘水质。③在疾病流行季节，可用生石灰彻底清塘消毒，或用 15～20mg/L 的生石灰全池泼洒进行预防，每隔 10d 使用 1 次。

治疗方案：① 0.5～1.0mg/L 苯扎溴铵水溶液全池泼洒，2～3d 使用 1 次，连用 2～3 次。② 0.8～1.5mg/L 的聚维酮碘水溶液全池泼洒。③拌料投喂 1～2 g/kg 的抗菌药物土霉素或 10% 2～3 g/kg 的氟苯尼考，连喂 5～7 d。

（八）细菌性烂尾病

诊断方法：烂尾病发病早期鱼尾柄处苍白，黏液流失，尾鳍慢慢被蛀蚀，然后尾柄尾鳍处充血，尾鳍鳍条开始溃烂。严重时鱼尾尾鳍大部分或全部断裂，尾柄肌肉出血、溃烂，骨骼外露。

预防措施：①保持池塘良好水质，养殖过程细心操作，尽量避免鱼体受伤，定期水体消毒。②鱼苗、鱼种下塘前使用 2%～3% 的食盐溶液或 8～10mg/L 高锰酸钾水溶液浸洗 10～15min 进行鱼体消毒。

治疗方案：用 1% 高碘酸钠溶液 1.5～2.0mg/L 水体全池泼洒，2～3d 使用 1 次，连用 2 次；内服抗菌药物盐酸土霉素 1～2 g/kg 饲料投喂。

（九）病毒性疾病

诊断方法：①目检：食欲不振，昏睡，感染后 4～7d 死亡。②镜检：病鱼的脾脏，造血组织，鳃组织和心脏组织内发现嗜碱性溶血颗粒。

预防措施：切断虹彩病毒和流行性造血器官坏死病毒（EHNV）的来源，新购买的鱼苗先放到养殖池养殖 10 天左右，确保没有感染后转移到精养池。

治疗方案：一旦发现有鱼苗出现类似的症状，立刻根据鱼苗的大小调节水体温度，尽量避免鱼苗的大量死亡。

五、澳洲龙纹斑无公害养殖技术操作规程

（一）环境条件

水源充足，排灌方便，保证"三通"（通电、通车、通讯）；远离工业"三废"和城市生活垃圾等对渔业水质构成威胁的污染区；设置垃圾废物收集桶，定时清理；养殖

场内不得养禽畜；建立生产、用药和用料等制度。

（二）养殖池

通风向阳，池形整齐，规格为正方形，水泥池面积 $300 \sim 600m^2$，池顶用为黑色遮阳塑料大棚。每个生产周期，在放鱼入池前，清洗池底和池壁，并用浓度为 $1 \sim 3g/t$ 水的高锰酸钾水溶液均匀泼洒池底和池壁，进行消毒一天，第二天换水清池，清池后放水 $0.8 \sim 1.0m$。

（三）水质

符合国家渔业水质标准，要求水体无异色、异臭和异味，酸碱度在 $6.5 \sim 8.0$，溶氧在 $5mg/L$ 以上，总氨氮低于 $0.5mg/L$，亚硝态氮低于 $0.01mg/L$，透明度在 $25 \sim 35cm$。

水质调控：通过科学使用增氧机，及时排污和注换新水等措施改善水质。

（四）苗种

选购外表正常、无病状、游动活泼、规格一致的优质苗种，购买前应细心检查，合格后方可放养；投放前应进行苗种常规消毒。

（五）饲料

不使用无产品质量标准、无质量检验合格证、无生产许可证和产品批准文号的饲料及添加剂；不使用变质和过期的配合饲料；鲜活饲料鱼必须无病虫、无损伤，投放前进行常规消毒。

合理投饲：采用"定时、定点、定质、定量"的方法，以投喂具有质量保证的配合饲料为主，投喂量随鱼的生长、天气、水质情况适当增减。

（六）药物

严禁使用国家明令禁止使用的药物。使用的水产养殖用药应保证"四证"齐全（国家兽药 GMP 认证、渔药登记证、渔药生产许可证、执行标准号），并按照规定的用法用量科学使用，遵守休药期。

（七）病害防治

坚持"以防为主，防治结合"的原则，要做好苗种入塘前后、渔具以及高温季节的常规消毒。发现病鱼或死鱼要及时捞起，经技术员检测确定病因或死因后消毒并深埋泥土中。

（八）生产记录

做好《水产养殖生产记录》：记录养殖种类、苗种来源及生长情况、饲料来源及投喂情况、水质变化等内容；《水产养殖用药记录》：记录病害发生情况，主要症状，用药名称、时间、用量等内容。生产记录应当保存至该批水产品全部销售后 2 年以上。

（九）起捕运输

核对休药期，确保上市食用鱼的药物残留限量符合《无公害食品 水产品中渔药残留限量》的要求；起捕前 15 天内，不得使用化学药物；起捕前 1～2 天，停止投料。

活鱼运输用水要求清洁无污染，水温适宜，中途换水量不超过 2/3，温差不超过 5℃；运输密度合理，尽量在适当低温下运输，配备增氧设备和增氧剂，不得使用抗生素或孔雀石绿等国家明令禁止使用的药物。

（十）养殖废水

为保护养殖环境和防止病害交叉感染，养殖废水须经消毒药物处理后方可排放。

第二节 渔业标准

一、渔业水质标准

为贯彻执行中华人民共和国《环境保护法》《水污染防治法》和《海洋环境保护法》《渔业法》，防止和控制渔业水域水质污染，保证鱼、贝、藻类正常生长、繁殖和水产品的质量，特制订本标准。

（一）主题内容与适用范围

本标准适用鱼虾类的产卵场、索饵、越冬场、洄游通道和水产增养殖区等海、淡水的渔业水域。

（二）引用标准

生活饮用水检测标准

（三）渔业水质要求

（1）渔业水域的水质，应符合渔业水质标准（表 8－1）。

表 8－1 渔业水质标准 （mg/L）

序号	项目	标准值
1	色、臭、味	不得使鱼、虾、贝、藻类带有异色、异臭、异味
2	漂浮物质	水面不得出现明显油膜或浮沫
3	悬浮物质	人为增加的量不得超过 10，而且悬浮物质沉积于底部后，不得对鱼、虾、贝类产生有害的影响
4	pH 值	淡水 6.5～8.5，海水 7.0～8.5

（续表）

序号	项目	标准值
5	溶解氧	连续24h中，16h以上必须大于5，其余任何时候不得低于3，对于鲑科鱼类栖息水域冰封期其余任何时候不得低于4
6	生化需氧量（五、20℃）	不超过5，冰封期不超过3
7	总大肠菌群	不超过5 000 个/L（贝类养殖水质不超过500 个/L）
8	汞	≤0.0005
9	镉	≤0.005
10	铅	≤0.05
11	铬	≤0.1
12	铜	≤0.01
13	锌	≤0.1
14	镍	≤0.05
15	砷	≤0.05
16	氰化物	≤0.005
17	硫化物	≤0.2
18	氟化物（以 F⁻ 计）	≤1
19	非离子氨	≤0.02
20	凯氏氮	≤0.05
21	挥发性酚	≤0.005
22	黄磷	≤0.001
23	石油类	≤0.05
24	丙烯腈	≤0.5
25	丙烯醛	≤0.02
26	六六六（丙体）	≤0.002
27	滴滴涕	≤0.001
28	马拉硫磷	≤0.005
29	五氯酚钠	≤0.01
30	乐果	≤0.1
31	甲胺磷	≤1
32	甲基对硫磷	≤0.0005
33	呋喃丹	≤0.01

（2）各项标准数值系指单项测定最高允许值。

（3）标准值单项超标，即表明不能保证鱼、虾、贝正常生长繁殖，并产生危害，危害程度应参考背景值、渔业环境的调查数据及有关渔业水质基准资料进行综合评价。

（四）渔业水质保护

（1）任何企、事业单位和个体经营者排放的工业废水、生活污水和有害废弃物，必须采取有效措施，保证最近渔业水域的水质符合本标准。

（2）未经处理的工业废水、生活污水和有害废弃物严禁直接排入鱼、虾类的产卵场、索饵场、越冬场和鱼、虾、贝、藻类的养殖场及珍贵水生动物保护区。

（3）严禁向渔业水域排放含病源体的污水；如需排放此类污水，必须经过处理和严格消毒。

（五）标准实施

（1）本标准由各级渔政监督管理部门负责监督与实施，监督实施情况，定期报告同级人民政府环境保护部门。

（2）在执行国家有关污染物排放标准中，如不能满足地方渔业水质要求时，省、自治区、直辖市人民政府可制定严于国家有关污染排放标准的地方污染物排放标准，以保证渔业水质的要求，并报国务院环境保护部门和渔业行政主管部门备案。

（3）本标准以外的项目，若对渔业构成明显危害时，省级渔政监督管理部门应组织有关单位制订地方补充渔业水质标准，报省级人民政府批准，并报国务院环境保护部门和渔业行政主管部门备案。

（4）排污口所在水域形成的混合区不得影响鱼类洄游通道。

（六）水质监测

（1）本标准各项目的监测要求，按规定分析方法（见表8-2）进行监测。

（2）渔业水域的水质监测工作，由各级渔政监督管理部门组织渔业环境监测站负责执行，渔业水质分析方法见表8-2。

表8-2　渔业水质分析方法

序号	项目	测定方法	试验方法标准编号
3	悬浮物质	重量法	GB11901
4	pH 值	玻璃电极法	GB6920
5	溶解氧	碘量法	GB7489
6	生化需氧量	稀释与接种法	GB7488
7	总大肠菌群	多管发酵法滤膜法	GB5750
8	汞	冷原子吸收分光光度法	GB7468
		高锰酸钾—过硫酸钾消解　双解腙分光光度法	GB7469
9	镉	原子吸收分光光度法	GB7475
		双硫腙分光光度法	GB7471

（续表）

序号	项目	测定方法	试验方法标准编号
10	铅	原子吸收分光光度法 双硫腙分光光度法	GB7475 GB7470
11	铬	二苯碳酰二肼分光光度法（高锰酸钾氧化）	GB7467
12	铜	原子吸收分光光度法 二乙基二硫代氨基甲酸钠分光光度法	GB7475 GB7474
13	锌	原子吸收分光光度法 双硫腙分光光度法	GB7475 GB7472
14	镍	火焰原子分光光度法 丁二铜分光光度法	GB11912 GB11910
15	砷	二乙基二硫代氨基甲酸银分光光度法	GB7485
16	氰化物	异烟酸—吡啶啉酮比色法 吡啶—巴比妥酸比色法	GB7486
17	硫化物	对二甲氨基苯胺分光光度法[1]	
18	氟化物	茜素磺酸锆目视比色法 离子选择电极法	GB7482 GB7484
19	非离子氨[2]	钠式试剂比色法 水杨酸分光光度法	GB7479 GB7481
20	凯氏氮		GB11891
21	挥发性酚	蒸溜后4-氨基安替比林分光光度法	GB7490
22	黄磷		
23	石油类	紫外分光光度法[1]	
24	丙烯腈	高锰酸钾转化法[1]	
25	丙烯醛	4-己基间苯二酚分光光度法[1]	
26	六六六（丙体）	气相色谱法	GB7492
27	滴滴涕	气相色谱法	GB7492
28	马拉硫磷	气相色谱法[1]	
29	五氯酚钠	气相色谱法 红藏济分光光度法	GB8972 GB9803
30	乐果	气相色谱法[3]	
31	甲胺磷		
32	甲基对硫磷	气相色谱法[3]	
33	呋喃丹		

二、水质的检测方法

（一）总氮的测定（碱性过硫酸钾消解紫外分光光度法）

1. 方法原理

在60℃以上水溶液中，过硫酸钾可分解产生硫酸氢钾和原子态氧，硫酸氢钾在溶液中离解而产生氢离子，故在氢氧化钠的碱性介质中可促使分解过程趋于完全。

分解出的原子态氢在120～124℃条件下，可使水样中含氮化合物的氮元素转化为硝酸盐，并且在此过程中有机物同时被氧化分解，可用紫外分光光度法于波长220m和275nm，分别测出吸光度。

2. 仪器与设备

紫外分光光度计及10mm石英比色皿。

医用手提式蒸气灭菌器或家用压力锅（压力在1.1～1.4kg/cm²），锅内温度相当于120～124℃。

具玻璃磨口塞比色管。

3. 试　剂

（1）氢氧化钠溶液（200g/L）：称取20g氢氧化钠（NaOH），溶于水中，稀释至100mL。氢氧化钠溶液（20g/L）：将上述的溶液稀释10倍。盐酸溶液（1+9）：1份体积盐酸加入9份体积水。

（2）碱性过硫酸钾溶液：称取40g过硫酸钾（$K_2S_2O_8$），另称取15g氢氧化钠，溶于水中，稀释至1 000mL，溶液存放在聚乙烯瓶内，最长可储存一周。

（3）标准溶液：硝酸钾溶液。

A储备液：C（KNO_3）=100mg/L。硝酸钾（KNO_3）在105～110℃烘箱中干燥3h，在干燥器中冷却后，称取0.7218g，溶于水中，转至1 000mL的容量瓶中，用水稀释至标线在0～10℃暗处保存，或加入1～2mL三氯甲烷保持，可稳定6个月。

B工作液：C（KNO_3）=10mg/L。将A储备液稀释10倍为B工作液。

4. 分析步骤

（1）样品前处理。步骤如下。

a. 用无分度吸管取10.0mL试样，置于比色管中。

试样不含悬浮物时，按下述步骤进行。

加入5mL碱性过硫酸钾溶液，塞紧磨口塞用布及等方法扎紧瓶塞，以防弹出。

将比色管置于医用手提蒸气灭菌器中，加热，使压力表指针到1.1～1.4kg/cm²，此时温度达120～124℃后开始计时，或将比色管置于家用压力锅中，加热至顶压阀吹气开始计时。保持此温度加热半小时。冷却、开阀放气，移去外盖，取出比色管并冷却室温。

b. 加盐酸（1+9）1mL，用无氨水稀释至25mL标线，混匀。

（2）测定。步骤如下。

a. 移取部分溶液至 10mm，石英比色皿中，在紫外分光光度计上，以无氨水作参比，分别在波长为 220nm 和 275nm 处测定吸光度。

b. 空白试验：以 10mL 水代替试料外，采用与测定完全相同的试剂，用量和分析步骤进行平行操作。

c. 标准曲线绘制：用吸管向一组比色管中，分别加入硝酸盐氮标准使用溶液 0、0.40、0.80、1.60、2.00、3.00 置 25mL 比色管中，加水稀释至 10.00mL。按上述步骤进行测定，于波长 220 和 275nm 处进行测定吸光度。由测得的吸光度，减去零浓度空白管的吸光度后，得到校正吸光度，绘制以总氮含量（mg）对校正吸光度的标准曲线。

5. 结果计算

计算公式：$C_N = \dfrac{m}{V}$

式中：m—试样测出含氮量，μg；V—测定用试样体积，mL。

（二）氨氮的测定（纳氏比色法）

1. 方法原理

以游离态的氨或铵离子等形式存在的氨氮与纳氏试剂反应生成黄棕色络合物，该络合物的色度与氨氮的含量成正比，用分光光度法测定。

2. 仪器与设备

（1）分光光度计。

（2）50mL 具塞比色管。

3. 试　剂

试剂用水均应为无氨水。可用一般纯水通过强酸性阳离子交换树脂或加硫酸和高锰酸钾后制得。

（1）1mol/L 氢氧化钠溶液。

（2）吸收液。

10% 硫酸锌溶液：称取 10g 的硫酸锌，溶于水中，冷却至室温，稀释至 100mL。

0.35% 硫代硫酸钠：称取 3.5g 硫代硫酸钠，溶于水中，冷却至室温，稀释至 1 000mL。

（3）纳氏试剂。称取 15g 氢氧化钠，溶于 50mL 水中，充分冷却至室温。另称取 5g 碘化钾溶于 10mL 水中，加入 2.5g（$HgCl_2$）使溶液饱和状态，然后将此溶液在搅拌下徐徐注入氢氧化钠溶液中。用水稀释至 100mL，贮于聚乙烯瓶中，密塞保存。

（4）酒石酸钾钠溶液。称取 50g 酒石酸钾钠（$KNaC_4H_4O_6 \cdot 4H_2O$）溶于 100mL 水

中加热煮沸以除去氨，放冷，定容至100mL。

（5）铵标准贮备溶液（1 000μg/mL）。称取3.819g经100℃干燥过的氯化铵（NH₄Cl）溶于水中，移入1 000mL容量瓶中，稀释至标线。此溶液每mL含1.00mg氨氮。

（6）铵标准使用溶液（5μg/mL）。移取0.500mL铵标准贮备液于100mL容量瓶中，用水稀释至标线。此溶液每mL含5μg氨氮。

淀粉—碘化钾试纸。称取1.5g可溶性淀粉于烧杯中，用少量水调成糊状，加入200mL沸水，搅拌混匀放冷。加0.5g碘化钾和0.5g碳酸钠，用水稀释至250mL。将滤纸条浸渍后，取出晾干，装棕色瓶中密封保存。

4. 测定步骤

（1）水样预处理。样品中含有悬浮物、余氯、钙镁等金属离子、硫化物和有机物时，对比色测定有干扰，处理方法如下。

a. 除余氯：加入适量的硫代硫酸钠溶液，每0.5mL可除去0.25mg余氯。也可用淀粉—碘化钾试纸检验是否除尽余氯。

b. 凝聚沉淀：100mL样品中加入1mL硫酸锌溶液和0.1~0.2mL氢氧化钠溶液，调节pH值约为10.5，混匀，放置使之沉淀，倾取上清液作试份。必要时，用经水洗过的中速滤纸过滤，弃去初滤液20mL。

c. 络合掩蔽：加入酒石酸钾钠溶液，可消除钙镁等金属离子的干扰。

（2）标准曲线的绘制。吸取0.00、0.50、1.00、2.00、4.00、5.00mL铵标准使用液于25mL比色管中，加水至标线，加0.5mL酒石酸钾钠溶液，混匀。加0.5mL纳氏试剂，混匀。放置10min后，在波长420nm处，用光程20mm比色皿，以水为参比，测定吸光度。由测得的吸光度，减去零浓度空白管的吸光度后，得到校正吸光度，绘制以氨氮含量（mg）对校正吸光度的标准曲线。

（3）水样的测定。分取25mL的水样（使氨氮含量不超过0.1mg）置25mL比色管中，稀释至标线，加0.50mL酒石酸钾钠溶液，混匀。加0.5mL的纳氏试剂，混匀，放置10min，测定。

（4）空白试验。以无氨水代替水样，作全程序空白测定。

（5）计算。由水样测得的吸光度减去空白实验的吸光度后，从标准曲线上查得氨氮含量（mg）。

$$氨氮（N, mg/L）= m × 1 000 / V$$

式中：m—由校准曲线查得样品的氨氮含量（mg）；V—水样体积（mL）。

（6）注意事项。a. 纳氏试剂中碘化汞与碘化钾的比例，对显色反应的灵敏度有较大影响。静置后生成的沉淀应除去。b. 滤纸中常含痕量铵盐，使用时注意用无氨水洗涤。所用玻璃器皿应避免实验室空气中氨的沾污。

（三）硝酸盐氮的测定

1. 酚二磺酸分光光度法

（1）方法原理。硝酸盐在无水情况下与酚二磺酸反应，生成硝基二磺酸酚，在碱性溶液中，生成黄色化合物，于 410nm 波长处进行分光光度测定。

（2）仪器与设备。具塞比色管，50mL。分光光度计：适应于测量波长 410nm，并配有光程 10mm 和 30mm 的比色皿。

蒸发皿：75～100mL 容量。

（3）试剂。所需试剂及规格如下。

a. 硫酸：$P = 1.84g/mL$。

b. 发烟硫酸（$H_2SO_4 \cdot SO_3$）：含 13% 三氯化硫（SO_3）。

c. 氨水（$NH_3 \cdot H_2O$）：$p = 0.90g/L$。

d. 硫酸银溶液：0.5mol/L。

e. 氢氧化钠溶液：0.1mol/L。

f. 酚二磺酸（$C_6H_3(OH)(SO_3H)_2$）：称取 25g 苯酚置于 500mL 锥形瓶中，150mL 硫酸使之溶解，再加 75mL 发烟硫酸充分混合。瓶口插一小漏斗，置瓶于沸水浴加热 2h，得淡棕色稠液，贮于棕色瓶中，密塞保存。

g. 硝酸盐氮标准贮备液 $C_N = 100mg/L$：将 0.721 8g 经 105～110℃ 干燥 2h 的硝酸钾（KNO_3）溶于水中，移入 1 000mL 容量瓶瓶，用水稀释至标线，混匀，加 2mL 氯仿作保持剂，至少可稳定 6 个月。

h. 硝酸盐氮标准工作液 $C_N = 10.0mg/L$：吸取 50.0mL 硝酸盐氮标准贮备液，置蒸发皿内，加氢氧化钠溶液，pH 值调至为 8，在水浴上蒸发至干。加 2mL 酚二磺酸试剂，用玻璃棒研磨蒸发皿内壁，使残渣与试剂充分接触，放置片刻，重复研磨一次，放置 10min。加入少量水，定量移入 500mL 容量瓶中，加水至标线，混匀。贮于棕色瓶中，此溶液至少可稳定 6 个月。

i. EDTA 二钠盐溶液：称取 50gEDTA 二钠盐的二水合物（$C_{10}H_{14}N_2 \cdot H_2O$），溶于 20mL 水中，使调成糊状，加入 60mL 氨水充分混合，使之溶解。

j. 氢氧化铝悬浮液：称取 125g 硫酸铝钾（$(KAlSO_4)_2 \cdot 12H_2O$）或硫酸铝铵（$(NH_4AlSO_4)_2 \cdot 2H_2O$）溶于 1 L 水中，加热到 60℃，在不断搅拌下徐徐加入 55mL 氨

水，使生成氢氧化铝沉淀，充分搅拌后静置，弃去上清液，反复用水洗涤沉淀直至倾出液无氯离子和铵盐，使用前摇均匀。

k. 高锰酸钾溶液：1.6g/L。

（4）分析步骤。包括样品前处理、测定和标准曲线绘制等三大步骤。

a. 样品前处理

主要是干扰因素的排除。

带色物质：取 100mL 试验水移入 100mL 具塞量筒中，加 2mL 氢氧化铝悬浮液，密塞充分振摇，静置数分钟澄清后，过滤，弃去最初滤液的 20mL。

氯离子：取 100mL 试样移 100mL 具塞量筒中，根据已测定的氯离子含量，加入相当量的硫酸银溶液，充分混合，在暗处放置 30min，使氯化银沉淀凝聚，然后用慢速滤纸过滤，弃去最初滤液 20mL。

亚硝酸盐：当亚硝酸盐氮含量超过 0.2mg/L 时，可取 100mL 试样，加 1mL 硫酸溶液，混匀后，滴加高锰酸钾溶液，至淡红色保持 15min 不褪色为止，使亚硝酸盐氧化为硝酸盐，最后从硝酸盐氮测定结果中减去亚硝酸盐氮含量。

b. 测定

蒸发：取 50.0mL 试样放入蒸发皿中，用 pH 试纸检查，必要时用硫酸溶液或氢氧化钠溶液调至微碱性，至水浴上蒸发至干。

硝化反应：加 1.00mL 酚二磺酸试剂，用玻璃棒研磨，使试剂与蒸发皿内残渣充分接触，放置片刻，再研磨一次，放置 10min，加入约 10mL 水。

显色：在搅拌下加 3~4mL 氨水，使溶液呈现最深的颜色。如沉淀产生，过滤，或滴加 EDTA 二钠溶液，并搅拌至沉淀溶解。将溶液移入比色管中，用水稀释至标线，混匀。

分光光度测定：于 410nm 波长，选用合适光程的比色皿，以水为参比，测量溶液的吸光度。

空白试验：取 50mL 水，以与试样测定完全相同的步骤、试剂和用量，进行平行操作。

c. 标准曲线绘制

用分度管向一组 10 支 50mL 比色管中，分别加入 0，0.10，0.30，0.50，0.70，1.00，3.00，5.00，7.00，10.0mL，硝酸盐氮标准溶液，加 3mL 氨水使成碱性，再加水至标线，混匀。以吸光度（A）对硝酸盐氮含量（μg）绘制标准曲线。

（5）结果计算。相关计算公式如下。

试样中硝酸盐氮的吸光度 A 用下式计算：

$$A = As - A_b$$

As—试样溶液的吸光度；

A_b—空白试验溶液的吸光度；

硝酸盐氮含量 C_N，mg/L 表示。

未经去除离子的试样，按下式计算：

$$C_N = \frac{m}{V} \times 1\,000$$

式中：m—硝酸盐氮质量，mg，由 A 值和相应比色皿光程标准曲线确定；

V—试样体积，mL；

1 000—换算为每升试样。

经去除氯离子的试样，按下式计算：

$$C_N = \frac{m}{V} \times 1000 \times \frac{V_1 + V_2}{V_1}$$

式中：V_1—供去氯离子的试样取用量，mL；V_2—硫酸银溶液加入量，mL。

2. 紫外分光光度法

（1）方法原理。利用硝酸根离子在 220nm 波长处的吸收而定量测定硝酸盐氮。溶解的有机物在 220nm 处也会有吸收，而硝酸根离子在 275nm 处没有吸收。因此，在 275nm 处作另一次测量，以校正硝酸盐氮值。

（2）仪器与设备。包括具塞比色管和紫外分光光度计。

具塞比色管：50mL。

紫外分光光度计：适用于测量波长 220nm、275 nm，并配有光程 10mm 石英比色皿。

（3）试剂。所需试剂如下。

a. 盐酸：c（HCl）1mol/L。

b. 0.8% 氨基磺酸溶液：避光保存于冰箱中，使用前配制。

c. 硝酸盐氮标准贮备液：CN = 100mg/L。

将 0.721 8g 经 105～110℃ 干燥 2h 的硝酸钾（KNO_3）溶于水中，移入 1000mL 容量瓶，用水稀释至标线，混匀，加 2mL 氯仿作为保持剂，至少可放置 6 个月。

d. 硝酸盐氮标准工作液：CN = 25.0mg/L。

吸取 25.0mL 硝酸盐氮标准贮备液于 100mL 容量瓶中，加水至标线，混匀。贮于棕色瓶中，使用前配制。

e. 标准曲线配制：分别取工作液（$CN = 25.0 mg/L$）：0、0.4、0.8、1.6、2.0、3.0mL 于 50mL 比色管中，加入 1.0mLHCl，加入 0.1mL 氨基磺酸溶液摇匀。此标准曲线浓度为 0、0.2、0.4、0.8、1.0、1.5（μg/mL）。

（4）分析步骤。包括样品处理、测定、标准曲线绘制三大步骤。另外有空白试验。

a. 样品处理。取 50mL 水样于 50mL 比色管中，加入盐酸溶液 1.0mL（1mol/L），0.1mL 0.8% 氨基磺酸溶液摇匀比色。

b. 测定。

c. 标准曲线绘制：分别取工作液（$CN = 25. mg/L$）0、0.2、0.4、0.8、1.6、2.0、3.0mL 于 50mL 比色管中，加入 1.0mLHCl，加入 0.1mL 氨基磺酸溶液摇匀比色。其浓度分别为 0、0.2、0.4、0.8、1.0、1.5（μg/mL）硝酸盐氮。

用 10mm 石英比色皿，在 220m 和 275m 波长处，用新鲜去离子水 50mL 加 1mL 盐酸溶液为参比，测量吸光度。

d. 空白试验：取 50mL 水，以与试样测定完全相同的步骤、试剂和用量，进行平行操作。

（5）结果计算。计算公式如下。

硝酸盐氮的含量按下式计算：

$$A_{校} = A_{220} - 2A_{275}$$

式中：A_{220}—220nm 波长测得吸光度；A_{275}—275nm 波长测得吸光度；

求得吸光度的校正值（$A_{校}$）以后，从标准曲线中查得相应的硝酸盐氮量，即为水样测定结果（mg/L）。

水样若经稀释后测定，则结果应乘以稀释倍数。

$$C_N = \frac{m}{V} \times 1\ 000$$

式中：

m—硝酸盐氮质量，mg；

V—试样体积，mL。

（6）精密度和准确度。浓度为 1.80mg/L 硝酸盐氮的样品，实验室间总相对标准偏差为 5.1%；实验室内相对误差为 1.1%。

（四）水质亚硝酸盐的测定（分光光度法）

（1）方法原理。在磷酸介质中，pH 值为 1.8，试样中的亚硝酸根离子与 4-氨基苯磺酰胺（4-aminnobenzenesufonaminde）反应生成重氮盐，它再与 N-（1-萘基）-乙二胺二盐酸盐［N-（1-napHthyl-1，2'-diaminoethane dihydrochlo-ride）］偶联生成红色染料，在 540nm 波长处测定吸光度。如果使用光程长为 10cm 的比色皿，亚硝酸盐氮的浓度在 0.2mg/L 以内其呈色符合比尔定律。

（2）仪器与设备。分光光度计。所有玻璃器皿都应用 2mol/L 盐酸仔细洗净，然后用水彻底冲洗。

（3）试剂。所需试剂如下。

磷酸：15mol/L，$\rho = 1.70g/mL$。

硫酸：18mol/L，$\rho = 1.84 g/mL$。

磷酸：1+9 溶液（1.5mol/L）。

至少可保存 6 个月。

a. 显色剂。500mL 烧杯内置入 250mL 和 50mL 磷酸，加入 20.0g 4-氨基苯磺酰胺（$NH_2C_6H_4SO_2NH_2$），再将 1.00g N-（1-萘基）-乙二胺二盐酸盐（$C_{10}H_7NHC_2H_4NH_2 \cdot 2HCl$）溶于水中溶液中，转移至 500mL 容量瓶中，用水稀释至标线，摇匀。

此溶液贮存于棕色试剂瓶中，保持在 2~5℃ 温度下，至少可稳定一个月。

b. 亚硝酸盐氮溶液。储备液：C（$NaNO_2$）=250mg/L。

称取 1.232g 亚硝酸钠（$NaNO_2$），溶于 120mL 水中，定量转移至 1 000mL 容量瓶中，用水稀释至标线，摇匀。

本溶液贮存在棕色试剂瓶中，加入 1mL 氯仿，保存在 2~5℃ 温度下，至少一个月。

贮备溶液的标定：在 300mL 具塞锥形瓶中，移入高锰酸钾标准溶液 50.00mL、硫酸 5mL，用 50mL 无分度吸管，使下端插入高锰酸钾溶液液面下，加入亚硝酸盐氮标准贮备溶液 50.00mL，轻轻摇匀，置于水浴上加热至 70~80℃，按每次 10mL 的量加入足够的草酸钠标准溶液，使高锰酸钾标准溶液褪色并使用过量，记录草酸标准溶液用量 V_2，然后用高锰酸钾标准溶液滴定过量的草酸钠溶液，至溶液呈微红色，记录高锰酸钾标准溶液总用量 V_1。

再以 50mL 水代替硝酸氮标准贮备溶液，如以上操作，用草酸钠标准溶液标定高锰酸钾溶液的浓度 C_1。

按下式计算高锰酸钾标准溶液浓度 C_1（$1/5KMnO_4 mol/L$）：

$$C_1 = \frac{0.0500 \times V_4}{V_3}$$

式中：

V_3—滴定实验用水时加入高锰酸钾标准溶液总量，mL；

V_4—滴定实验用水加入草酸钠标准溶液总量，mL；

0.0500—草酸钠标准溶液浓度 C（$1/2Na_2C_2O_4$），mol/L。

按下式计算亚硝酸盐氮标准贮备溶液的浓度 C_N（mg/L）：

$$C_N = \frac{(V_1C_1 - 0.0500V_2) \times 7.00 \times 1\,000}{50.00} = 140V_1C_1 - 7.00V_2$$

式中：

V_1—滴定亚硝酸盐氮标准溶液时加入高锰酸钾标准溶液总量，mL；

C_1—经标定的高锰酸钾标准溶液的浓度，mol/L；

7.00—亚硝酸盐氮（1/2N）的摩尔质量；

50.00—亚硝酸盐氮标准贮备溶液取样量，mL；

0.0500—草酸钠标准溶液浓度 C（$1/2Na_2C_2O_4$），mol/L。

c. 亚硝酸盐氮中间标准工作液：CN=50.0mg/L。

取亚硝酸盐氮中间标准液 10.00mL 于 500mL 容量瓶内，水稀释至标线，摇匀。

d. 工作液：CN=1.00mg/L。

取亚硝酸盐氮中间标准工作液 10.00mL 于 500mL 容量瓶，水稀释至标线，摇匀。

e. 高锰酸钾标准溶液：C（$1/5KMnO_4$）=0.050mol/L

溶解 1.6g 高锰酸钾（$KMnO_4$）于 1.2L 水中，煮沸 0.5～1h，使体积减少到 1L 左右，放置过夜，用 G-3 号玻璃砂芯滤器过滤后，滤液贮存于棕色试剂避光保存。

f. 草酸钠标准溶液：C（$1/2\,Na_2C_2O_4$）=0.050mol/L。

溶解经 105℃烘干 2h 的优质纯无水草酸钠（$Na_2C_2O_4$）3.350 0 + 0.000 4g 于 750mL 水中，定量转移至 1 000mL 容量瓶中，用水稀释至标线，摇匀。

g. 酚酞指示剂：C=10g/L。

5g 酚酞溶于 95%（V/V）乙醇 50mL 中。

（4）分析步骤。分析步骤包括样品前处理、样品测定、标准曲线绘制和结果计算。

a. 样品前处理。取试样最大体积为 50.0mL，可测定亚硝酸盐氮浓度高至 0.20mg/L。浓度更高时，可相应用较少量的样品或将样品进行稀释后，再取样。

b. 样品测定。取 50mL 水样至 50mL 比色管中，加入显色剂 1.0mL，密塞，摇匀，静置，此时 pH 值应为 1.8±0.3。加入显色剂 20min 后，2h 以内，在 540nm 的最大吸收波长处，用光程长 10mm 的比色皿，以实验用水做参比，测量溶液吸光度。

空白试验：用50mL的实验用水代替试份。按上述步骤进行测定。

色度校正：如果实验室样品制备方法还具有颜色时，按上述方法，从试样中取相同体积的第二份试份，进行测定吸光度。只是不加显色剂，改加磷酸1.0mL。

c. 标准曲线绘制。在一组六个50mL比色管内，分别加入亚硝酸盐氮标准工作液0，0.50，1.00，1.50，2.00，2.50mL，用水稀释至标线，然后按上述步骤进行操作。

从测得的各溶液吸光度，减去空白试验吸光度，得校正吸光度Ar，绘制以氮含量（μg）对校正吸光度的校准曲线，亦可按线性回归方程的方法，计算校准曲线方程。

d. 结果计算。试样溶液吸光度的校正值A_r按下式计算：

$$Ar = As - Ab - Ac$$

式中：As—试样溶液测得吸光度；A_b—空白试验测得吸光度；Ac—色度校正测得吸光度。由校正吸光度Ar值，从校准曲线上查得相应的亚硝酸盐氮的含量m_N（μg）。

试样的亚硝酸盐氮浓度按下式计算：

$$C_N = \frac{m_N}{V}$$

式中：

C_N—亚硝酸盐氮浓度，mg/L；

m_N—相应于校正吸光度Ar的亚硝酸盐氮含量μg；

V—取试样体积，mL。试样体积为50mL时，结果以三位小数表示。

e. 精密度和准确度。实验室样品应用玻璃瓶或聚乙烯瓶采集，并在采集后尽快分析，不要超过24h。若需短期保存（1~2天），可以在每升实验室样品中加入40mg氯化汞，并保存于2~5℃温度中。

取平行双样测定结果的算术平均值为测定结果。

23个实验室测定亚硝酸盐氮浓度为7.46×10^{-2}mg/L的试样，重复性为1.1×10^{-3}mg/L，再现性为3.7×10^{-3}mg/L，加标百分回收率范围为96%~104%。

15个实验室测定亚硝酸盐氮浓度为6.19×10^{-2}mg/L的试样，重复性为2.0×10^{-3}mg/L，再现性为3.7×10^{-3}mg/L，加标回收率范围为93%~1.3%。

（五）总磷的测定（钼锑抗比色法）

（1）方法原理。水样在中性条件下，用过硫酸钾在（1.1~1.4kg/cm）压力下使试样消解，将所含磷全部氧化为正磷酸盐。在酸性介质中，正磷酸盐与钼酸铵、酒石酸锑钾反应，生成磷钼杂多酸，被还原剂抗坏血酸还原，生成蓝色络合物，通常称为磷钼蓝，于700nm波长处进行比色分析。

（2）仪器与设备。包括医用手提式蒸气消毒器或一般压力锅（1.1～1.4kg/cm²），分光光度计，50mL 具塞（磨口）比色管。

（3）试剂。所需试剂如下。

硫酸（H_2SO_4），密度为 1.84g/mL。

硝酸（HNO_3），密度为 1.4g/mL。

高氯酸（$HClO_4$），优级纯，密度为 1.68g/mL。

硫酸（H_2SO_4）. 1+1。

硫酸，C（$1/2H_2SO_4$）=1mol/L：将 27mL 硫酸加入到 973mL 水中。

氢氧化钠（NaOH），1mol/L 溶液：将 40g 氢氧化钠溶于水中并稀释至 1 000mL。

氢氧化钠（NaOH），6mol/L 溶液：将 240g 氢氧化钠溶于水并稀释至 1 000mL。

过硫酸钾溶液（50g/L）。

将 5g 过硫酸钾（$K_2S_2O_8$）溶解于水中，并稀释至 100mL。

a. 抗坏血酸溶液（100g/L）。溶解 10g 抗坏血酸（$C_6H_8O_6$）于水中，并稀释至 100mL。

此溶液存储于棕色的试剂瓶中，在冷处可稳定几周，如不变色可长时间使用。

b. 钼锑抗显色剂。溶解 13g 钼酸铵［（NH_4）$6Mo_7O_{24} \cdot 4H_2O$］于 100mL 水中。溶解 0.35g 酒石酸锑钾［$KSbC_4H_4O_7 \cdot 1/2H_2O$］于 100mL 水中。在不断搅拌下把钼酸铵溶液徐徐加到 300mL 硫酸中，加酒石酸锑钾溶液并且混合均匀。

此溶液保存于棕色试剂瓶中，在阴凉处可保存二个月。

浊度—色度补偿液：混合两个体积硫酸和一个体积抗坏血酸溶液。

c. 磷标准溶液

储备液：C（磷标准溶液）=50μg/mL。

称取 0.2197±0.001g 与 100℃干燥 2h 在干燥器中放冷的磷酸二氢钾（KH_2PO_4），用水溶解后转移至 1 000mL 容量瓶中，加入大约 800mL 水，加 5mL 硫酸用水稀释至标线并混匀。

工作液：C（磷标准使用溶液）=5 μg/mL。

取 10mL 的磷标准储备溶液转移至 100mL 容量瓶中，用水稀释至标线并混匀。

酚酞（10g/L）溶液：0.5g 酚酞溶于 50mL95%乙醇中。

（4）分析步骤。分析步骤包括样品前处理、样品测定、结果计算及精密度和准确度等。

a. 样品前处理

过硫酸钾消解：取水样 25mL，置 50mL 比色管中，加入 4mL 过硫酸钾溶液，将具塞刻度管的盖塞紧后，用一小块布和线将玻璃塞扎紧，放在大烧杯中置于高压蒸气锅中加热，压力达 1.1kg/cm²，相应温度为 120℃时，保持 30min 后，停止加热。待压力表读数降至零后，取出冷却。

发色：分别向各份消解中加入 1mL 抗坏血酸溶液混匀，30s 后加 2mL 钼锑抗显色剂充分混匀，加入纯水定容至 50mL。

b. 样品测定。在室温下放置 15min 后，使用光程为 30mm 的比色皿，在 700nm 波长下，以纯水做参比，测定吸光度。

空白试验：用纯水代替试样，并加入与测定时相同体积的试剂。

标准工作曲线绘制：取 5 支具塞比色管，分别加入 0.0，0.50，1.00，2.00，4.00mL 磷酸盐标准工作液，加水至 25mL，以下按上述样品测定步骤进行。以纯水做参比，测定吸光度。扣除空白试验的吸光度后，以对应磷标准的含量绘制工作曲线。

c. 结果计算

总磷含量以 C（mg/L）表示，按下式计算：

计算公式：$C = \dfrac{m}{V}$

m—试样测得含磷量，μg；

V—测定用试样体积，mL

d. 精密度和准确度。取 25mL 试样，本标准的最低检出浓度为 0.01mg/L，测定上限为 0.6mg/L。

13 个实验室测定含磷 2.06mg/L 的统一样品，重复性：实验室相对标准偏差为 0.75%。再现性：实验室间相对标准偏差为 1.5%。准确度：相对误差为 +1.9%。

6 个实验室测定含磷量 2.06mg/L 的统一样品，重复性：实验室相对标准偏差为 1.4%。再现性：实验室间相对标准偏差为 1.4%。准确度：相对误差为 1.9%。

（六）化学需氧量的测定（重铬酸钾法）

（1）方法原理。在强酸性溶液中，用一定量的重铬酸钾溶液氧化水样中的还原性物质，过量的重铬酸钾，用硫酸亚铁铵溶液回滴，根据用量算出水样中还原性物质消耗氧的量。

（2）仪器与设备。包括电热恒温烘干箱，酸式滴定管（25mL、50mL）。

（3）试剂。所需试剂如下。

a. 菲绕啉溶液

硫酸（H_2SO_4）：$\rho = 1.84$ g/mL，分析纯。

重铬酸钾溶液：

储备液：$C(1/6KCr_2O_7) = 0.250mol/L$。将重铬酸钾置于坩埚中，在 105℃下烘 2h，冷却后称取 12.258g 置于烧杯中加水搅拌溶解，稀释定容于 1 000mL 容量瓶中，溶液可稳定保存 6 个月。

工作液：$C(1/6K_2Cr_2O_7) = 0.0250mol/L$

将储备液稀释 10 倍为工作液。

b. 硫酸亚铁铵溶液

储备液：$C[(NH_4)Fe(SO_4)_2 \cdot 6H_2O] = 0.10mol/L$。称取 39g 硫酸亚铁铵 $[(NH_4)Fe(SO_4)_2 \cdot 6H_2O]$ 溶于水，加入 20mL 硫酸 $(H_2SO_4)：\rho = 1.84 g/mL$，冷却后定容于 1 000mL。每日临用前，需用重铬酸钾溶液（A）储备液准确标定硫酸亚铁铵溶液（A）储备液。

工作液：$C[(NH_4)Fe(SO_4)2.6H_2O] = 0.010mol/L$

将储备液稀释 10 倍为工作液。

c. 邻苯二甲酸氢钾标准溶液 $[C_6H_4(COOH)(COOK)]$：基准纯或优级纯。

COD 标准贮备液：COD 值 1 000mg/L。将邻苯二甲酸氢钾置于坩埚中，在 105℃下烘 2h，冷却后称取 0.425 1g 置于烧杯中加水搅拌溶解，稀释定容于 1 000mL 容量瓶中，稀释至标线，此溶液在 2~8℃下贮存，可稳定保存一个月。

d. 专用氧化剂。COD 值为 5~100mg/L：取标明 COD 值为 5~100mg/L 专用氧化剂整瓶与 500mL 烧杯中，先加入 200mL 水，再加入 100mL 硫酸（$\rho = 1.84 g/mL$），冷却，定容至标线，摇匀备用。

e. 专用复合催化剂（贮备液）。取专用催化剂整瓶与 500mL 硫酸（$\rho = 1.84 g/mL$）中，摇匀放置 1~2 天，使其完全溶解。置阴暗处存放。

f. 专用复合催化剂（使用液）。取专用复合催化剂（贮备液）100mL，再加入 400mL 硫酸（$\rho = 1.84g/mL$），冷却，摇匀备用。

（4）分析步骤。包括样品前处理、样品测定、结果计算、方法精密度等。

a. 样品前处理。于 25mL 比色管中加入 5.00mL 试样，加入 1.50mL 氧化剂，6.0mL 催化剂，盖上比色管盖子，轻轻摇匀，置电热恒温烘干箱中，于 150℃消解 2h，冷却后取出。

b. 样品测定。将消解后比色管内的样品，转移入三角瓶中，用约 30mL 纯水分数次洗涤并入瓶中，加入 3 滴试亚铁灵指示剂，用 0.010mol/L 硫酸亚铁铵溶液滴定至溶液呈微红色为终点。

c. 结果计算。硫酸亚铁铵溶液浓度标定计算：C（mol/L）= C（mol/L）=

$$\frac{V_{K_2Cr_2O_7} \times C_{K_2Cr_2O_7}}{V_{Fe}}$$

计算公式：

$$COD（mg/L）= \frac{C（V_0 - V_1）\times 8\,000}{V}$$

式中：

C—硫酸亚铁铵标准溶液浓度（mol/L）；

V—样品取样量（mL）；

V_0—滴定空白体积（mL）；

V_1—滴定体积（mL）；

8 000—1/4 O_2 的摩尔质量以 mg/L 为单位的换算值。

d. 方法精密度。同一实验室平行测定六次 COD 值 51.9mg/L 与 COD 标准溶液相对误差为 2.9%；

六个实验室分别测定 COD 值为 25.9mg/L 标准溶液，实验室内相对标准偏差为 7.4%；

实验室间相对标准偏差为 8.84%；

六个实验室分别测定 COD 值为 100mg/L 标准溶液，实验室内相对标准偏差为 3.1%；

实验室间相对标准偏差为 3.2%；

六个实验室分别测定 COD 值为 250mg/L 标准溶液，实验室内相对标准偏差为 1.7%；

实验室间相对标准偏差为 1.7%。

（七）高锰酸盐指数的测定（高锰酸钾法容量法）

（1）方法原理。样品中加入已知量的高锰酸钾溶液和硫酸溶液，在沸水浴中加热 30min，高锰酸钾将样品中的某些有机物和无机可氧化物质氧化，反应后加入过量的草酸钠还原剩余的高锰酸钾，再用高锰酸钾标准溶液回滴过量的草酸钠。通过计算得到样品中高锰酸盐指数。

（2）仪器与设备。本方法所用玻璃器具均应为 A 级玻璃器具，新的玻璃器皿应用酸性高锰酸钾溶液清洗干净。

a. 水浴或相当的加热装置：有足够的容积和功率，以保证从开始加热后使所有试样迅速达到并保持在 96～98℃。

  b. 锥形瓶：容量为 250mL。

  c. 容量瓶：容量分别是 100mL，250mL，1 000mL。

  d. 移液管：容量分别是 5mL，10mL，25mL，50mL，100mL。

  e. 酸式滴定管：（25mL、50mL）

  f. 锥形瓶：容量为 250mL。

  g. 容量瓶：容量分别是 100mL，250mL，1 000mL。

  h. 移液管：容量分别是 5mL，10mL，25mL，50mL，100mL。

  （3）试剂。所需试剂有以下几种。

  a. 实验用水均使用不含还原性物质的重蒸水，不得使用去离子水。

  b. 不含还原性物质的水：将 1L 蒸馏水置于全玻璃蒸馏器中，加入 2mL 硫酸（密度 ρ 为 1.84g/mL）和少量高锰酸钾颗粒使溶液呈红色，蒸馏（在蒸馏过程中始终保持被蒸馏的水呈红色）。弃去 100mL 初馏液，余下馏出液贮于具玻璃塞的细口瓶中。

  c. 硫酸（H_2SO_4）：密度（ρ_{20}）为 1.84g/mL。

  d. 硫酸，1+3 溶液：在不断搅拌下，将 100mL 硫酸（密度 ρ 为 1.84g/mL）慢慢加入到 300mL 水中。趁热加入数滴高锰酸钾溶液（c（$KMnO_4$）约为 0.020 0mol/L），直至溶液出现粉红色。

  e. 氢氧化钠（碱性高锰酸钾氧化法中使用），500g/L 溶液：称取 50g 氢氧化钠溶于水并稀释至 100mL。

  f. 草酸钠标准贮备液：浓度 c_1（$Na_2C_2O_4$）为 0.050 0mol/L：称取 6.705 0g 经 120℃烘干 2h 并放冷的基准草酸钠（$Na_2C_2O_4$）溶解于水中，移入 1 000mL 容量瓶中，用水稀释至标线，混匀贮存。此溶液放置冷暗处（4℃），可保存 6 个月。

  g. 草酸钠标准溶液，浓度 c_2（$Na_2C_2O_4$）为 0.005 0mol/L：吸取 100.00mL 草酸钠标准贮备液于 1 000mL 容量瓶中，用水稀释至标线，混匀。此标准溶液可常温保存 2 周。

  h. 高锰酸钾标准贮备液，浓度 c（$KMnO_4$）约为 0.020 0mol/L：称取 1.6g 高锰酸钾溶解于 1 000mL 水中，于 90～95℃水浴中加热 2h，冷却，放置两天，缓慢倒出上清液，贮于棕色瓶中保存。使用前需进行浓度标定。标定方法如下：取 50mL 重蒸水于 250mL 锥形瓶中，加 5mL 硫酸（1+3 溶液），混匀后加热使液体温度在 65～80℃之间，取出后用滴定管加草酸钠标准储备液 10mL（C_1（$Na_2C_2O_4$）为 0.050 0mol/L），用待标定的高锰酸钾溶液滴定，终点至溶液成粉红色，并保持 30s，同时做空白溶液。高锰酸

钾标准滴定溶液的浓度 [c（1/5 KMnO$_4$）]，数值以摩尔每升（mol/L）表示，

按式（1）计算：$C\left(\dfrac{1}{5}KM_nO_4\right) = \dfrac{C \times V}{V_1 - V_2}$

式中：c—草酸钠的摩尔浓度，单位为 mol/L；

$\qquad$ V—移取草酸钠的体积数，单位为 mL；

$\qquad$ V_1—滴定高锰酸钾溶液消耗的体积数，单位为 mL；

$\qquad$ V_2—空白试验消耗高锰酸钾溶液的体积数，单位为 mL。

i. 高锰酸钾标准溶液，浓度 c（KMnO$_4$）约为 0.002 0mol/L：吸取一定体积精确标定的高锰酸钾标准贮备液，用不含还原性物质的水稀释至浓度为 0.002 0mol/L，混匀。此溶液在暗处可稳定保存几个月，使用当天标定其浓度。

干扰及消除：当水样中氯离子浓度高于 300mg/L 时，干扰高锰酸盐指数的测定结果，可采用在碱性介质中氧化的方法测定高锰酸盐指数。

（4）分析步骤。不论样品在分析前是否贮存，在现场采样后如果没有加入硫酸，实验室在收到样品后应立即向每升样品中加入 2mL 硫酸，使样品 pH 值保持在 1～2 之间，并尽快分析。如样品保存时间超过 6h，则需置暗处 0～5℃下保存，但样品保存时间最长不得超过 2 天。

a. 样品前处理：吸取 50.0mL 经充分摇动、混合均匀的样品（或分取适量，用重蒸水稀释至50mL），置于250mL锥形瓶中，加入5mL±0.5mL硫酸（1+3溶液），用滴定管加入 10.00mL 高锰酸钾标准溶液（c（KMnO$_4$）约为 0.002 0mol/L），摇匀。将锥形瓶置于沸水浴内加热 30min±2min（水浴沸腾时放入样品，重新沸腾后开始计时，温度在 96～98℃之间）。

b. 取出后用滴定管加入 10.00mL 草酸钠标准溶液（c（Na$_2$C$_2$O$_4$）为 0.050 0mol/L）至溶液变无色。趁热用高锰酸钾标准溶液（c（KMnO$_4$）约为 0.002 0mol/L）滴定至刚出现粉红色，并保持 30s 不退。记录消耗的高锰酸钾溶液体积 V_1。

c. 空白试验：用50mL重蒸水代替样品，按样品步骤测定，记录下回滴的高锰酸钾标准溶液（c（KMnO$_4$）约为 0.002 0mol/L）体积 V_0。

d. 空白试验滴定后的溶液中加入 10.00mL 草酸钠溶液（c_1（Na$_2$C$_2$O$_4$）为 0.050 0mol/L）。如果需要，将溶液加热至80℃。用高锰酸钾标准溶液（（c（KMnO$_4$）约为 0.002 0mol/L））继续滴定至刚出现粉红色，并保持 30s 不退。记录下消耗的高锰酸钾标准溶液（c（KMnO$_4$）约为 0.002 0mol/L）体积 V_2。

注意事项：沸水浴的水面要高于锥形瓶内反应溶液的液面；样品从沸水浴中取出后到滴定完成的时间应控制在2min内；样品量以加热氧化后残留的高锰酸钾标准溶液（c（$KMnO_4$）约为0.002 0mol/L）为其加入量的1/2~1/3为宜。加热时，如溶液红色退去，说明高锰酸钾量不够，需重新取样，经稀释后测定；滴定时温度如低于60℃，反应速度缓慢，因此应加热至80℃左右，但不能高于90℃，如高于90℃，会引起草酸钠的分解；沸水浴温度为98℃。如在高原地区测定，报出数据时，需注明水的沸点。用水代替试样，按照水样的操作步骤测定其吸光度值。

（5）结果计算。高锰酸盐指数（I_{Mn}）以每升样品消耗毫克氧数来表示（O_2，mg/L），按下式计算（无论样品是否稀释，高锰酸盐指数均可按下式计算）。

$$I_{Mn} = （V_1 - V_0）K \times C_2 \times 16 \times 1\ 000/V$$

式中：

V_1—滴定样品消耗的高锰酸钾溶液体积，mL；

V_0—空白试验消耗的高锰酸钾溶液体积，mL；

V—样品体积，mL；

K—高锰酸钾溶液的校正系数；

C_2—草酸钠标准溶液的浓度，mol/L；

16—氧原子摩尔质量，g/mol；

1 000—氧原子摩尔质量g转换为mg的变换系数。

式中K值的计算：$K = 10.0/V_2$

式中：10.0—加入草酸钠标准溶液的体积，mL；V_2—标定时消耗的高锰酸钾溶液的体积，mL。

（6）方法精密度。精密度：实验室内相对标准偏差为4.2%。准确度：实验室间总相对标准偏差为5.2%。

空白试验：用水代替试样，按照水样的操作步骤测定其吸光度值。

（7）注意事项。当水样中氯离子浓度高于300mg/L时，干扰高锰酸盐指数的测定结果，可采用在碱性介质中氧化的方法测定高锰酸盐指数。

三、无公害水产品养殖技术操作规程

（一）环境条件

水源充足，排灌方便，保证"三通"（通电、通车、通讯）；远离工业"三废"和城市生活垃圾等对渔业水质构成威胁的污染区；设置垃圾废物收集桶，定时清理；养殖场内不得养禽畜污染池塘；建立生产、用药和用料等制度。

（二）池　塘

通风向阳，池形整齐，规格为长方形，南北走向；池塘面积 6～15 亩，水深 2～3 米，利用生态循环水模式进行养殖，属于标准化池塘；每个生产周期，在放鱼入池前，要适时进行池塘干底修整、清淤泥、消毒、晒塘底、肥水、增氧暴气和试水处理。

（三）水　质

符合国家渔业水质标准，要求水体无异色、异臭和异味，酸碱度在 7.0～8.8，溶氧在 5mg/L 以上，总氨氮低于 0.4mg/L，亚硝态氮低于 0.01mg/L，透明度在 25～35cm，保持水体"肥、活、嫩、爽"。

科学肥水：使用合成肥水药物及微生态制剂肥水。苗种投放前 5～7 天，施绿肥 400～450kg/亩或有机肥 200～250kg/亩；养殖期间追肥应以无机肥和微生态制剂为主；起捕前 2 个月不能将有机粪肥投入池塘。

水质调控：通过科学使用增氧机及时注换新水和合理使用微生物制剂、生石灰、滑石粉等措施改善水质。

（四）苗　种

选择持有《水产苗种生产许可证》的苗种繁育场，选购外表正常、无病状、游动活泼、规格一致的优质苗种，购买前应细心检查，合格后方可放养；投放前应进行苗种常规消毒。

（五）饲　料

不使用无产品质量标准、无质量检验合格证、无生产许可证和产品批准文号的饲料及添加剂；不使用变质和过期的配合饲料；鲜活饲料鱼必须无病虫、无损伤，投放前进行常规消毒。

合理投饲：采用"定时、定点、定质、定量"的方法，以投喂具有质量保证的配合饲料为主，投喂量随鱼的生长、天气、水质情况适当增减。

（六）药　物

严禁使用国家明令禁止使用的药物。使用的水产养殖用药应保证"四证"齐全（国家兽药 GMP 认证、渔药登记证、渔药生产许可证、执行标准号），并按照规定的用法用量科学使用，遵守休药期。

（七）病害防治

坚持"以防为主，防治结合"的原则，要做好苗种入塘前后、渔具以及高温季节的常规消毒，发现病鱼或死鱼要及时捞起，经技术员检测确定病因或死因后消毒并深埋泥土中。

（八）生产记录

做好《水产养殖生产记录》：记录养殖种类、苗种来源及生长情况、饲料来源及投喂情况、水质变化等内容；《水产养殖用药记录》：记录病害发生情况，主要症状，用药名称、时间、用量等内容。生产记录应当保存至该批水产品全部销售后 2 年以上。

（九）起捕运输

核对休药期，确保上市食用鱼的药物残留限量符合《无公害食品　水产品中渔药残留限量》的要求；起捕前 15 天内，不得使用化学药物；起捕前 1~2 天，停止投料。

活鱼运输用水要求清洁无污染，水温适宜，中途换水量不超过 2/3，温差不超过 5℃；运输密度合理，尽量在适当低温下运输，配备增氧设备和增氧剂，不得使用抗生素或孔雀石绿等国家明令禁止使用的药物。

（十）养殖废水

为保护养殖环境和防止病害交叉感染，养殖废水须经消毒药物处理后方可排放到河流之中。

参考文献

蔡秋红等.2011.福建省水产品出口竞争力分析［J］.福建农林大学学报（哲学社会科学版）（01）：34－38.

陈文波等.2006.土地利用总体规划环境影响评价理论与方法初探［J］.江西农业大学学报（01）：134－138.

陈小江等.2016.洪涝灾害后水产养殖自救措施［J］.渔业致富指南（20）：26－27.

董银果.2011.SPS措施对中国水产品出口贸易的影响分析［J］.华中农业大学学报（社会科学版）（02）：44－49.

樊丙新等.2011.大水面套养南美白对虾养殖技术和经济效益分析［J］.天津水产（01）：36－40.

黄书培等.2011.不同养殖规模下大菱鲆工厂化养殖经济效益分析［J］.广东农业科学（16）：113－116.

李振龙.2006.我国内陆水产养殖发展路在何方［J］.中国水产（09）：9－12.

梁勤朗.2016."渔光一体"模式助推现代渔业转型升级［J］.科学养鱼（10）：13－15.

廖桂生等.2011.基于模糊数学与灰色理论矿山综合效益的分析预测［J］.矿业研究

与开发（02）：115－118.

陆军等.2006.规划环境影响评价指标体系及评价方法浅析［J］.污染防治技术
　　（01）：26－27＋66.

马从丽.2016.水产养殖对渔业水域环境带来的影响与应对策略［J］.科技创新导报
　　（20）：79－80.

宋春晓等.2012.水产养殖业综合效益评价研究进展［J］.广东农业科学（14）：
　　165－168.

王成军等.2011.模糊综合评价法和AHP法在东大街改造项目的社会效益综合评价
　　中的应用［J］.安徽农业科学（17）：10531－10533.

徐会等.2016.水产养殖水体UV254和COD值相关性研究［J］.安徽农学通报
　　（20）：67－69.

薛晓东.2016.水产养殖中微生态制剂的应用［J］.农业与技术（20）：39.

杨光等.2016.我国典型水产养殖区土质现状及研究分析［J］.中国水产（08）：
　　103－106.

杨小玲等.2012上海科技人才引进政策综述［J］.上海有色金属（01）：32－34.

叶清生.2016.水产养殖中常见鱼病防治方法［J］.植物医生（10）：41－43.

张浩.2006.环境价值评估方法简介［J］.甘肃科技纵横（01）：66－67.

钟小庆.2016.水产养殖的转型升级之路［J］.渔业致富指南（19）：12－13.

（张志灯、罗钦、罗土炎执笔）

第九章 澳洲龙纹斑苗种、成鱼及亲鱼的运输

澳洲龙纹斑的苗种、成鱼和亲鱼的运输，是其养殖过程中不可缺少的一个环节。运输成活率的提高，可以减少经济损失，提高经济效益。随着澳洲龙纹斑养殖规模的不断扩大，苗种、成品鱼甚至是亲鱼的需求量将会大大增加，建立良好的运输机制，提高澳洲龙纹斑活鱼运输的成活率，提高活鱼运输过程中的效率，降低运输成本，满足养殖户的生产需求及市场供应等都需要通过周密计划。澳洲龙纹斑生性凶猛，属典型的肉食性鱼类，其身体呈纺锤形，背部具有尖锐且硬的棘刺，受到外界刺激时，背部棘刺竖立，鱼与鱼之间产生相互划伤的情况时有发生，同时时有捕捞人员手掌被棘刺划破，故要求在起捕过程中，要求捕捞者动作迅速、轻微，尽量避免鱼体受伤。

第一节 影响鱼类运输过程中成活率的原因

鱼类运输必定关系到捕捞、运输和卸载等操作，这些外来刺激均会对鱼体的生理机能产生影响。由于环境改变迅速，鱼体容易受到伤害，同时由于受到氧气含量低的胁迫，氨氮、亚硝酸盐高的威胁，剧烈振荡等不利因素刺激，此时，机体神经控制产生内分泌反应，其影响最终体现在鱼体功能和代谢的改变上，造成运输中胁迫反应的出现。应激胁迫对鱼类运输产生了极大的危害，现普遍认为胁迫能够引起鱼体内多项生理生化指标改变，影响鱼体非特异性免疫能力和抵抗能力，引起机体的行为改变，甚至出现一系列病理性变化，可能导致大批鱼死亡等不利后果，这直接威胁了活鱼运输业的发展，应引起广大水产工作者的注意。

一、鱼类的体质

运输鱼类的体质强弱对运输的成败和成活率有很大的影响。不同鱼类具有不同的生

活习性，对环境的耐受程度也有所不同。需要进行运输的鱼类要求体质健壮、适应能力强、无病、无伤。瘦弱及有伤病的鱼类对氧气含量低的水质的耐受能力低，对于在水车运输过程中剧烈的震动和恶劣的水质环境抵抗力较差，经不起长途，容易导致伤病、死亡。其次，即将运输鱼类，至少需要停食一天左右，使肠道里面的食物排空，以减少运输过程中的应激性和氧气的大量消耗，产生过多的二氧化碳，氨氮和亚硝酸盐积聚，降低 pH 值，进而使运输水质受到污染、恶化，降低成活率，引起鱼类死亡。

二、水质环境

（一）溶解氧

运输水体中保持适宜水平的溶解氧是保证运输成功的重要因素之一。高密度、长距离、长时间的运输环境需要保证较高溶解氧，只有保证充足的氧气供给，才能提高鱼类的成活率。通常可使用击水、淋水、空气压缩机向水体中输入空气、纯氧，还可使用化学增氧剂等措施，以提高运输鱼类成活率。水中溶氧含量低将会导致鱼类呼吸困难，当严重缺氧，引起鱼类窒息死亡，影响鱼类成活率。在澳洲龙纹斑运输过程中，水中溶解氧应保持在 5mg/L 以上。运输水中鱼类的密度、水温、鱼类的状态、规格等都会影响溶解氧的消耗。一定的水体中，鱼类的数量越多、水温越高，耗氧量越大，反之，耗氧量越低。保持水体含氧量充足，鱼类的应激性越低、越安静，消耗氧气的速率越慢。体重越大，鱼类耗氧率随之增加，应根据不同规格的鱼类确定耗氧量。

（二）水温

不同的鱼类有其相对应的生存适温范围。鱼类是变温动物，体温随水温的变化而变化。当水温超过鱼类的适温范围会引起鱼类应激反应过度，导致死亡。在其适宜生存的温度范围内，随着温度的上升，鱼类的新陈代谢速率加快，氧气消耗加快，同时由于代谢及应激反应产生的粪便、黏液等使得水质恶化，氨氮升高，pH 值降低，使鱼类活性下降。人工降低水体温度可以减轻鱼类因相互碰撞、撕咬所造成的鱼体损伤，保证了水产品的活体质量，有利于提高鱼类运输成功率。澳洲龙纹斑属于温水性鱼类，在其运输过程中，水温应保持在 8～10℃，通常采取在运输水中加入冰块以降低温度。在低温条件下，适当提高运输密度，可提高运输效率和成活率。但温度降低不可过快，一般在运输过程中的装袋、入水之前，先将商品鱼在 8～10℃ 的玻璃缸中过渡，以减少应激。

（三）其他理化指标

除溶解氧、水温外，运输水体中的 pH 值、氨氮、二氧化碳等均对活鱼运输有很大的影响。当运输水体中的鱼类密度过大，运输时间较长，运输距离较远时，鱼体的排泄物及黏液增多，导致水体浑浊，二氧化碳、氨氮含量急剧上升，逐渐积累，导致鱼类死亡。故运输水质应保持清新，有机物、浮游生物少，中性或者微碱性且无污染。同时不同规格、不同种类的鱼类的运输密度有所不同，一般以鱼体总重量与水体体积比值作为参考指标。巩丽娟等对于稚、幼鱼运输研究表明，运输的鱼体与水体体积比不要超过 $1:3$，亲鱼可以按 $1:2 \sim 3$ 的鱼水比运输，但小个体稚鱼需要降低 $1:100 \sim 200$。条件许可情况下，应适当降低运输密度，以防高温缺氧、交通堵塞等特殊情况的发生，造成不必要的损失。

第二节　活鱼运输方法

目前，活鱼长途运输主要有以下几种方式：普通箱式活水车运输、冷藏活水车运输、飞机火车装袋运输、麻醉运输方式以及无水保湿运输方法等。活鱼运输的方法多种多样，运输工具主要有汽车运输、船舶运输、航空运输等，根据不同的生产需求（运输距离、活鱼数量、鱼类规格等），选择不同的运输方法，降低运输成本，提高运输效率和成活率。

一、运输工具

（一）汽车运输

一般在货运汽车装上帆布篓或者塑料方桶，以氧气钢瓶充氧，在上述容器中放置气泡石或塑料管（管上刺以许多针眼），可以达到良好的曝气效果。澳洲龙纹斑亲鱼运输过程中，从浙江省乐清市到福建省南平市邵武市，编者就是使用货运塑料方桶运输方式，期间氧气瓶压力表连接至驾驶座，可以随时观察氧气气压，及时更换氧气钢瓶，同时在塑料方桶中加入冰块，以维持低水温。在运输途中，每隔一段距离检查亲鱼活动情况及方桶内水质，及时更换新水，防止水质恶化。澳洲龙纹斑鱼苗及稚鱼运输采用专门加工制作的聚乙烯塑料薄膜袋子作为装运工具，在袋子中加入适量的新水，并加入少量冰块，放入鱼苗后，压袋，充氧，打包置于隔热泡沫箱中，进行运输。

（二）其他运输工具

目前由于澳洲龙纹斑销售量不是很大，产销地距离相对较近，在国内，只有从澳大利亚引进澳洲龙纹斑采取航空运输。但随着澳洲养殖规模的扩大，销量上升，航空运输将作为活鱼运输的方式之一。除了航空运输、汽车运输外，经常使用的运输方式有帆布箱运输、活水船运输、肩挑运输等。

二、鱼苗的尼龙袋充氧运输

运输鱼苗目前广泛采用的是尼龙袋充氧后密封运输，这种方式具有体积小、重量轻，使用携带和运输方便；管理方便，劳动强度低；单位体积水体中装运密度大，成活率高；适用于各种交通工具等特点。近距离的可以使用自行车、摩托车甚至肩挑，远途用汽车、火车或轮船载运，更远的可以用飞机。鱼种在运输途中相互干扰少，鱼种体表不易受伤，运输成活率高。

尼龙袋充氧密封运输适宜于装运鱼苗和3cm左右的夏花鱼种。近几年来又利用一种特制的橡皮袋转运较大规格的鱼种。如果运输时间超过15~20h，那么鱼苗在嫩点即可转运；如果鱼苗稍大，运输时间不要超过4~8h。

鱼苗是活物，运输打包过程中不能够有任何疏忽，如果不注意，其结果将会导致损失惨重，所以任何细节都不能够忽视。

（一）尼龙袋充氧运输

仔鱼运输的装包技术和鱼苗是一样要求的，但是尼龙袋的运输密度要比鱼苗小得多，若运全长3cm左右的仔鱼，每立方水体约可装运6 000尾左右。这里要着重指出的是，仔鱼的运输数量与多方面因素息息相关，如运输距离、季节、水温、时间、大小等各方面。

运输距离和时间的长短对仔鱼在运输途中的成活率有着明显的影响。在通常情况下，短途运输是指在1~2个小时之内到达目的地的运输。长途运输是指在24小时以上才能到达目的地的运输。运输距离和时间与运输密度成反比。运输距离和时间长，密度越稀；运输距离和时间短，可根据气温、大小适当增加密度。

鱼苗运至目的地后要非常注意放苗操作程序。其中同温操作过程极为关键。到达目的地后，要使袋中的水温与放养水体水温达到平衡后方可放苗。如果是远距离运输，还必须使袋中的水质与放养水体的水质保持一致，即将放养池中的水逐步加入尼龙袋中，当袋中水大部分替换成放养池中的水后，让鱼苗适应一段时间，再缓缓将苗倒入放养池中。如不按上述操作规程处理，往往会造成苗种应激反应过度，严重时引起大量死亡。

（二）其他运输方法

在不具备充氧条件或苗种规格较大时，利用农船、帆布篓等敞开容器运输。

使用船舱，或用缸、桶、帆布篓置于船上水运。为了便于换水，运鱼时要携带水瓢、塑料桶等用具。装运时先向容器内加入温差2℃内的清水，水量加至容量的70%~80%，然后放入苗种，一般每立方水体可装运鱼苗1万尾左右。

利用帆布篓车运的运输方式装载能力较大，在可通行汽车的地方，可用这种方法。容器有帆布篓、帆布长箱等，用拖拉机运输，篓或箱可以使用木片、木棍、竹等作为支撑。汽车运输可用直径 8~9cm 的竹子作为横支承。每辆汽车可装帆布篓 4~8 个。

为了提高苗种运输成活率和增加装运密度，车、船运输中，要随带氧气钢瓶直接充入氧气，充氧或充气时需要用橡皮管连接曝气石，置于容器中。苗种运输捕捞的时间一般在早晨或傍晚。夏天高温，为了赶飞机进行空运，可以在前一天傍晚把鱼苗捕捞，放在苗箱中吊水，到第二天早晨装运。

三、成鱼运输

根据交通条件和鱼种的生长阶段选择适宜的运输方法。一般距离较近的山区，交通不便的用肩挑；路途远的用汽车、火车或飞机等运输；水路方便的可以用活水船或大型货船进行运输。

（一）肩挑运输

这种方法适用于运输距离较近，且运输量不大、交通不便的丘陵山区。肩挑运输运输量不大，适用于短途运输。这种方法工具简便，成本低，但是劳动强度大。一般用竹篓（篓子内部要光滑，如放尼龙内衬，防治擦伤鱼体，同时要亚密封式，防止鱼种荡出）或用木桶装鱼。桶中水量不宜超过三分之二，以免太满溢出。

每担水量在 20~30kg，在 18℃ 时可装运全长 8~12cm 的鱼种 200~300 尾或运全长 12~16cm 的鱼种 80~150 尾。挑运时要随着走路使桶水略有颠动，以增加氧气量。担桶上面应有竹丝编成的盖，防止鱼被荡出，路途中应及时换水，盖子最好能够固定。有充氧条件的地区，可用尼龙袋或塑料桶，充氧后用自行车运载或肩挑，可大大降低劳动强度，提高成活率。

（二）帆布箱运输

帆布箱和鱼篓运输大同小异，只是装运密度不同和操作方法略有差异。帆布箱运输的优点是，可以在运输途中进行换水、喂食，适用于运程较远、运时较长和大规格鱼种及成鱼的运输。利用帆布箱进行鱼种或成鱼运输时，运输工具可利用大型客货轮、汽车、火车等。

用帆布箱进行运输之前，要检查帆布箱有无破漏。检查后，装入三分之二的清水，随即装入已经过数的澳洲龙纹斑，再在帆布箱上盖上一层网片，防止运输途中因颠动导致鱼种溢出和跳出。在运输途中要有专人管理，勤加观察，如果发现澳洲龙纹斑浮头，则及时使用击水板击水、加水、换水，充气等方法补充帆布箱内的氧气，增加溶氧。

这种运输方法简单，容易操作，而且可以随时检查鱼的活动情况，发现问题可随时采取换水和增氧措施，另外还具有运输成本低，运输量大的优势。

(三) 水箱充氧运输

水箱的形状可以根据运输的需要，加工成长方体、圆形，敞口。材料可以选用聚乙烯、白铁皮等。每个水箱底部设置一根氧气管，在氧气管每隔10cm使用缝针刺一小孔，氧气管成回形针状排列固定，管与管之间的距离约为15cm。每只水箱的氧气管与总管相连接，然后接上氧气表和氧气钢瓶，或用氧气管与氧气钢瓶控制阀连接。每辆车配备2~3个氧气钢瓶，或根据鱼种装运数量和运输时间确定携带氧气钢瓶的数量。

(四) 活水船运输

在水运方便，水质良好的地区，用活水船运输澳洲龙纹斑是良好可行的方法。长途或短途运输都可，运输量较多，成活率高、成本低。

活水船是船舱前部和左右两侧开孔，孔上装有绢纱；船在河中行进时，河水从前孔流入舱内，再从侧孔排出，是舱中水始终保持新鲜，溶氧充足。由于水体的不断交换，装运鱼的密度较帆布箱要大得多。

第三节　操作要点及注意事项

活鱼运输过程中的，有需要几点注意。

(1) 停食。若装运的时间确定下来，除了准备好运输工具外，活鱼至少要提前一天进行停食处理，同时将运输鱼类暂时放置于过度池中，并停餐吊水，使鱼苗、商品鱼在运输前有一个适应过程，促进肠道排空、黏液分泌，避免运输水质恶化、氧气消耗增大，加剧鱼类应激反应。

(2) 调节好水温。水温是活鱼运输不可忽视的一个关键因素，无论是水箱运输，还是装袋运输，均需注意运输水体水温的调节。一般情况下，在水体中或聚乙烯塑料薄膜袋外加入少量冰块，即可达到降温效果，这也是减少鱼类应激反应的一个重要措施。

(3) 袋子运输的注意点。使用聚乙烯塑料薄膜袋运输时，应注意检查袋子是否漏气，之后加水，即刻充入氧气，一只手抓住袋口，另一只手不断拍打袋子，当袋子鼓起，表示已充满氧气，此时关掉氧气钢瓶，拔出充气管，并用橡皮筋扎紧袋口。将袋子移入泡沫箱中，并用盖子盖好，胶带封箱。袋子充盈度切忌超过泡沫箱的高度，防止袋子被压破。

(4) 到达目的地后。切忌忙于打开袋口，应将袋子同鱼放置于池水中20~30min进行同温处理，使鱼有一个缓慢适应水温的过程，减少应激。之后，慢慢解开塑料袋，拨入少量池水，将鱼慢慢倒入池水。

（5）运输前后对鱼的操作。要求轻微、迅速，尽量减少操作步骤，延误时间，避免增加鱼体的损害。

（6）运输时间。活鱼起运时间一般选择在早上或者傍晚凉爽的天气即每年11—12月份和来年1—3月份，最适月份为当年12月份或者来年1月份，最佳温度0~5℃进行，切忌在高温或高冷的天气中起运，减少鱼类的应激胁迫性。

（7）做好详细的运鱼计划。主要包括车辆司机选择、运输路线、押运技术人员、换水时间地点、装车卸车时间、亲鱼锻炼情况及准备情况、检疫证书等。

（8）装鱼细节。网口要设大，顺着鱼的方向，用一只手将鱼托起，到鱼夹子中，鱼头朝鱼夹子上方，向罐内装鱼时，鱼头朝下，以避免鱼掉下来，一旦亲鱼滑落到地上不宜再装入罐内，要更换一尾或者不计该尾鱼重量，严禁捡起来带土装入罐中。避免用两只手抓住鱼体，鱼要搬动，会加剧其受伤和应激。整个装鱼过程要轻、快，鱼不离水。称重时以磅秤为好，上置塑料鱼框，鱼夹子置于鱼框之上，每次以5个鱼夹子为宜，每个鱼夹子内依据亲鱼个体大小装1~2个为宜。

（9）卸鱼时间。宜控制白天气温回升时候，除了用食盐水0.5%浸泡消毒外，对于有外伤的还应用高锰酸钾20~40mg/L涂抹伤口。卸鱼过程中严禁停止供氧，注意罐内温度和池塘水温的调节，依据亲鱼大小以温差不超过5℃为宜。下塘后应连续观察3~5天，出现异常情况及时采取对策。

（10）选择性地缩短运输时间。由于运输容器体积小，承载能力有限，长时间运输极易使水体中的理化指标超标，一般经过5小时左右的运输，水中溶氧不足、二氧化碳增加、pH值升高和氨氮过高极为常见，在这种情况下鱼体的应激胁迫时有发生。运输时间应参照运输当天气温、鱼种的耐低氧能力和运输密度，如银鲳鱼、黄姑鱼和日本黄姑鱼等活动性强的鱼种运输时间宜控制在6小时之内，大部分鱼种一次性运输时间不宜超过12小时。在具体实施时，不应超过运输时间上限，因为越是到运输后期，应激胁迫发生的概率越高，此时若有应激发生，鱼体死亡率可高达50%以上。因此，为了确保运输安全，要严格控制运输时间，如需作长途运输，应采取运输过程中及时更换容器水体或者建立运输中转站的方式进行解决。

（11）押车运输技术人员。要有高度的责任心、实践经验、吃苦精神。运输途中一切以鱼的安全为宗旨，司机及押车人员只能吃些干粮或简餐，缩减运输时间，提高成活率。

参考文献

郭丰红.2010. 鳜鱼保活运输的研究［D］. 上海：上海海洋大学.

韩利英等.2009. 鲫鱼保活条件对存活率的影响［J］. 食品与生物技术学报，28（5）：642－646.

洪苑乾等.2013. 活鱼运输箱水质自动监控系统的研究［J］. 渔业现代化，40（5）：48－52.

吉宏武.2003. 水产品活运原理与方法［J］. 齐鲁渔业，20（9）：31－49.

刘长琳等.2007. 鱼类麻醉研究综述［J］. 渔业现代化，34（5）：21－25.

吕飞等.2012. 鱼类保活及运输方法的研究进展［J］. 食品研究与开发，33（10）：225－227.

吕海燕等.2013. 鱼用麻醉剂安全性研究进展［J］. 中国渔业质量与标准，3（2）：24－27.

青岛高科技工业园黄海实业发展总公司.2005－10－26. 活鱼无水保活运输箱：中国：200420072828. X［P］.

唐志勇.2006. 活水鱼运输技术［J］. 渔业致富指南（24）：20－21.

汪之和等.2001. 水产品保活运输技术［J］. 渔业现代化（2）：31－37.

王琦.2013. 冰温保鲜技术的发展与研究［J］. 食品研究与开发，34（12）：131－132.

吴际萍等.2008. 淡水活鱼运输现状及发展前景［J］. 农技服务，25（3）：72－73.

殷邦忠等.1994. 鱼类海水鱼类保活运输原理及其发展趋势［J］. 现代渔业信息，9（6）：8－9.

俞嘉麒等.1993. 虾冬眠复活保鲜的方法：中国：92114659. 0［P］. 05－12.

张长峰等. 水产品无水保活方法［P］. 中国：CN 1669413 A，2014－04－30.

张恒等.2007. 乙醚麻醉法无水保活淡水鱼［J］. 食品科技（12）：202－204.

张慇等.2002. 国内外水产品保鲜和保活技术研究进展［J］. 食品与生物技术，21（1）：104－107.

张卫等.2004. 活鱼运输的几种方法［J］. 湖南农业（4）：21.

张晓磊等.2009. 冬眠技术在鲜活水产品和禽畜运输领域的应用及发展趋势［J］. 食品科学，30（19）：331－334

中国水产科学研究院黄海水产研究所，青岛高科技工业园黄海实业发展总公司.2005－09－21. 一种海洋鱼类无水保活方法：中国：200410006264. 4［P］.

朱健康等. 2005. 海水活鱼运输装置及应用效果试验［J］. 农业工程学报，21（10）：187－189.

Anthony G，Lane G. 2009－11－26. Formula and method for treating water in fishtanks：United States Paten：2009/0288611 A1［P］.

CARLSON J K，PARSONS G R. 1999. Seasonal difference in rutine oxygen comsumption rates of the bonnethead shark［J］. Journal of fish biology，55（4）：876－879.

Coyle S D，Durborow R M，Tidwell J H. 2004. Anesthetics in Aquaculture［R］. Southern Regional Aquaculture Center（SRAC）Publication，No. 3900.

Iversen M，Eliassen R A. 2009. The Effect of AQUI-S-（R）Sedation on Primary，Secondary，and Tertiary Stress Responses during Salmon Smolt，Salmo salar L. Transport and Transfer to Sea［J］. Journal of the World Aquaculture Society，40（2）：216－225.

Kiessling A，Johansson D，Zahl I H，et al. 2009. pHarmacokinetics，plasma cortisol and effectiveness of benzocaine，MS-222 and isoeugenol measured in individual dorsal aorta-cannulated Atlantic salmon（Salmo salar）following bath administration［J］. Aquaculture，286（3/4）：301－308.

KIM，Wan Soo. 2007－03－06. Method and apparatus for inducing artificial hibernationof marine animal：Korea：WO2008018673［P］.

Park M O，Im S Y，Seol D W，et al. 2009. Efficacy and pHysiological responses of rock bream，Oplegnathus fasciatus to anesthetization with clove oil［J］. Aquaculture，287（3/4）：427－430.

Pramod P K，Ramachandran A，Sajeevan T P，et al. 2010. Comparative effi-cacy of MS-222 and benzocaine as anaesthetics under simulated transport conditions of a tropical ornamental fish Puntius filamentosus（Valenciennes）［J］. Aquaculture research，41（2）：309－314.

Tang S，Thorarensen H，Brauner C J，et al. 2009. Modeling the accumulation of CO2 during high density，re-circulating transport of adult Atlanticsalmon，Salmo salar，from observations aboard a sea-going commercial live-haul vessel［J］. Aquaculture，296（1/2）：288－292.

Velisek J，Svobodova Z，Piackova V. 2005. Effects of clove oil anaesthesiaon Rainbow Trout（Oncorhynchus mykiss）［J］. Acta Veterinaria Brno（74）：139－146.

（罗土炎、陈华、李巍执笔）

第十章 澳洲龙纹斑食用和加工

第一节 澳洲龙纹斑的营养成分

澳洲龙纹斑原产于澳大利亚墨瑞河流域，与宝石鲈、黄金鲈、银鲈等原产于澳洲的淡水鱼并列为澳洲鱼，为澳大利亚的"国宝鱼"。由于龙纹斑肉质鲜嫩、厚实、少刺，且繁殖力较强，既适合于养殖，亦可以作为观赏鱼，商品经济价值高，同时其营养丰富，含有丰富的四种氨基酸及 EPA 与 DHA 营养物质（表 10 - 1）等特征，目前已成为我国淡水养殖的优质鱼类之一。澳洲龙纹斑富含蛋白质、维生素、Ca、Mg、Se 等有益于人体的成分，易于被人体吸收，是老少皆宜的营养食品，营养丰富、肉味甜美；肉中含有丰富的镁元素，有助于心血管系统的保护，同时能够预防血压高、心肌梗死等心血管疾病。该鱼营养价值之高，被称为"液体黄金"。鱼肉厚实、少刺、味道鲜美。有专家指出，它的蛋白质含量极高，而脂肪含量极低，几乎与鲨鱼肉无异。据文献资料显示，3 种不同生长阶段的澳洲龙纹斑鱼体肌肉均含有 17 种氨基酸，但在氨基酸含量上有所差异，氨基酸总含量最高为商品鱼 70.96%、其次为幼鱼 69.24%、亲鱼最低为 65.36%。澳洲龙纹斑肝含油量高达 45%，同时含有维生素 A，维生素 D 和维生素 E 等多种维他命。在葡萄牙，每年都有"鳕鱼文化节"，城市中也随处可见专做澳洲鳕鱼的餐馆。据说，当地至少有 365 种澳洲鳕鱼的烹饪方法，其中最著名的是"蒸鳕鱼"。做法是在澳洲鳕鱼上放上薯仔（土豆）和洋葱片，然后放进蒸锅蒸熟，最后用煮熟的鸡蛋和黑橄榄装饰。除了蒸着吃以外，烤鳕鱼、蒜香鳕鱼、玉米果仁鳕鱼也是葡萄牙人常做的吃法。至于腌制的鳕鱼干，更是葡萄牙人家家户户饭桌上的最爱。这种鳕鱼干可以混合在薯仔泥中，拌成沙拉，也可以直接食用。它又咸又硬，却正是葡萄牙人的传统食物。

澳洲龙纹斑鱼脂中含有球蛋白、白蛋白及磷的核蛋白，还含有儿童发育所必需的各种氨基酸，其比值和儿童的需要量非常相近，又容易被人消化吸收，还含有不饱和脂肪酸和钙、磷、铁、B 族维生素等。肉：活血祛瘀；鳔：补血止血；骨：治脚气；肝油：敛疮清热消炎。鳕鱼肝可用于提取鱼肝油（含油量 20%～40%），富含维生素 A、维生素 D。澳洲龙纹斑鱼肝油对结核杆菌有抑制作用，其不饱和酸的十万分之一浓度即能阻止细菌繁殖。

表 10 - 1　3 种不同生长阶段澳洲龙纹斑肌肉中氨基酸种类及含量

氨基酸种类	澳洲龙纹斑亲鱼		澳洲龙纹斑商品鱼		澳洲龙纹斑幼鱼	
	含量 （%）	组成比例 （%）	含量 （%）	组成比例 （%）	含量 （%）	组成比例 （%）
甲硫（蛋）氨酸	1.73	7.33	1.72	6.63	1.70	6.40
苯 丙 氨 酸	2.57	10.84	2.88	11.09	2.92	10.97
异 亮 氨 酸	2.61	11.03	2.86	11.01	3.03	11.40
缬 草 氨 酸	2.96	12.50	3.24	12.48	3.38	12.72
苏 氨 酸	3.09	13.07	3.35	12.91	3.41	12.83
亮 氨 酸	4.91	20.74	5.40	20.81	5.63	21.19
赖 氨 酸	5.79	24.48	6.51	25.08	6.51	24.51
必需氨基酸总量（EAA）	23.66	100.00	25.94	100.00	26.58	100.00
胱 氨 酸	0.44	1.05	0.46	1.03	0.53	1.25
组 氨 酸	1.49	3.58	1.59	3.53	1.48	3.47
酪 氨 酸	2.05	4.91	2.22	4.94	2.30	5.39
丝 氨 酸	3.02	7.25	3.26	7.24	3.21	7.52
脯 氨 酸	3.32	7.97	3.52	7.82	2.96	6.95
丙 氨 酸	4.42	10.61	4.80	10.65	4.44	10.42
精 氨 酸	4.63	11.10	4.99	11.08	4.61	10.80
甘 氨 酸	5.74	13.76	5.97	13.27	4.51	10.57
天门冬氨酸	6.48	15.54	7.14	15.86	7.32	17.16
谷 氨 酸	10.10	24.22	11.07	24.59	11.29	26.47
非必需氨基酸总量（NEAA）	41.70	100.00	45.02	100.00	42.66	100.00
17 种氨基酸总量（TAA）	65.36	/	70.96	/	69.24	/
EAA/NEAA	36.20	/	36.56	/	38.39	/
EAA/TAA	63.80	/	63.44	/	61.61	/

注：氨基酸含量为扣除了所有水分的含量

第二节　澳洲龙纹斑的加工

目前有关澳洲龙纹斑食品加工方面的介绍还很少，编者认为澳洲龙纹斑有着极大的加工和食用价值，具有良好的市场发展前景。通过加工澳洲龙纹斑，可以提高其产品附加价值，也更有利于促进澳洲龙纹斑食品的推广，延长澳洲龙纹斑的产业链。目前，较为受欢迎的鱼类加工食品有干制品、烟熏制品、鱼糜制品、水产罐头食品等。

一、干制品

水产品原料直接或经过盐渍、预煮后再自然或人工条件下干燥脱水的过程称为水产品干制加工，其产品称为干制品。干燥就是在自然或人工条件下，促使食品水分蒸发的工艺过程。脱水就是在人工控制的条件下，促使食品水分蒸发的工艺过程。一般情况下，水产品以鲜食为宜，但是因为各种因素，如温度变化、人们地区性不同等原因，就需要根据具体情况进行加工，使其失去水分，成为干制品，从而更加方便地保藏、运输。

干制品的基本加工流程是：原料预处理→ 漂洗 → 调味 → 干燥 → 烘烤 → 成型 →包装。

原料预处理：必须选取新鲜的、没有污染、无异味、无腐败现象，且符合相应国家标准、行业标准的规定的澳洲龙纹斑成品鱼，用水洗净后，去掉头部，并将内脏除去。经过处理后的鱼块经过流水或者喷淋冲洗干净，并在20min 之内加工处理。

调味：原料经过调味料拌味或者经过调味品浸渍后，经过相关干燥设备干燥后，水分含量低，便于保存。一般的调味干制品的原料可以根据市场需求，使用不同的调味品，澳洲龙纹斑加工过程中使用的调味品有酱油、食盐、味精、柠檬酸等。

干燥：常用的干燥方法有日晒、风干、热风处理干燥、冷冻干燥等，生产者可以根据不同的生产需要选择不同的干燥方法。

烘烤：烘烤是为了促进澳洲龙纹斑鱼肉成熟。

成型包装：经过一系列程序加工而成的澳洲龙纹斑鱼块干制品经过包装后，相关企业获得相关食品生产手续后即可销售。

二、罐头食品

水产罐头食品种类繁多，根据不同的加工方法，可以分为清蒸、油浸、茄汁等。现将澳洲龙纹斑推荐加工工艺介绍如下。

（一）清蒸加工方法

原料验收→原料处理→装罐→排气→密封→杀菌→冷却。

（二）茄汁加工方法

原料验收→原料处理→盐渍→装罐→蒸煮脱水→排气→密封→杀菌→冷却。

水产罐头食品杀菌：水产罐头食品的杀菌一般采用去除水分，即经过干燥处理后，即可达到杀菌效果，同时食品中的 pH 值、盐度也可影响杀菌效果，故在罐头中加入盐分，超过微生物的耐受盐度即可达到杀菌效果。

罐头食品常用的罐头容器：随着科学技术的发展，多种多样的罐头食品容器不断涌现，常用的是传统的镀锡罐，当然除了镀锡罐外，厂家可以根据生产能力和市场要求使用不同的罐头容器，以达到生产需求和利益最大化，但是所采用的容器都应该符合密封性良好和耐高温的特性。一般可以采用玻璃容器、金属罐头容器、软罐容器、硬塑容器等等。

澳洲龙纹斑加工除了罐头食品及干制品外，还有烟熏制品、鱼糜制品等加工方式，在此不做过多介绍。

第三节　鱼类食品安全

随着人们物质生活的提高，食品安全已成为人们非常关心和经常讨论的话题，但是食品安全现状却不容乐观，食品中毒事件频频发生，工业盐中毒、细菌中毒、农残中毒等防不胜防。因"利"而生的黑作坊屡禁不止，加工环境脏乱差、原材料腐烂劣质是黑作坊的标签，其生产的各种"黑暗食品"流向消费者的餐桌，消费者可能无一例外都消费过。鱼类食品安全是食品安全的一个重要环节，只有在把握食品安全的基础上，生产合格放心的水产食品，把握好每一个生产环节，把有毒物质及潜在的危险控制在最低限度，才能让消费者放心，企业的生命力才能得到长足的发展。

HACCP 体系是 Hazard Analysis Critical Control Point 的英文缩写，表示危害分析的临界控制点。HACCP 体系是国际上共同认可和接受的食品安全保证体系，主要是对食品中微生物、化学和物理危害进行安全控制。

建立 HACCP 的原理主要由以下 7 个基本原理组成。

（1）潜在危害和风险的寻找。

（2）确定关键控制点（CCP），确定能消除或减少危害的可控制工序。

（3）确定关键限值，保证 CCP 受到控制。

（4）确定监控 CCP 的措施。

（5）建立当监控超过极限时应采取的改正行为。

（6）制定验证的程序。

（7）建立审核程序。

同时，企业应遵守相关法律法规，不得使用违禁药物，保证养殖产品的质量安全。

第四节 澳洲龙纹斑的烹饪技术

澳洲龙纹斑的食用方法多种多样，最常的吃法有清蒸鳕鲈、鳕鲈汤、酱汁龙纹斑、生吃鳕鱼片等。现将澳洲龙纹斑的几种烹饪技术做简要介绍。

一、清蒸鳕鲈

原料：0.5～1kg 的澳洲龙纹斑商品鱼一条，葱、姜、蒜、盐、味精、料酒等常用配料。

做法：①将澳洲龙纹斑去鳃，去内脏，并用清水洗净备用。②用盐、葱、姜、味精等腌制 7min，并放置于摆盘上；汤中加入人参、黄芪、生姜、蘑菇等配料，放入蒸笼文火蒸制 30min 即可。

特点：色泽光亮，最大限度地保持了澳洲龙纹斑的原汁原味和营养，鲜香醇厚，口感细嫩。

二、鳕鲈汤

1. 原　料

取澳洲龙纹斑活鱼一条，体重为 0.5～1kg，熟冬笋片、水发香菇各 40g，菜心 3棵，绍兴黄酒、盐、葱、姜、香醋、味精等各少许。

2. 做　法

①将活鱼宰杀干净，切成大块，劈开鱼头，用开水略烫。②锅中加色拉油烧热，下姜块，葱段炸香，放入笋片、香菇、鳕鱼块煸透，加清水烧沸腾，加入黄酒熬至汤白，放入精盐、小菜心、香醋、味精或鸡精烧入味，装入汤碗即可。

三、酱汁龙纹斑

1. 原　料

澳洲龙纹斑去头、取鱼身中段，白糖、甜面酱、葱、姜等少许，黄酒少量，酱油少许，味精、猪油麻油、白汤等。

2. 做　法

（1）龙纹斑中段用刀切成两片，切排段形，在背上（有皮一面）削出刀纹，以扩大受热面。

（2）炒锅烧热，用油滑锅，加入油300g，烧至八成热，在鱼皮上涂少许酱油，推入油中，晃动炒锅略煎，倒入漏勺去油。

（3）炒锅烧热，放入猪油，旺火烧至六成熟，投入葱末，爆出香味，放入甜面酱，用勺搅至细腻，加入黄酒、将酱油、白糖等，精盐拌匀，拨入鱼段，握锅旋转，使鱼裹黏酱汁。

（4）随即加入白汤，略推，在旺火上烧展，端到小火上加盖焖烧3min，又加入白糖，焖至鱼熟。

（5）端回旺火上，滚浓汤汁，沿锅边淋入猪油，旋转炒锅，旋转至汤汁呈黏胶状，酱红色时，用漏勺把鱼捞出，沥出汤汁，翻身装盘。

（6）炒锅置于旺火上，再放入白糖、猪油，拌至汁更浓、色更深时，放入麻油略拌，出锅浇在鱼身上，洒上姜末即可。

四、生鱼片

1. 原　料

鲜活的澳洲龙纹斑成品鱼、柠檬、蔬菜水果、葱丝、姜丝、酱油、盐、生抽等。

2. 做　法

（1）鱼要活，在鱼尾上两面个给一刀，不要把鱼尾切断，把鱼放入有水的盆里，叫鱼慢慢把血流，需要点时间；

（2）鱼血放的差不多时，把鱼鳞去掉，内脏掏出，鱼头也清理好；

（3）把鱼肉和鱼骨分开，包括鱼肚上的鱼骨，再把鱼肉和鱼皮分开；

（4）把分好的鱼肉用白毛巾包好，再次用毛巾吸鱼肉上很少的血，有血的鱼肉很难吃；

（5）把鱼肉用刀切成很包的片，切好一片就放再用保险膜隔离的冰上，这才能保持鱼肉的鲜美；

（6）切好后就可以食用了，在自己的调料盘里放入少许姜丝葱丝，在把鱼片放入，放少许花生油、盐，可以放生抽，也可不放，搅拌好就可以吃了。

参考文献

艾红等.2008.世界对虾生产及其贸易特征分析［J］.南方水产，4（6）：113－119.

艾红等.2008.我国对虾产品贸易结构与出口竞争力分析 [J].广东农业科学 (11)：127-131.

毕华刚.2015.醋鲐鱼加工方法 [P].中国专利：CN104351854A,2015-02-18.

蔡燕芬.2004.食品储存期加速测试及其应用 [J].食品科技 (1)：80-82.

岑剑伟等.2008.不同养殖模式的凡纳滨对虾品质的比较 [J].水产科学,32 (1)：39-44.

岑剑伟等.2008.我国水产品加工行业发展现状分析 [J].现代渔业信息,23 (7)：6-9.

陈奇.2011.淡水鱼脱腥技术 [P].中国专利：CN102132898A,2011-07-27.

陈卫平等.2011.一种即食香酥鱼的加工方法 [P].中国专利：CN102132901A,2011-07-27.

程宗明.2015.一种鲈鱼的加工方法 [P].中国专利：CN104544310A,2015-04-29.

GB 2760—2014 食品安全国家标准食品添加剂使用标准 [S].

GB 2762—2012 食品安全国家标准食品中污染物限量 [S].

GB 2763—2014 食品安全国家标准食品中农药最大残留限量 [S].

惠增玉等.2014.一种夹心鱼肉烤肠及其加工方法 [P].中国专利：CN104172281A,2014-12-03.

孔保华.2003.HACCP 与其他质量保证体系 [J].肉品卫生 (03).

李江平等.2005.中华人民共和国国家标准.GB10144—2005.动物性水产干制品卫生标准 [S].北京：中国标准出版社.1-2.

李少洋.一种蟹柳的加工方法 [P].中国专利：CN104432225A,2015-03-25.

李晓萍.2006.我国超市食品安全问题及其对策研究 [J].江苏商论 (05).

李志勇等.2010.国内外农食产品重金属限量比较分析 [J].食品科技,35 (6)：318-321.

林孟德.2011.一种半干鲜咸鱼的加工方法 [P].中国专利：CN102273663A,2011-12-14.

刘同军等.一种脱水鱼肉棒食品的加工方法 [P].中国专利：CN105054130A,2015-11-18.

刘晓红.2002.HACCP 认证的发展及其在我国的应用 [J].轻工标准与质量 (05).

刘秀梅等.2008.GB/T4789.2—2008.食品卫生微生物学检验菌落总数测定 [S].北

京：中国标准出版社. 1 - 5.

刘瑛等. 2009. 日本"肯定列表制度"中食品分类体系研究 [J]. 农业质量标准
（S）：53 - 56.

吕青等. 2006. 加拿大 HACCP 体系建立和实施的政府管理及政策的探讨 [J]. 食品
科技（10）.

罗海波等. 2005. 水分活度降低剂在虾干加工中的应用研究 [J]. 食品科学，26
（8）：181 - 814.

潘英等. 2001. 海水和淡养南美白对虾肌肉营养成分的分析比较 [J]. 青岛海洋大学
学报，3（6）：828 - 834.

宋其祥. 一种带鱼的加工方法 [P]. 中国专利：CN104351850A，2015 - 02 - 18.

汪超等. 一种腌制荷叶脱腥鱼包的制备方法 [P]. 中国专利：CN103859468A，
2014 - 06 - 18.

王汝娟等. 1997. 对虾不同部位重要化学成分测定 [J]. 微量元素与健康研究，14
（2）：39 - 40.

王秀华. 姜汁鲐鱼加工方法 [P]. 中国专利：CN104351856A，2015 - 02 - 18.

吴国辉等. 2004. 牛肉干加工过程中 HACCP 的研究 [J]. 中国食品卫生杂志（01）.

吴燕燕等. 2008. 栅栏技术优化即食调味珍珠贝肉工艺的研究 [J]. 南方水产，4
（6）：56 - 62

邢秀芹. 2005. 肉制品中的微生物及其安全问题 [J]. 肉类研究（04）.

杨华. 一种海水鱼肉生物脱腥方法 [P]. 中国专利：CN101803762A，2010 - 08 - 18.

杨贤庆等. 2006. 高水分半干牡蛎生产工艺技术研究 [J]. 食品科学，27（11）：
343 - 346.

杨宪时. 2006. 中化人民共和国水产行业标准 SC/T3204—2000. 虾米 [S]. 北京：中
国标准出版社，1 - 5.

张成. 2004. 2003 年全国渔业经济形势分析 [J]. 中国渔业经济（1）：12.

张登沥. 2004. HACCP 与 GMP、SSOP 的相互关系 [J]. 上海水产大学学报（03）.

赵红萍等. 2006. 中华人民共和国农业行业标准 NY5058—2006 无公害食品海水虾
[S]. 北京：中国标准出版社，1 - 4.

郑冬梅. 2006. 完善农产品质量安全保障体系的分析 [J]. 农业经济问题（11）.

郑立. 2008. 微生物方法快速测定食品保质期的研究 [J]. 中国卫生检验杂志，18
（3）：566.

朱加虹. 2003. 食品安全现状与 HACCP 应用前景 ［J］. 食品科学（08）.

Codex Stan. Codex general standard for food additives ［S］.

FDA. Code of federal regulations：title 21-food and drugs ［S］.

（饶秋华、黄敏敏、罗志强执笔）

第十一章 附　　录

第一节　渔药的管理和规范使用

一、渔药的定义、分类及特点

（一）定义

渔药是"用以预防、控制和治疗水产动植物的病虫害，促进养殖品种健康生长，增强机体抗病能力以及改善养殖水体的一切物质。

（二）分类

目前大多以其使用目的进行分类。大体可分 9 大类。

（1）环境改良剂是以改良养殖水域环境为目的所使用的药物，包括底质改良剂、水改良剂和生态条件改良剂。

（2）消毒剂是以杀灭水体中的微生物（包括原生动物）为目的所使用的药物，包括氧化剂、双链季铵盐、有机碘等。

（3）抗微生物药是指通过内服、浸浴或注射，杀灭或抑制体内微生物繁殖、生长的药物，包括抗病毒药、抗细菌药、抗真菌药等。

（4）抗寄生虫药是指通过药浴或内服，杀死或驱除体外或体内寄生虫以及杀灭水体中有害无脊椎动物的药物，包括抗原虫药、抗蠕虫药和抗甲壳动物药等。

（5）生物制品是指通过物理、化学手段或生物技术制成微生物及其相应产品的药剂，通常有特异性的作用，包括疫苗、免疫血清等。广义的生物制品还包括微生态制剂。

（6）微生态制剂是一类活的微生物制剂，具有改善机体微生态平衡的作用，主要是细菌或真菌，对动物有益，可改善动物的代谢，无致病性，对致病微生物并有一定程度的抑制作用，从而达到预防疾病的目的。微生态制剂除活的细菌等外，一般还包括促进这些微生物生长的物质，称为益生元（Prebiotics），如寡糖。活的微生物制成的微生态制剂则称为益生菌（Probiotics）。

（7）中草药指为防治水产动植物疾病或养殖对象保健为目的而使用的药用植物，经加工或未经加工，也包括少量动物及矿物。

（8）其他包括抗氧化剂、麻醉剂、防霉剂、增效剂等药物。

（三）特 性

药物按照其应用的范围一般分为3大类，即人用药物、兽药及农药。渔药是与渔业生产及水生生物如观赏鱼类有关的药物，又称水产药，可另列一类。尽管在多数情况下渔药被包括在兽药之内，但是渔药有明显的特点，主要表现为其应用对象的特殊性以及易受环境因素影响两方面。其应用对象主要是水生动物，其次是水生植物以及水环境。用于水生动物的药物与兽药以及人用药物的关系较密切，而用于水生植物的药物则多与农药有关。当然，在渔药中占主要地位的是水生动物药物，国内外对渔药的研发及应用主要也集中于此。渔药可直接用于鱼体，但在很多情况下需要施放在水中，因此其药效受水环境的诸多因素如水质、水温等影响，这是与人用药物及兽药的较大差别之一。

以上从渔药的定义谈起，渔药的分类因对其药理作用研究尚不够充分，远不如兽药分类那么完备。渔药的特性也决定了非常有必要理顺渔药与兽药在管理工作上的关系，克服重复管理、管理上的盲点、死角等现象。

二、渔药残留危害及监控

近年来，渔药残留因对人体健康造成威胁而引起广泛关注，对残留的监控与管理也引起了足够重视。

（一）概 念

渔药残留的定义是指水产品的任何食用部分中渔药的原型化合物或（和）其代谢产物，并包括与药物本体有关杂质在其组织、器官等蓄积、贮存或以其他方式保留的现象。目前水产品中主要有喹诺酮类、抗生素类、磺胺类和呋喃类以及某些激素等残留。

（二）危 害

一般来说渔药残留可造成以下危害（详见表11-1）。

（1）毒性作用。水产品中药物残留水平通常都很低，除极少数能发生急性中毒外，绝大多数药物残留，在人类长期摄入这种水产品后，药物会不断在体内蓄积，当浓度达到一定量时，通常就会对人体产生慢性、蓄积毒性作用，如磺胺类可引起肾脏损害，特别是乙酰化磺胺在酸性尿中溶解度降低，析出结晶后损害肾脏；氯霉素可以引起再生障碍性贫血，导致白血病的发生等。

（2）产生过敏反应和变态反应。有些药物具有抗原性，当这些药物残留于水产品被人摄入后，能使部分敏感人群致敏，刺激机体形成抗体，当再接触这些药物或用于治疗时，这些药物就会与抗体结合生成抗原抗体复合物，产生过敏反应，严重者可引起休克，短时期内出现血压降低、皮疹、喉头水肿、呼吸困难等严重症状，如青霉素、四环素、磺胺类及某些氨基糖苷类抗生素等。呋喃类引起人体的过敏反应，表现在周围神经炎、药热、嗜酸性白细胞增多为特征。磺胺类药的过敏反应表现在皮炎、白细胞减少、溶血性贫血和药热等。青霉素类药物引起的变态反应，轻者表现为接触性皮炎和皮肤反应，严重者表现为致死性过敏性休克。四环素的变应原性反应比青霉素少，但四环素药物可引起过敏和荨麻疹。

（3）导致耐药菌株的产生。由于药物在水产动物体内残留，并通过有药残的水产品在体内诱导某些耐药性菌株的产生，给临床上感染性疾病的治疗带来一定的困难，耐药菌株感染往往会延误正常的治疗过程。至今，具有耐药性的微生物通过动物性食品移生到人体内而对人体健康产生危害的问题尚未得到解决。

（4）导致菌群失调。在正常情况下，人体肠道内的各种菌群是与人体的机能相互适应的，但是残留的影响会使这种平衡发生紊乱，造成一些非致病菌的死亡，使菌群的平衡失调，从而导致长期的腹泻或引起维生素缺乏等反应，对人体产生危害。

（5）产生致畸、致癌、致突变作用。残留药物会不断在体内蓄积，当浓度达到一定量时，便会对人体产生毒性作用。对人类会产生较强的"三致"作用的药物有孔雀石绿、双甲脒等。

（6）激素作用。一些激素及其类似物，主要包括甾类同化激素和非甾类同化激素，在肝、肾注射或埋植部位常有大量同化激素残留存在。人们一旦食用含有其残留的水产品，可产生一系列激素样作用，造成人类生理功能紊乱，如潜在发育毒性（儿童早熟）及女性男性化或男性女性化现象。

（7）病原生物产生抗药性。长期滥用药物导致的药物残留会使细菌发生基因突变或转移，使部分病原生物产生抗药性。如鳗鲡赤鳍病病原菌嗜水气单胞菌对药物的平均耐药率为 69.4%；人工分离的大西洋鲑疖疮病病原菌杀鲑气单胞菌 55% 的菌株对土霉素有抗性，37% 的菌株对噁喹酸有抗药性。此外耐药性质粒又可在人和动物的细菌中相互传播，对人类也构成潜在威胁。

（8）水环境生态毒性。水生动物用药以后，药物以原型或代谢物的形式随粪、尿等排泄物排出或直接在水环境中泼洒药物均会造成水环境中药物的残留（表 11 - 1）。这些药物残留会对低等水生动物有较高的毒性作用，使水环境中对药敏感的种群减少或消失。低剂量的抗菌药长期排入环境中，会造成敏感菌耐药性的增加，且耐药基因不仅可以贮存于水环境中，而且可以通过水环境扩展和演化。此外，进入环境中的渔药残留，在多种环境因子的作用下，可产生转移、转化或在动植物中蓄积。

表 11 - 1 部分渔药残留的危害

药物名称	危 害
氯霉素	抑制骨髓造血功能，造成过敏反应，引起再生障碍性贫血，此外还可引起肠道菌群失调及抑制抗体形成
呋喃类	长期使用和滥用会对人造成潜在危害，引起溶血性贫血，多发性神经炎，眼部损害和急性肝坏死等病
磺胺类药	使肝肾等器官负荷过重引发不良反应，如颗粒性白细胞缺乏症，急性及亚急性溶血性贫血，以及再生障碍性贫血等症状
孔雀石绿	致癌、致畸、致突变，能溶解足够的锌，引起水生生物中毒
硫酸铜	妨碍肠道酶（如胰蛋白酶、α-淀粉酶等）的作用，影响鱼摄食生长，使鱼肾血管扩大，血管周围的肾坏死，造血组织破坏，肝脂肪增加
甘汞、硝酸亚汞、醋酸汞等汞制剂	易富集中毒，蓄积性残留造成肾损害，有较强的"三致"作用
杀虫脒、双甲脒等杀虫剂	对鱼有较高毒性，中间代谢产物有致癌作用，对人类具有潜在的致癌性
林丹	毒性高，自然降解慢，残留期长，有富集作用。长期使用，通过食物链的传递，可对人体致癌
毒杀芬	毒性大，对斑点叉尾鮰 96hrs 的 LC_{50} 为 0.0131mg/L，对生物有富集作用，对水产动物有致病变的潜在危险
喹乙醇	对水产养殖动物的肝肾功能造成很大的破坏，应激能力和适应能力降低，捕捞、运输时发生全身出血而死亡，还可致鲤贫血
己烯雌酚、黄体酮等雌激素	扰乱激素平衡，可引起恶心、呕吐、食欲不振、头痛等，损害肝脏和肾脏，导致儿童性早熟，男孩女性化，还可引起子宫内膜过度增生，诱发女性乳腺癌、卵巢癌、胎儿畸形等疾病
甲基睾丸酮、甲基睾丸素等雄激素	引起雄性化作用，对肝脏有一定的损害，可引起水肿或血钙过高，有致癌危险

值得指出的是，大多数药物在机体作用下都会发生生物转化，形成极性较强、水溶性较大的代谢产物。然而目前的研究多针对原形药物，对代谢产物的涉及较少，但其残留的危害，应引起足够关注和重视，如磺胺甲基异噁唑的代谢产物乙酰—磺胺甲基异噁唑，恩诺沙星的代谢产物环丙沙星现已被禁用等。

(三) 监 控

水产品中渔药残留的监控最重要的是从源头抓起，加强渔药的安全、科学、合理使用，实施渔药生产、销售和规范使用的管理。

1. 国外管理机构及其职能

（1）1986 年在世界卫生组织（WHO）和联合国粮农组织（FAO）成立的食品法典委员会下设立食品中兽药残留法典委员会（CCRVDF），兽药残留法典委员会负责讨论药物残留的有关问题，并决定食品中兽药允许残留量（MRL）。

（2）美国：涉及兽药残留管理的有三个机构，分别是国家环保局（FPA）、食品药物管理局（FDA）和农业部（USDA）。残留计划由农业部食品安全与监督局（FSIS）负责具体实施。美国 FDA 的海湾水产品实验室（GCSL）将研究兽药残留极其检测方法作为主要工作，发表了许多论文，有的被列为 AOAC 方法。1982 年，在美国农业部的资助下建立了"避免食品动物中残留数据库（FARAD）"，供兽医和养殖者查询，现已发展为国际性数据库（饱和脂肪酸 RAD）。

（3）欧盟：1971 年发布"饲料添加剂导则"，首次提出药物的安全与残留问题，1990 年颁布了动物源食品中兽药的最高残留限量（MRL）标准，并以 2377/90/EEC 指令规定了建立 MRL 的原则和方法，以后都已补充规定的形式增加兽药的最高残留限量规定。

（4）日本：日本农林水产省水产厅发布"渔用药物使用指南"，对药物使用方法、休药期等进行规定，并根据使用情况定期进行修订、补充。

（5）澳大利亚：1992 年颁布《国家残留监督管理法》《国家残留扣押法》和《国家残留结果规定法》以及《农业和兽医化学物质使用法》。由此可见，国际上对药物残留的管理已经比较完备，我国可以借鉴其先进的管理理念与措施。

2. 监控体系的建立

国外对渔药残留的控制有一系列的规定和措施。

（1）对药物的使用规范和安全性有制定了严格的法规。

（2）对渔（兽）药开发、生产的各阶段均有规范指令文件予以控制，如实验室管理规范（GLP）、临床实验技术规范（GCP）、药品生产质量管理规范（GLP）等。

（3）对动物的药效实验研究及其临床试验均具有完整的研究报告和有关的详细记录，以供管理部门和有关专家审核。

（4）对一些致癌类的药物和对人体构成潜在威胁的药物规定为不得检出，并研制出极为灵敏的检测方法。

（5）可使用的化学治疗药物规定了不会对人类与环境造成危害的允许残留的限量，同时根据药物的代谢情况确定了相应的休药期。

因此我国需要建立有效的监控网络，其中最主要的是残留监控实验室网络的建设，它包括国家级渔药残留监控基准实验室、区域性检测实验室、省级实验室以及监控检测点（站）等。基准实验室应该是该网络的中枢，它主要负责检测方法的确定与验证，检测实验室间的协调，争议的仲裁，检测数据的最终判定以及与国际相应组织的联系与交涉。区域性的检测实验室负责对省级实验室的检查和指导，检验人员的培训，对区域内有影响的对象进行监测。省级实验室以及监控检测点（站）是根据本地区的情况实施监控的末端。

3. 国外推荐使用、禁限用渔药品种目录的制定

不同国际组织和不同国家对禁限用药物有不同的要求，并都有明确的法规或管理规定，而且这些规定又经常不定期修改，所以养殖者要经常关注这些变化。

4. 最高残留限量（MRL）的制定

出于对食品安全及环境保护的考虑，MRL 评估为世界各国所重视。

（1）世界食品法典委员会（CAC）由联合国粮农组织（FAO）与世界卫生组织（WHO）派员组建，负责确定药物的 MRL，并经该组织的食品兽药残留委员会（CCRVDF）作出进一步评价后公布。

（2）欧盟规定，对几乎所有的兽药包括应用于水产已数十年的知名化学药物，都要进行 MRL 评价，此项工作已于 1999 年 12 月结束。MRL 评估的结果是将兽药分 4 个附录，分别为：有确定 MRL 的兽药、无须提交 MRL 的兽药（宠物用药）、暂定 MRL 的兽药及未确定 MRL 的兽药，最后一类已被禁止使用。欧盟批准使用噁喹酸、土霉素等 19 种。就用药的鱼类而言，鲑鳟鱼的 MRL 标准亦可应用于其他无相应标准的鱼类。

（3）美国的 FDA 兽药中心（CVM）负责动物药品的制造、经营和使用，CVM 负责批准用于食品动物的药物种类，并确定药物残留允许量（tolerence）及休药期。美国目前实际批准使用的化药类渔药的种类少于欧盟。据 1998 年的统计，美国批准使用土霉素、MS-222 等 5 种。

5. 检测技术的运用

为能快速确定水产品中是否有残留，大致确定残留药物的类别，国外通常做法是遵循一定程序对被测水产品进行取样，按规范要求对样品进行快速筛选检验，然后再用更精确的方法确证超标药物的品种和准确含量。

实验室检测，要符合以下几个原则。

（1）应选择国家认可的，有资质的渔药残留检测实验室。

（2）根据国家发布的渔药残留检测技术规范进行操作。在无国家规定的情况下，

一般先通过查阅文献，除掌握有关分析方法研究与应用的动态和存在的问题之外，还要了解以下内容：待测物的理化性质，如极性、溶解性、酸碱性、稳定性、熔点或蒸汽压、波谱学性质等；体内过程，包括代谢产物、组织分布、排泄途径等，从而选择检测方法。

（3）在进行药残检测、分析时要注意以下四个问题：①执行官方采样程序，注意取样的科学性与代表性。②采取适宜的样品前处理方法。③选择正确的药物分析方法。④作出准确的结果判断。要根据抽样、检测、养殖用药和国家的需要判断结果，做到客观、公正、正确。

（四）管理措施

1. 法规、标准体系建设

（1）美国FDA（1994）制定了"化合物在食品动物中使用安全评价的基本原则"，1996年颁布了"动物药品可用法"和"动物医疗药物说明"两项法规，对兽药使用安全有法律上的规定。

（2）欧盟、日本等国家对水产品公害有明确的法规限制，特别是对重金属、洗涤剂、激素等有毒有害物质残留和渔用药物的使用严加限制；对进口水产品的致病菌严格检验。

（3）FAO/WHO在1995年、1997年、1999年连续召开有关危险性分析与食品安全方面的国际会议，提出了危险性分析的定义、框架及三个要素的应用原则和应用模式，从而奠定了一整套完整的危险分析理论体系；促进了有关食品安全措施的协调一致。

目前我国关于渔药的法律法规还不健全，食品安全的危险性分析技术还未建立；对水产品安全性和质量保证体系的研究工作较少，至今没有进行全面的水产品中药物残留的监控技术和限量标准的研究，未建立规范用药制度、生产日志制度、环境检测制度、大型养殖场登记报备制度等。

2. 审批管理

国外渔药审批管理大多隶属于兽药管理机构或与之相配合的渔药分支机构。渔药的审批管理应重在审批的理念，即根据什么指导思想来进行审批才是要害所在。

国外对药物审批多有一套较严密的体系，美国的食品与药品管理局（FDA）是其代表。FDA在允许渔用药品注册之前，规定须审定以下几方面。

（1）药物对人类安全性的各项指标。

（2）药物作用于病原的有效性。

（3）药物作用于所有非病原生物的各种毒性。

（4）药物对环境造成的影响。

（5）运用残留动力学建立的有关渔药的残留量及药物在体内的半衰期（指食用性鱼类使用的药物）。

3. 生产管理

（1）根据我国农业部的明文规定，2005 年以前全国兽药生产行业必须达到 GMP标准。

（2）企业必须按农业部制定的生产质量管理规范组织生产。如原料，辅料应当符合国定标准或生产质量要求，出厂前经过质量检验，附产品合格证。

（3）一般每两年对生产企业作一次常规的以及特别项目抽查监测，对质量投诉案件派人员到企业调查监测，并出具公开的报告，接受公众监督。

（4）严禁"三无"渔药的生产，杜绝假冒劣质渔药的生产。

4. 销售管理

目前在管理方面仍需加强的是对上市后渔药的管理和监测。

（1）严格《渔（兽）药经营许可证》制度，严厉打击无证经营和销售假冒伪劣渔药、"三无"渔药的现象。

（2）加强渔药市场的监管和指导，定期与不定期地对市场上的渔药质量进行抽查监督，让用户能买到优质药、放心药，切断禁用药物在渔药市场上的流通渠道。

（3）有关职能部门必须注意收集并评估渔药上市后的资料：如涉及动物或人的自发性不良反应报告，包括渔药缺乏预期药效或错误使用的情况；人体对渔药的可疑不良反应；耐药性的流行病学研究；对环境的潜在影响；违反渔药允许残留限量的事例；渔药风险、效益评估等等。

（四）渔药的规范使用

规范用药，就是要从药物、病原、环境、养殖动物本身和人类健康等方面的因素考虑，有目的、有计划和有效果地使用渔药，包括正确选药、适宜用药、合理给药和药效评价等。

1. 遵守相应的规定

严格按照国家和农业部的规定，不得直接使用原料药，严禁使用未取得生产许可证、批准文号的药物和禁用药物，水产品上市前要严格遵守休药期。

2. 建立用药处方制度

渔药与人用药物及兽药一样，使用应该科学合理，必须有专业人士的指导和监督。我国应探索实施水产执业兽医制度，使用处方药，使渔药的使用由无序到有序、由盲目到科学，如没有兽（渔）医的处方，就不能购买抗生素等，从而在源头上杜绝了抗生素的滥用。

3. 正确诊断病情

（1）查明病因在检查病原体的同时，对环境因子、饲养管理、以及疾病的发生和流行情况进行调查，做出综合分析。

（2）详尽了解发病的全过程了解当地疾病的流行情况，养殖管理上的各个环节，以及曾采用过的防治措施，加以综合分析，将有助于对体表和内脏检查，从而得出比较准确的结果。

（3）调查水产动物饲养管理情况包括清塘的药品和方法；养殖的种类、来源；放养密度；放养之前的消毒及消毒剂的种类、质量、数量；饲料的种类、来源、数量等。

（4）调查有关的环境因子包括调查水源中有没有污染源，水质的好坏，水温的变化情况，养殖水面周围的农田施放农药的情况，底质的情况，水源的污染等。

（5）调查发病情况和曾经采取过的防治措施包括发病的时间，发病的动物，死亡情况，采取的措施等。

（6）病体检查在养殖池内选择病情较重、症状比较明显，但还没有死亡或刚死亡不久的个体来进行病体检查，且每种水产动物应多检查几条。

4. 选药原则

鼓励使用国家颁布的推荐用药，注意药物相互作用，避免配伍禁忌，推广使用高效、低毒、低残留药物，并把药物防治与生态防治和免疫防治结合起来。

（1）有效性。首先要看药物对这种疾病的治疗效果怎样。给药后死亡率的降低常是确定给药疗效的一个主要依据，但还必须从摄食率、增重率、饲料效率等方面与对照组进行比较无差异，并以病理组织学证明治愈作为依据。

在选择抗菌素时应依据以下几点：①要根据细菌的特性，选择合适的药物的抗菌谱。②在养殖现场分离到的致病菌株进行药物敏感性试验。③抗菌素对致病菌的作用类型为了增强药物的针对性，了解药物对病原菌的作用类型是很有必要的。

（2）安全性。渔药的安全问题也越来越引起重视。在选择药物时，既要看到它有治疗疾病的作用，又要看到其不良作用的一面，有的药物虽然在治疗疾病上非常有效，但因其毒副作用大或具有潜在的致癌作用而不得不被禁止使用。如治疗草鱼的细菌性肠炎病，通常选用抗菌药内服，而不选用消毒液内服，特别是重复多次用药物时。

（3）方便性。渔药和兽药大多是直接对个体用药，而渔药除少数情况下使用注射法和涂擦法外，都是间接地对群体用药，投喂药饵或将药物投放到养殖水体中进行药浴。因此，操作方便和容易掌握是选择渔药的要求之一。

（4）经济性。从两方面考虑：①临床用药经济分析要分析用药后，病害能不能治愈，治愈后，水产动物生长的快慢，品质，销售价格等方面综合考虑，用药是否经济。不鼓励用药，能够不用药就不用药。②选择廉价易得的药物。水产养殖由于具有广泛、分散、大面积的特点，使用药物时需要的药量比较大（尤其是药浴），应在保证疗效和安全性的原则下选择廉价易得的药物。

5. 给药途径的选择

（1）口服法。口服法用药量少，操作方便，不污染环境，对不患病鱼，虾类不产生应激反应等。常用于增加营养，病后恢复及体内病原生物感染，特别是细菌性肠炎病和寄生肠虫病，但其治疗效果受养殖动物病情轻重和摄食能力的影响，对病重者和失去摄食能力的个体无效，对滤食性和摄食活性生物饵料的种类也有一定的难度。另外有一种强制性的口服方法——口灌法，能够保证药物摄入比较充分，用药量准确，是一种有效的治疗方法，但操作比较麻烦，用药过程易造成鱼体损害，是一种只能作为最后采取的治疗措施（在病鱼不摄食时使用）或试验研究使用的方法。

（2）药浴法。按照药浴水体的大小可分为遍洒法和浸洗法；根据药液浸泡的浓度和时间的不同，可以分为瞬间浸泡法、短时间浸泡法、长时间浸泡法、流水浸泡法。遍洒法是疾病防治中经常使用的一种方法。浸洗法用药量少，操作简便，可人为控制，对体表和鳃上病原生物的控制效果好，对养殖水体的其他生物无影响，是目前工厂化养殖经常应用的一种药浴方法。在人工繁殖生产中从外地购买的或自然水体中捕捞的亲鱼、亲虾、亲贝等及其受精卵也可用浸洗法进行消毒。

（3）注射法。鱼病防治中常用的注射法有两种，即肌肉注射和腹腔注射法。此法用药量准确，吸收快，疗效高（药物注射）、预防（疫苗、菌苗注射）效果好等，具有不可比拟的优越性，但操作麻烦，容易损伤鱼体。合适对象是那些数量少又珍贵的种类，或是用于繁殖后代的亲本。治疗细菌性疾病用抗生素类药物，预防病毒病或细菌感染用疫苗、菌苗等。

（4）涂抹法。具有用药少，安全、副作用小等优点，但适用范围小。主要用于少量鱼、蛙、鳖等养殖动物，以及因操作、长途运输后身体受损伤或亲鱼等体表病灶的处理。适用于皮肤溃疡病及其他局部感染或外伤。

（5）悬挂法用于流行病季节来到之前的预防或病情轻时采用。具有用药量少、成本低、方法简便和毒副作用小等优点，但杀灭病原体不彻底，只有当鱼、虾游到挂袋食场吃食及活动时，才有可能起到一定作用。目前常用的悬挂药物有含氯消毒剂、硫酸铜、敌百虫等。

（6）给药剂量的确定。通常，药物的剂量分为最小有效量、常用量（即治疗量）、极量、中毒量。剂量的选择范围一般是在最小有效量以上，极量以下的药量称之为安全范围。药物在池塘中受各种理化和生物因子的影响，诸如 pH 值、溶解氧、水温、硬度、盐度、有机质和浮游生物的含量等，也是考虑药物剂量的因素。

（7）疗程的确定。用药的疗程要考虑两方面的因素，一是给药的时间间隔，即一种养殖生物经确诊疾病后，每日用药一次抑或每日用药两次或更多，或隔日用药一次；二是总共应当用药多少次和多少天。用药的次数应根据病情需要，以及药物的消除速率而定。对药物半衰期（$T_{1/2}$）短的药物，给药次数要相应增加，长期用药应注意避免积蓄中毒。具体给药方案的确定应根据药物代谢动力学（药物在机体内吸收、分布和消除的过程）以及药物在机体内对病原体的作用力确定的（最小抑菌浓度，MIC）。用户必须按照药物的使用说明，严格用药的次数和全程用药量，切勿随意增减，对毒性大的或消除慢的药物，应规定每日的用量和疗程。另外，用药时间的选择，则应根据具体的药物、养殖的种类、疾病的类型等综合考虑。例如日本对虾患细菌性弧菌病，则应在傍晚或夜间投喂抗菌素药饵，因为日本对虾白天潜伏于泥沙而晚上外出并摄食的习性，因此在夜间投喂药饵对该病的防治更为有效。

第二节　水产养殖禁用药

当你开始从事水产养殖业时，首先必须了解有些药物在水产养殖过程中是绝对不能使用的，否则将因违法而遭受处罚，见表 11 - 2。

一、禁用药物清单

表 11 -2　禁用药物清单

序号	兽药及其化合物名称	禁止用途	禁止动物
1	兴奋剂类：克仑特罗 Clenbuterol，沙丁胺醇 Salbutamol，西马特罗 Cimaterol 及其盐，酯及制剂	所有用途	所有食品动物
2	性激素类：己烯雌酚 Diethylstilbestrol 及其盐，酯及制剂	所有用途	所有食品动物
3	具有雌激素样作用的物质：玉米赤霉醇 Zeranol，去甲雄三烯醇酮 Trenbolone，醋酸甲孕酮 Mengestrol Acetate 及制剂	所有用途	所有食品动物
4	氯霉素 ChlorampHenicol 及其盐、酯（包括琥珀氯霉素 CholrampHenicol Succinate）及制剂	所有用途	所有食品动物

（续表）

序号	兽药及其化合物名称	禁止用途	禁止动物
5	氨苯砜 Dapsone 及制剂	所有用途	所有食品动物
6	硝基呋喃类：呋喃唑酮 Fuazolidone，呋喃他酮 Furaltadone，呋喃苯烯酸钠 Nifurstyrenate sodium 及制剂	所有用途	
7	硝基化合物：硝基酚钠 Sodium nitropHenolate，硝呋烯腙 Nitrovin 及制剂	所有用途	所有食品动物
8	催眠，镇静类：安眠酮 Methaqualone 及制剂	所有用途	所有食品动物
9	林丹（丙体六六六）Lindane	杀虫剂	所有食品动物
10	毒杀芬（氯化烯）camahechlor	清塘剂杀虫剂	所有食品动物
11	呋喃丹（克百威）Carbofuran	杀虫剂	所有食品动物
12	杀虫脒（克死螨）Chlordimeforn	杀虫剂	所有食品动物
13	双甲脒 Amitaz	杀虫剂	所有食品动物
14	酒石酸锑钾 Antimony potassium tartrate	杀虫剂	所有食品动物
15	锥虫胂胺 Tryparsamide	杀虫剂	所有食品动物
16	孔雀石绿 Malachite green	抗菌杀虫剂	所有食品动物
17	五氯酚酰钠 PentachloropHenol sodium	杀螺剂	所有食品动物
18	各种汞制剂包括：氯化亚汞（甘汞）Calomel，硝酸亚汞 Mercurous nitrate，醋酸汞 Mercurous acetate，吡啶基醋酸汞 Pyridyl mercurous acetate	杀虫剂	所有食品动物
19	性激素类：甲基睾丸酮 Methyltestosterone，丙酸睾酮 Testosterone propionate，苯丙酸诺龙 Nandrolone pHenylpropionate，苯甲酸雌二醇 Estradiol Benzoate 及其盐，酯及制剂	促生长	所有食品动物
20	催眠，镇静类：氯丙嗪 Chlorpromazine，地洋泮（安定）Diazepam 及其盐，酯及制剂	促生长	所有食品动物
21	硝基咪唑类：甲硝唑 Metronidazole，地美硝唑 Dimetronidazole 及其盐，酯及制剂	促生长	所有食品动物

注：中华人民共和国农业部公告（第 193 号），对所有养殖者

二、如何避免误用违禁药（药物使用程序）

（1）当你因防病治病打算用药时，请先向当地渔病诊疗机构或水产技术推广部门咨询，了解渔病症状及药物疗效，确定拟购买的药物品种（处方药应由具资质的人员出具处方）。

（2）当你向渔药店购买渔药产品时，首先应该查看产品标签（生产企业名称、产品批准文号、产品批号、生产日期等），以防购买假药；其次必须查对它的成分含量，

如产品中含有《违禁药物清单》中的成分，切忌购买。

（3）渔药使用应严格按照水生生物病害防治人员或说明书的要求进行操作。遇到问题应及时向渔病诊疗机构或水产技术推广部门咨询，切忌滥用。

（4）对原常规使用的一些渔药有必要进行一次清理，了解其是否已被列入《禁用药物清单》，同时要咨询相关部门，确定可使用的替代品。

（5）合理放养密度、科学投喂饲养、池底清淤消毒、换水曝气增氧等生态养殖规范，是控制鱼病爆发、减少渔药使用的关键。一旦发现养殖生物非正常死亡，在对症下药的同时，要做好隔离预防措施，防止疾病扩散传播。

三、药物使用管理

（1）购买渔药后应向卖方索取销售凭证，并将产品名称、采购数量、采购单位等内容登入《渔药采购入库记录》。有条件的养殖生产者，应保留每种渔药的样品（2个最小包装），以备发生养殖水产品质量意外事故时的原因查找。若是渔药质量原因造成的，则可作为索赔依据。

（2）渔药产品必须专库存放，专人保管，出库领用时应填写《渔药出库领用记录》。

（3）渔药产品使用时，应认真填写包括渔药品名、用药时间、地点、方法、数量等内容的《渔药使用记录》；完整真实的用药记录是进行合法养殖生产所必备的条件。

（4）发现可能与渔药使用有关的严重不良反应，应当立即向所在地渔业主管部门报告。

（5）违法用药的法律责任。

国家规定：禁止使用假、劣兽药以及国务院兽医行政管理部门规定禁止使用的药品和其他化合物。禁止在饲料中添加激素类药品和国家规定的其他禁用药品。禁止将原料药直接添加到饲料中或直接饲喂养殖水产品。禁止将人用药用于动物。禁止销售含有违禁药物或者兽药残留量超过标准的食用动物产品。

处罚：①未按照国家有关兽药安全使用规定使用兽药的、未建立用药记录或者记录不完整真实的，或者使用禁止使用的药品和其他化合物的，或者将人用药品用于动物的，责令其立即改正，并对饲喂了违禁药物及其他化合物的动物及其产品进行无害化处理；对违法单位处1万元以上5万元以下罚款；给他人造成损失的，依法承担赔偿责任。（《兽药管理条例》第六十二条）②未经兽医开具处方销售、购买、使用兽用处方药的，责令其限期改正，没收违法所得，并处5万元以下罚款；给他人造成损失的，依法承担赔偿责任。(《兽药管理条例》第六十六条) ③直接将原料药添加到饲料及动物饮用水中，或者饲喂动物的，责令其立即改正，并处 1 万元以上 3 万元以下罚款；给他人造成损失的，依法承担赔偿责任。(《兽药管理条例》第六十八条) ④兽药生产企业、经营企业、兽药使用单位和开具处方的兽医人员发现可能与兽药使用有关的严重不良反应，不向所在地人民政府兽医行政管理部门报告的，给予警告，并处 5 000 元以上 1 万元以下罚款。⑤食用农产品生产和经营者违反本办法规定，生产、加工、销售的畜禽、蔬菜、水产品等食用农产品中含有重金属、农药残留等禁用的有毒有害物质或者有毒有害物质含量超过国家或者地方标准的，由农业、食品等行政主管部门给予无害化处理；不能进行无害化处理的予以销毁；可处以 1 000 元以上 20 000 元以下的罚款。

第三节　水产养殖用药及其使用方法

农业部兽医局对农业部第 627 公告、第 784 公告、第 850 公告、第 894 号公告、第 910 号公告、2005 年版《中华人民共和国兽药典》、2003 年版和 2006 年版《国家兽药质量标准》中予以公布的 159 种水产用兽药品种进行了清理，废止了质量不可控、疗效不确切或临床毒、副作用大的品种。

目前农业部已批准的水产养殖用药包括抗微生物药、中草药、抗寄生虫药、消毒剂、环境改良剂、疫苗、生殖及代谢调节药共 7 类，通过评审并在农业部第 1435 号公告、第 1506 号公告、第 1759 号公告和第 1960 号公告及 2010 年版《中华人民共和国兽药典》中予以公布的水产用药物共 104 种，并明确了在水产养殖中应用的对象。

一、抗微生物药

抗微生物药主要用于预防和治疗由病毒、细菌和真菌感染所引起的水产动物疾病。它是水产养殖用药中应用最广泛、种类最多的一类药物。根据来源不同，抗菌药物包括抗生素和人工合成抗菌药。

抗生素是由细菌、真菌、放线菌、动物和植物等在生命活动过程中产生的一种次生代谢产物或其人工衍生物。抗生素的种类很多，但到目前为止，农业部批准生产和使用的水产养殖用抗生素共有 3 类 4 个品种，分别为氨基糖苷类的硫酸新霉素粉（水产用），四环素类的盐酸多西环素粉（水产用），酰胺类的氟苯尼考粉（水产用）、甲砜霉素粉（水产用）。

人工合成抗菌药包括磺胺类药物和喹诺酮类药物两大类。其中磺胺类药物抗菌谱广，价格较经济，是水产养殖业是最常用的抗菌药之一。其被列为水产用的品种包括复方磺胺二甲嘧啶粉（水产用）、复方磺胺甲噁唑粉（水产用）、复方磺胺嘧啶粉（水产用）、磺胺间甲氧嘧啶钠粉（水产用）4个品种。喹诺酮类抗菌药通过抑制细菌DNA螺旋酶而达到抑菌作用，具有抗菌谱广、抗菌活性强、给药方便、与常用抗菌药物无交叉耐药等特点，也是水产动物病害防治中使用最广泛的药物之一，包括恩诺沙星粉（水产用）、诺氟沙星粉（水产用）、烟酸诺氟沙星预混剂（水产用）、氟甲喹粉、乳酸诺氟沙星可溶性粉（水产用）、诺氟沙星盐酸小檗碱预混剂（水产用）和盐酸环丙沙星盐酸小檗碱预混剂共7个品种。

二、中草药

中草药是防治水产动物疾病和改善水产动物体质的经过加工或未加工的药用植物、动物或矿物，其中以植物药占大多数，利用植物的根、茎、叶、花、果实或全株入药。中草药具有天然、安全、药物作用温和等优点，其化学成分极为复杂，主要有效成分包括生物碱、苷类、挥发油、鞣质等，对病毒、细菌、真菌、寄生虫均有疗效，并且还对动物促长、改善肉味等作用。目前在水产养殖病害防治中常用的中草药有大黄、黄芩、黄柏、板蓝根、黄连、五倍子、大青叶、槟榔、栀子、苦参等。现行国家标准中中药类水产药物有45个产品，按功能可分为抗菌类、杀寄生虫类和调节机体类。

抗菌类中药制剂有38种，其中最常用的有大黄末（水产用）、三黄散（水产用）、双黄白头翁散、双黄苦参散、五倍子末、板黄散、清热散（水产用）。还有部分在生产实践中应用较多的有：板蓝根末、苍术香连散（水产用）、柴黄益肝散、穿梅三黄散、大黄芩鱼散、大黄五倍子散、地锦草末、大黄解毒散、扶正解毒散（水产用）、肝胆利康散、根莲解毒散、虎黄合剂、黄连解毒散（水产用）、加减消黄散（水产用）、六味地黄散（水产用）、六味黄龙散、龙胆泻肝散（水产用）、七味板蓝根散、青板黄柏散、青连白贯散、清热散（水产用）、山青五黄散、银翘板蓝根散、大黄芩蓝散、蒲甘散、青莲散、清健散、板蓝根大黄散、地锦鹤草散、连翘解毒散、石知散（水产用）。

杀寄生虫类中药制剂有5种，分别为百部贯众散、苦参末、雷丸槟榔散、驱虫散（水产用）、川楝陈皮散。

调节机体类中药制剂有3种，分别为利胃散、脱壳促长散、芪参散。

三、抗寄生虫药

抗寄生虫药是指能够杀灭或驱除水产养殖动物体内、体外或养殖环境中寄生虫病原的药物。

按药物作用可分为抗原虫药、抗蠕虫药、杀甲壳动物药和除四害药四大类。

根据寄生虫的寄生部位可分为杀体内寄生虫药和杀体表寄生虫药。杀体内寄生虫药采用拌饵投喂方法，杀体表寄生虫药多以全池泼洒方式施药，也有个别体表寄生虫既可采用拌饵投喂施药，也可以全池泼洒方式施药，如治疗三代虫可用阿苯达唑粉（水产用）拌饵投喂，也可用敌百虫溶液（水产用）进行全池泼洒施药。

按使用方法可分为内服药和外用药。内服药有盐酸氯苯胍粉（水产用）、阿苯达唑粉（水产用）、吡喹酮预混剂（水产用）。外用药包括有机磷类：精制敌百虫粉（水产用）、敌百虫溶液（水产用）、辛硫磷溶液（水产用）。重金属盐类：硫酸铜硫酸亚铁粉（水产用）、硫酸锌粉（水产用）、硫酸锌三氯异氰脲酸粉（水产用）。菊酯类：高效氯氰菊酯溶液（水产用）、氰戊菊酯溶液（水产用）、溴氰菊酯溶液（水产用）及甲苯咪唑溶液（水产用）。

四、消毒剂

消毒剂是通过泼洒或浸泡等方式作用于养殖水体，用于杀灭动物体表、工具和养殖环境中的有害生物或病原生物，从而达到预防和治疗疾病的药物。

消毒剂种类较多，按化学成分和作用机理可分为氧化剂、表面活性剂、卤素、酸类、醛类等。目前通过农业部评审的水产用消毒剂多公布在农业部第 1435 号公告中，包括阳离子消毒剂的苯扎溴铵溶液（水产用），含氯消毒剂的次氯酸钠溶液（水产用）、三氯异氰脲酸粉（水产用）、溴氯海因粉（水产用）、含氯石灰（水产用），碘制剂的复合碘溶液（水产用）、高碘酸钠溶液（水产用）、聚维酮碘溶液（水产用）、碘伏、蛋氨酸碘溶液和醛类消毒剂的浓戊二醛溶液（水产用）、稀戊二醛溶液（水产用）、戊二醛苯扎溴铵溶液（水产用）。

五、环境改良剂

环境改良剂是以改良水产养殖环境、去除养殖水体中有毒有害物质为目的一类有机或无机的化学物质。它具有调节 pH 值、吸附重金属离子、调节水体氨氮含量、提高溶氧等作用。从用药效果来讲，某些消毒剂也可以作为水质改良剂，而某些水质改良剂也具有消毒作用，如过氧化氢溶液（水产用）作为水质改良剂具有增氧作用，还具有抗菌消毒作用。

水处理剂种类较多，主要有絮凝剂、吸附剂、螯合剂、表面活性剂、肥料及经过筛选的微生物制剂等，但目前肥料和微生物制剂不在农业部批准并公布的水产兽药名单中。通过并已公布为国家标准的水产用环境改良剂有过硼酸钠粉（水产用）、过碳酸钠（水产用）、过氧化钙粉（水产用）、过氧化氢溶液（水产用）、硫代硫酸钠粉（水产用）、硫酸铝钾粉（水产用）、氯硝柳胺粉（水产用）。

六、疫　苗

疫苗是指一类用微生物及其代谢产物、动物毒素或动物的血液及组织，经过物理、化学或生物技术手段制备的用于预防、控制特定传染性疾病发生和流行的制剂。它具有特异性免疫力，属于生物制品的范畴。

按病原生物的不同可分为细菌疫苗和病毒疫苗。按制备方法不同可分为活疫苗、灭活疫苗、亚单位疫苗、基因工程疫苗和核酸疫苗。我国水产疫苗研究始于 20 世纪 60 年代，开发应用欠缺。到目前为止，仅有 4 个疫苗产品获得生产批准文号和国家新兽药证书，包括草鱼出血病活疫苗（GCHV-892 株），草鱼出血病细胞灭活疫苗，嗜水气单胞菌败血症灭活疫苗和牙鲆溶藻弧菌、鳗弧菌、迟缓爱德华氏菌病多联抗独特型抗体疫苗。其中只有草鱼出血病灭活疫苗被列为国家兽药标准。

七、生殖及代谢调节药

这类药物以改善养殖对象机体代谢、补充代谢必要物质、增强体质、促生长为目的的药物。目前在水产养殖中常用的调节水产动物代谢及生长的药物，主要有催产激素、维生素、促生长剂等几类。

激素类药物对维持生物机体正常生理功能和稳定内环境有重要作用。目前用于水产养殖的激素类药物仅用于亲鱼催情、催熟和催产，尤其是对性腺成熟度较差的亲鱼催熟，以保证鱼苗数量和质量，满足生产养殖的需要。目前列入国家兽药质量标准的催产激素包括注射用复方绒促性素 A 型（水产用）、注射用复方绒促性素 B 型（水产用）、注射用促黄体素释放激素 A_2 注射用促黄体素释放激素 A_3 和注射用绒促性素（I）。

维生素是维持水生动物生长、代谢和发育所必需的一类微量低分子有机化合物。大多数必须从食物中摄取，仅少数可在体内合成或肠道内微生物产生。维生素类药物主要用于防治维生素缺乏症。在水产养殖中主要用于增加养殖动物抗病力和抗应激能力。已知的维生素有几十种，农业部在兽药国家标准上公布的水产用维生素，包括维生素 C 钠粉（水产用）和亚硫酸氢钠甲萘醌粉（水产用）2 个品种。

促生长剂是通过刺激内分泌系统，调节代谢，改善体质，刺激采食，提高饵料的利用率，从而促进动物生长。促生长剂只有盐酸甜菜碱预混剂（水产用）一个品种列入兽药国家标准。

八、养殖鱼类的渔药种类及其使用方法

如表 11 - 3 是养殖鱼类的渔药种类及其使用方法。

表 11 - 3 养殖鱼类的渔药种类及其使用方法

渔药名称	用途	用法与用量	休药期（d）	注意事项
氧化钙（生石灰）	用于改善池塘环境，清除敌害生物及预防部分细菌性鱼病	带水清塘：200～250mg/L 全池泼洒：20～25mg/L		不能与漂白粉、有机氯、重金属盐、有机络合物混用
漂白粉	用于清塘、改善池塘环境及防治细菌性皮肤病、烂鳃病、出血病	带水清塘：20mg/L 全池泼洒：1.0～1.5mg/L	≥5	1. 勿用金属容器盛装 2. 勿与酸、铵盐、生石灰混用
二氯异氰尿酸钠	用于清塘及防治细菌性皮肤溃疡病、烂鳃病、出血病	全池泼洒：0.3～0.6mg/L	≥10	勿用金属容器盛装
三氯异氰尿酸	用于清塘及防治细菌性皮肤溃疡病、烂鳃病、出血病	全池泼洒：0.2～0.5mg/L	≥10	1. 勿用金属容器盛装 2. 针对不同的鱼类和水体 pH 值，使用量应适当增减
二氧化氯	用于防治细菌性皮肤病、烂鳃病、出血病	浸浴：20～40mg/L，5～10min 全池泼洒：0.1～0.2mg/L，严重时0.3～0.6mg/L	≥10	1. 勿用金属容器盛装 2. 勿与其他消毒剂混用
二溴海因	用于防治细菌性和病毒性疾病	全池泼洒：0.2～0.3mg/L		
氯化钠（食盐）	用于防治细菌、真菌或寄生虫疾病	浸浴：1%～3%，5～20min		
硫酸铜（蓝矾、胆矾、石胆）	用于治疗纤毛虫、鞭毛虫等寄生性原虫病	浸浴：水温15℃时，8mg/L，15～30min 全池泼洒：0.5～0.7mg/L		1. 仅限于成鱼使用 2. 随水温升高，用量酌减 3. 常与硫酸亚铁合用 4. 勿用金属容器盛装 5. 使用后注意池塘增氧 6. 不宜用于治疗小瓜虫病

（续表）

渔药名称	用途	用法与用量	休药期（d）	注意事项
硫酸亚铁（硫酸低铁、绿矾、青矾）	用于治疗纤毛虫、鞭毛虫等寄生性原虫病	全池泼洒：0.2mg/L（与硫酸铜合用）		治疗寄生性原虫病时需与硫酸铜合用
高锰酸钾（锰酸钾、灰锰氧、锰强灰）	用于杀灭锚头鳋	浸浴：10～20mg/L，15～30min 全池泼洒：2～3mg/L		1. 水中有机物含量高时药效降低 2. 不宜在强烈阳光下使用
四烷基季铵盐络合碘（季铵盐含量为50%）	对病毒、细菌、纤毛虫、藻类有杀灭作用	全池泼洒：0.3mg/L		1. 勿与碱性物质同时使用 2. 勿与阴性离子表面活性剂混用 3. 使用后注意池塘增氧 4. 勿用金属容器盛装
大蒜	用于防治细菌性肠炎	拌饵投喂：10～30g/kg体重，连用4～6d		
大蒜素粉（含大蒜素10%）	用于防治细菌性肠炎	0.2g/kg体重，连用4～6d		
大黄	用于防治细菌性肠炎、烂鳃	全池泼洒：2.5～4.0mg/L 拌饵投喂：5～10g/kg体重，连用4～6d		投喂时常与黄芩、黄柏合用（三者比例为5∶2∶3）
黄芩	用于防治细菌性肠炎、烂鳃、赤皮、出血病	拌饵投喂：2～4g/kg体重，连用4～6d		投喂时常与大黄、黄柏合用（三者比例为2∶5∶3）
黄柏	用于防治细菌性肠炎、出血	拌饵投喂：3～6g/kg体重，连用4～6d		投喂时需与大黄、黄芩合用（三者比例为3∶5∶2）
五倍子	用于防治细菌性烂鳃、赤皮、白皮、疖疮	全池泼洒：2～4mg/L		
穿心莲	用于防治细菌性肠炎、烂鳃、赤皮	全池泼洒：15～20mg/L 拌饵投喂：10～20g/kg体重，连用4～6d		
苦参	用于防治细菌性肠炎、竖鳞	全池泼洒：15～20mg/L 拌饵投喂：10～20g/kg体重，连用4～6d		

（续表）

渔药名称	用途	用法与用量	休药期（d）	注意事项
土霉素	用于治疗肠炎病、弧菌病	拌饵投喂：50 ~ 80mg/kg，连用 4 ~6d	≥30	勿与铝、镁离子及卤素、碳酸氢钠、凝胶合用
磺胺嘧啶（磺胺哒嗪）	用于治疗鱼类的赤皮病、肠炎病	拌饵投喂：100mg/kg 体重，连用 5d	≥30	1. 甲氧苄氨嘧啶（TMP）同用，可产生增效作用 2. 第一天药量加倍
磺胺甲噁唑（新诺明、新明黄）	用于治疗鱼肠炎病	拌饵投喂：80 ~ 100mg/kg 体重，连用 5 ~7d	≥30	1. 不能与酸性药物同用 2. 与甲氧苄氨嘧啶（TMP）同用，可产生增效作用 3. 第一天药量加倍
磺胺间甲氧嘧啶（制菌磺、磺胺-6-甲氧嘧啶）	用于治疗鱼类的竖鳞病、赤皮病及弧菌病	拌饵投喂：50 ~100mg/kg，连用 4 ~6d	≥37	1. 与甲氧苄氨嘧啶（TMP）同用，可产生增效作用 2. 第一天药量加倍
氟苯尼考	用于治疗爱德华氏病、赤鳍病	拌饵投喂：10.0mg/kg 体重（海水鱼：10.0 ~ 20mg/kg 体重），连用 4 ~6d	≥7	
聚维酮碘（聚乙烯吡咯烷酮碘、皮维碘、PVP-l、伏碘）（有效碘 1.0%）	用于防治细菌性烂鳃病、弧菌病、红头病。并可用于预防病毒病：鱼出血病、传染性胰腺坏死病、传染性造血组织坏死病、病毒性出血败血症	全池泼洒： 幼鱼：0.2 ~0.5mg/L 鱼：30mg/L，15 ~20min 鱼卵：30 ~50mg/L		1. 勿与金属物品接触 2. 勿与季铵盐类消毒剂直接混合使用

注 1：摘自 NY 507l《无公害食品 渔用药物使用准则》

注 2：休药期为强制性

现将澳洲龙纹斑养殖过程中具体药物使用情况归纳如下。

环境改良剂 金氧片

【性状】白色圆柱状颗粒，可有少量的粉末。

【适用对象】鱼、虾、蟹、鳖、蛙、蚌、海参、海蜇、沙蚕、大菱鲆等。本品海、淡水养殖池塘均可食用，同时适用于高密度养殖池塘和水体较大的高位池。

【作用】

长效立体增氧：迅速沉入底部，持续在底部放氧，可达到池塘立体增氧的效果。

改善底质：能加速池底有害有机物的氧化分解，降低水体中氨氮、硫化氢、亚硝酸盐的含量，营造良好的池底环境。

增加饵料台附近的溶解氧：投饵台附近使用本品，可长时间提高饵料台局部溶氧。

提高活菌制剂、底改使用效果：使用活菌制剂、底改前全池泼洒可以促进芽孢杆菌等的生长繁殖，增强产品效果。

【包装】 300g/袋。

【储藏】 干燥、常温处密封保存。

【有效期】 二年。

【注意事项】 使用微生物水质改良剂时配合使用本品，效果更佳；本品为缓释放氧剂，若浮头急救时请配合"缺氧大救星"使用；本品不得和淀粉、有机溶剂（部分液体杀虫剂）、还原性物质（如维生素C）等混合；缺氧浮头严重时、水质恶化严重时请同时使用开动增氧机等其他增氧措施；根据水体缺氧程度决定所用的次量。

饲料添加剂 福邦酵母

【产品成分分析保证值】 酵母细胞数≥200亿个/g 水分≤6% 杂菌率<1%。

【原料组成】 酿酒酵母（*Saccharomyces cerevisiae*）。

【产品说明】 营养丰富，适口性活化后的酵母能适应淡水及海水环境；对抗生素及中草药的耐受性强，是一种天然饵料。适用于轮虫、各种鱼、虾、蟹、贝类的鱼苗和工厂化养殖。对育苗过程中蚤状幼体出现拖便较软，比较松散，且表面不光滑有改善作用。

【用法与用量】 育苗、轮虫培养。投喂前先用25~35℃的水将产品充分溶解，活化15~30min后过150~300目筛，再投入水中。

轮虫培育：每亿个轮虫每次投喂3~5g，每日投喂6~7次。

水产工厂化育苗：日投量为每立方水体1~10g，分4~8次投喂。

河蟹土池育苗：蚤状期每万尾按每天0.2~1g，分批投喂。

成鱼养殖：1~2.5kg/t饲料。

【注意事项】

作为轮虫养殖饵料：用户需要根据轮虫对酵母的实际摄食情况，对所推荐用量进行适当调整；如果池底污物较多，需要进行虹吸；根据水质、水温等情况决定倒池频率，一般每次倒池时间不超过 4 天。

作为幼体开口饵料：应在专业技术人员指导下，根据幼体的种类、所处的生长阶段、生理环境、胃部饱满情况、水温、pH 值及水质等实际情况，在推荐使用范围内进行适当调整。

作为成鱼养殖饵料添加剂：根据不同品种、水产品所处的不同生长阶段以及所使用的实际效果调整用量。

环境改良剂 黑土精（水产用）

【主要成分】多种高活性基团、微量元素、活菌、吸附剂。

【产品性状】黑色粉末或颗粒。

【功能与作用】本品含有较多活性物质和水质调节剂。提高养殖动物机体抵抗疾病的能力，增强消化功能，促进生长；降低养殖水体中的有害物质，为养殖动物创造良好的生长环境。

培藻肥水，释放微量元素，改变肥料特性，提高氮、磷、钾的利用率，促进优质藻类的生长和繁殖。

改良水质和底质。有效防治浑浊水、铁锈水、蓝藻水、赤潮水。抑制有害藻类产生水华，防止青苔、泥皮恶性滋长。稳定水体 pH 值。

解毒除臭，净化水质。络合藻毒素、重金属离子、化工污染物、杀虫剂、消毒剂残留、分解有机物、毒氨、亚硝酸盐、硫化氢等，消除水体腥臭味。

提高免疫力，减少疾病发生；增强养殖动物的消化功能，提高饲料转化率，促进生长。

【适用范围】本品适用于海、淡水鱼、虾、蟹、鳗、鳖、贝类等养殖水体。

【用法用量】用池水充分溶解，全池泼洒。水深 1 米，每亩使用本品 500~800g，以具体情况，酌情增加用量，可连续使用。

【注意事项】使用后会出现水体暂时变黑，属于正常现象；不能和消毒剂同时使用，应相隔 72 小时。

【包装】1 000g/袋。

【贮藏】密封保存。

饲料添加剂 甘露寡糖 V 型

【产品成分分析保证值】甘露寡糖≥20%；β-葡聚糖 30%~40%；溶解率 45%~

60%；蛋白质≤35%；水分≤6.0%

【产品说明】促进鱼虾免疫器官发育，增加 T、B 淋巴细胞数量，增强免疫细胞的活力，提高机体疾病、抗应激功能，调节肠道、胃部环境，提高饲料转化率，促进鱼虾等的生长发育。

【用法用量】本品广泛应用于鱼、虾、蟹、贝类、海参、鲍鱼、鳖等水产养殖动物育苗及成体养殖过程中。

育苗阶段：0.5～1.5kg/t；

成体：正常情况下：0.5kg/t；

应激情况下：0.8～1.2kg/t。

【贮存地方及方法】贮存于阴凉干燥处，注意防潮。

【注意事项】开封后尽快使用，用后需要扎紧包装袋。

饲料添加剂及 维生素 C

【兽药名称】通用名：维生素 C 可溶性粉。

【性状】本品为白色晶体或晶体性粉末，无臭，味酸。

【药理作用】

解毒作用：本品具有强还原性，可用于铅、汞、苯等慢性中毒，磺胺类药物和巴比妥药物等中毒，还可增强动物机体对细菌毒素的解毒能力。

增强机体抗病能力，增强肝脏解毒能力，还有抗炎、抗过敏作用。

【功能主治】

临床上除用于维生素 C 缺乏外，亦常用于畜禽高热、热应激、中毒性休克（死亡）。

各种应急情况下如高温、生理紧张、转群、饲料改变等引起的应激反应，需要添加本品。

大多数鱼虾合成维生素 C 的能力很差，易产生缺乏症，特别是高温条件下，添加维生素 C 能降低死亡率。

【注意事项】本品不与碳酸氢钠、氨茶碱等碱性较强的药物合用。不与青霉素类、四环素类、磺胺类、氨基糖苷类等药物同时使用。

【用法用量】

禽类（鸡鸭鹅）：本品每克可混 10～20kg 水，（或拌 5～10kg 料）供禽自由饮用，连用 3～5 天。

猪：每克可拌 5~10kg 饲料，供猪自由采食。

鱼类：每千克鱼体重用本品 20mg，可长期使用。

【不良反应】无

【保质期】二年

【休药期】无

【贮藏】遮光、密闭保存。

【含量规格】100：25（98）。

【包装规格】装量：1 000g×25 袋/桶。

【批准文号】兽药字（2014）16283075。

【执行标准】农业部公告 1435 号。

抗微生物药 痢菌消

【兽药名称】通用名：乙酰甲喹预混剂。

【性状】本品为淡黄色粉末。

【含量】乙酰甲喹 50%、抗菌增效剂 20%、肠道修复剂。

【药理作用】抗菌药，防治各种细菌性疾病及肠道感染。

【适应症】海淡水鱼类气单胞菌、烂鳃菌、爱德华氏菌、大肠杆菌、链球菌、赤皮病、烂尾病、打印病、溃疡病、海参化皮病、鲍鱼、鳗鱼、大鳞鳟鱼的多种细菌性疾病。

【用法与用量】药浴：预防 1.5~2mg/kg，治疗加倍。混饲：每 100kg 饲料添加本品 100~150g。连用 5~7 天，或根据水产药师要求适量添加。

【休药期】500 度日。

【贮藏】密闭、干燥处保存。

【包装规格】1 000g×25 袋/桶。

消毒剂 硫醚沙星（水产用）

【用法用量】每 100mL 药用 20kg 水稀释后全池均匀泼洒。

治疗皮肤类疾病：一般病情，每亩·米用 100mL；若病情较重时，第二天再用一次即可。

治疗水质（蚂蟥）病：每亩·米用药 100~200mL。施药后，必须将漂浮的水质（蚂蟥）捞起。

用于浸泡：2mg/kg 浓度，5min（一般水产动物）；若低于 100g 重的小甲鱼浸泡一次不得超过 1min。

【注意事项】

标签上未说明的养殖对象，需做安全实验后方可使用，鳗鱼白仔阶段禁用。

本说明用量为实际用量，在使用过程中不得任意加大或减少用量，以免造成药害或影响疗效。

养殖对象患病严重时或养殖水体严重恶化时应慎重用药。

常规用药后应观察 1 个小时，确认养殖对象无异常情况后方可离开。

【休药期】500 度日。

【不良反应】按说明使用，暂时无不良反应。

【含量/包装规格】20%/500mL/瓶。

【贮藏】阴凉处密封保存。

抗微生物药 福尔康 苯扎溴铵溶液（水产用）

【兽药名称】

通用名：苯扎溴铵溶液（水产用）。

商品名：福尔康。

【主要成分】苯扎溴铵

【性状】本品为无色至淡黄色的澄明液体；气芳香，味道极苦；强力振摇则发生多量泡沫。遇到低温可能发生浑浊沉淀。

【药理作用】阳离子表面活性剂。本品通过其所带的正电荷与微生物细胞膜上带负电荷的基团生成电价键，电价键在细胞膜上产生应力，导致溶菌作用和细胞死亡，还能透过细胞膜进入微生物体内，导致微生物代谢异常，致使细胞死亡。

【用途】用于养殖水体、养殖器具的消毒灭菌。防治桂花鱼、鳗鱼、鲈鱼、生鱼、笋壳鱼、牙鲆、罗非鱼、甲鱼、蛙、黄鳝及四大家鱼等水产动物由弧菌、嗜水气单胞菌等细菌性疾病。对甲鱼的红脖子疖疮、烂壳、红白底板、肠炎、出血等细菌病毒性疾病，对河蟹的颤抖病、黑鳃病以及虾类的白斑、红体、白浊等不明原因的爆发性死亡也有确切疗效，可有效降低发病率与死亡率。对海参的吐水、摇头、吐肠、溃烂等细菌病毒性疾病也有很好的疗效。

【用法用量】将本品用 2 700～4 500 倍水稀释后，全池均匀泼洒；治疗：一次量，每立方水体 0.10～0.15g（以有效成分计算）即相当于每立方水体用本品 0.22～

0.33mL（每亩水体水深 1 米用本品 148 ~ 222mL），重症加倍，预防用量减半。

【注意事项】

禁止与阴离子表面活性剂、碘化物和过氧化物混用。

软体动物、鲑等冷水性鱼类慎用。

水质较清的养殖水体慎用。

使用后注意池塘增氧。

【休药期】500 度日。

【规格】45%。

【包装】1 000mL/瓶，12 瓶/箱。

【贮藏】避光、密闭保存。

抗微生物药 水霉净

【主要成分】水杨酸多元体混合物、活性增效因子、稳定剂。

【性状】淡黄色液体。

【功能与作用】改善水质，消除水中有机质含量过高引起的池塘水质恶化；很好的保护因操作不当鱼体受伤、低温严寒鱼体冻伤、水质恶化鳃组织受伤后不被水霉菌、鳃霉菌的侵害。

【适用范围】适用于鳗鱼、鳜鱼、甲鱼、四大家鱼、虾、蟹等海淡水养殖水体。

【用法与用量】用水稀释 300 ~ 500 倍后，全池均匀泼洒。水深 1 米，每亩使用本品 60 ~ 80mL；情况严重，连用 1 次。

【注意事项】

虾、蟹及幼苗使用时，用量减半。

本品具有腐蚀性，使用本品需谨慎小心。

抗微生物药 鱼用克菌清

【性状】半透明或透明液体。

【主要成分】季鳞盐、缓蚀剂。

【作用与用途】本品为环保部门推荐的新一代水体消毒剂，它有效克服了传统消毒产品的若干副作用。具有无公害、杀菌灭毒性能好、适用范围大（海淡水均可使用、不受 pH 值高低的影响）、无刺激、改良水质效果显著等特点，适用于特种水产品精养池塘使用。

【适用范围】

鳗鱼：水霉病、烂鳃病、弧菌病、赤鳍病、红头病、烂尾病、细菌性败血症、脱黏病、狂游症等细菌性、病毒性疾病；

甲鱼：腮腺炎、红底板、溃疡、腐皮病、疥疮病、烂爪等细菌性、病毒性疾病；

鲟鱼：卵霉病、水霉病、出血病、肿嘴病、气泡病、黑身病、红斑病等细菌性、病毒性疾病。

常规鱼类 细菌性、病毒性疾病。

【用法与用量】外用：对水 1 000 倍全池均匀泼洒。

用量：预防用每瓶用 5 亩/米。

治疗用每瓶用 3 亩/米。

【规格】500mL：200g。

【包装】500mL×20 瓶/箱。

【注意事项】无

【贮藏】密封、遮光、干燥处保存。

抗微生物药 标点 聚维酮碘溶液

【兽药名称】

通用名：聚维酮碘溶液（水产用）。

商品名：标点。

【主要成分】聚维酮碘。

【性状】本品为红棕色液体。

【药理作用】含碘消毒剂。通过释放游离碘，破坏菌体新陈代谢，使新居等微生物失活，对细菌、病毒和真菌有杀灭作用。

【用途】用于养殖水体的消毒。防治水产养殖动物由弧菌、嗜水气单胞菌、爱德华氏菌等引起的细菌性疾病。

【用法与用量】以聚维酮碘计算，用水稀释 300～500 倍后，全池均匀泼洒；治疗一次量，每立方水体，45～75mg，隔日一次，连用 2～3 次；预防，每立方水体，45～75mg，每隔 7 日一次。

【不良反应】按推荐剂量使用，未见不良反应。

【注意事项】

水体缺氧时禁用。

勿用金属容器盛装。

勿与强碱性物质及金属物质混用。

冷水性鱼类慎用。

【休药期】500度日。

【规格】10%。

【包装】500mL/瓶，25瓶/箱。

【贮藏】密封，凉暗处保存。

饲料添加剂 康达宁溶液（水产用）

商品名：康达宁溶液（水产用）。

主要成分：免疫促进剂、生物活性物。

【性状】本品为淡黄色或无色液体。

【适用对象】提高各种海淡水养殖动物抗疾病的能力。如鳖红脖子、疖疮病、出血性肠道坏死症、爱德华氏病等；龟、蛙肠炎病、红腿病、腐皮病等；文蛤弧菌病、海参烂皮病、肿嘴病、吐肠病、化皮病、蚌气单胞菌病等；虾蟹红体病、弧菌病、烂鳃、甲壳溃疡等；鱼类：鲑鳟细菌性肾病、罗非鱼和鲈鱼的类结节病、链球菌病、鲫鱼大红鳃病；常规养殖鱼类青鱼、草鱼、鲢鱼、鳙鱼、鲤鱼、鲫鱼、鳊鱼、鲈鱼、鳗鱼、鳝鱼、叉尾鮰、大菱鲆等由细菌引起的细菌性出血病、烂鳃、打印、肠炎、赤鳍、红体、溃疡、爱德华氏菌病、肝胆综合症等细菌性疾病。

【用法与用量】拌料投喂：将本品用适量的水稀释后均匀喷洒于饲料表面待饲料吸收后投喂或用面粉做粘合剂与青饲料混合即可投喂。本品100mL拌饲料40~50kg，一日一次，连用2~3天。

【不良反应】未见不良反应。

中草药 富特 黄芪多糖口服液

【通用名】黄芪多糖口服液。

【主要成分】黄芪。

【性状】本品为黄色至棕黄色液体。

【功能和主治】扶正固本，调节机体免疫。

【用法用量】

内服：稀释后拌饵投喂，100mL拌饵80~100kg。

外用：30～50mL/亩·米全池泼洒。

苗室：1～2mL/m³ 水体泼洒。

中草药 果根素 水产用甘胆溶液

【主要成分】甘草、板蓝根、冰片、人工牛黄、猪胆粉等。

【性状】本品为棕褐色的液体，有少量轻摇易散的沉淀。

【主要作用】快速清除体内毒素，保护肝胆。

【用法用量】

内服：100mL 拌饵 40～80kg。

外用：每 100mL 泼洒 3～4 亩·米水体。

苗室：1～2mL/m³ 水体泼洒

中草药 芪黄素 黄芪多糖粉

【主要成分】黄芪多糖 黄芪甲苷。

【功能与主治】

提高水产动物机体免疫力、抗病毒，预防兼治疗的天然药品。

诱食促生长，促进水产养殖动物疾病的快速康复。

修复肠道黏膜、去腐生肌，加快溃疡及伤口愈合。

提高养殖动物抗热及耐冷能力，延长生长周期。

【使用时机】

苗种期间（育苗、暂养）定期使用，提高苗种成活率，加快生长速度。

养成阶段定期使用，提高水产养殖动物抗病力和生长速度。

皮肤或肠道黏膜破损时使用，去腐生肌，修复肠黏膜。

发病时使用提高病害治愈率。

河蟹中后期长期添加可提高蟹黄肥满度及持续时间。

虾蟹等甲壳动物蜕壳时，减少蜕壳不遂，降低蜕壳死亡率。

水产养殖动物养殖过程中定期使用，促进水产动物的摄食。

长期使用抗生素后导致抗药性增加，用药无效时使用。

【使用方案】

水产动物养殖过程中，定期添加"芪黄素" ＋ "金美康"。

病毒流行季节，5～7 天使用一次，内服连用两天，外泼用一次，"芪黄素" ＋ "金美康"，减少病毒病的发生。

河蟹养殖定期添加，延长生长周期，提高蟹黄肥满度。

发病时，"芪黄素" +抗生素或消毒剂。

夏季高温（水温 30 度以上）可连续添加，促进食欲、抗热应激，保证水产动物正常生长。

应激或温度过高或过低时"芪黄素" + "应激素"。

长期使用抗生素后导致抗药性增加及肠道菌群紊乱或肠粘膜破损后用药时，"芪黄素" + "多优素" + "金美康"。

【溶解方法】

取温度约 50℃的温热水（10kg）放入桶中，缓慢加入芪黄素 100g，并快速搅拌，完全溶解后，稀释使用。

【用法与用量】

内服：200g/t 饲料，均匀拌饵投喂。

外用：按 10 ~ 20g/亩·米全池泼洒，15 天一次。

中草药 鱼宝

【配方】枳实、当归、丹参或党参各 30 ~ 40g，辣蓼、艾叶、茵陈、石草蒲各 40 ~ 50g，麦芽 200g，蒲公英、神曲、贯众各 120g，附子、石斛各 30 ~ 40g，地龙、蛇干各 50 ~ 100g，蜈蚣或全蝎 7 ~ 10g、炉甘石、蜂房各 50g、代赭石 40 ~ 50g。

【制法】以上 25 味药，按植物、动物、矿物不同类型分别粉碎过筛，单独存放，然后将各类药物混匀备用。

【功能】促进生长，预防疾病。

【用途】适用于鱼类生长阶段及有病征兆。

【用法与用量】临用前加水少量浸泡 1 ~ 2h 后按饲料用量的 4%，连水均匀地混入粉状的配合饲料中，连水混入饲料中，加工成软颗粒料喂鱼，日投喂 2 ~ 3 次。

【注意事项】

发现有鱼病征兆，加大上述用量的 2 倍以上，连用 1 周基本可以防治。

如果配合饲料中动物性饲料太少，应加入部分氨基酸，占饲料的 0.2%。

饲养鲤鱼和不投青料的草鱼时，每千克饲料补充添加剂 20 ~ 30g，或补充部分鱼用多维。

矿物质类中药不足或不全时，可用部分鱼用矿物添加剂代替，用量为 0.3% ~ 0.4%。

实验证明，添加鱼宝能加速网箱中草鱼，鲤鱼的生长，提高饵料的利用率，节约饵料25%，并可提高产量20%～30%，还可预防鱼病。

中草药 多合素 水产中药发酵物

【主要成分】中药发酵物、嗜酸乳杆菌、双歧杆菌、乳酸菌和芽孢杆菌等，活菌数≥20亿cfu/g。

【性状】本品为棕黄色膏状、有酸香味。

【主要作用】

调节水体、分解水体中的有机质，降低水体中的氨氮、亚硝态氮和硫化氢等有毒、有害物质。

改善池塘红黑水、老绿水、浓浊水、老化水、水质过肥、水质浑浊等情况，分解悬浮有机质，增加透明度。

抑制蓝藻、裸藻、甲藻的繁殖，避免有害藻类过度繁殖，有效平衡菌相和藻相，稳定水体，确保养殖动物正常生长。

改善水产动物消化道菌群平衡，促进肠道发育和粘膜床上修复。

降解饲料中抗营养因子，减少霉菌毒素对机体的伤害，促进食欲。加快生长速度。

【使用方法】

日常调节水色，稳定水质：100～150g/亩·米；

处理红黑水、浑浊水、藻类老化等净水用量：100～150g/亩·米；

降解氨氮、亚硝酸盐用量：100～150g/亩·米；

内服每千克饲料添加2～4g，拌匀内服。

中草药 肝胆康

【肝胆综合征的症状】

最典型的症状为肝脏肿大和变色。

肝脏肿大、颜色黄白或红白相间（花肝）或绿肝，肝脏轻触易碎或肝硬化。胆囊肿大，胆囊变深绿或墨绿色或变黄变白至无色。脾脏也明显肿大。重症者同时伴有出血、烂鳃、肠炎、烂尾等。

【肝胆综合症防治药物对比】

中药散剂保肝产品，吸收慢，利用率低，效果不显著。

矿物质类制剂，含有碳酸钠或碳酸氢钠，能增加喹诺酮类药物对肝脏的毒性。

抗生素类制剂杀菌作用较强，但此类药物本身对肝脏有毒害作用。

维生素只能对肝胆起保护作用，对于维生素缺乏症起作用，但对药物中毒、水体中毒、饲料酸败产生的的肝胆综合征作用不强。

肝胆康为纯中药制剂，保护肝胆，恢复肝脏功能，从根本上起到保肝护胆的作用。并能提高机体免疫力。

【作用与用途】

疏肝利胆，清热解毒，具有保肝、利胆之功效。

主治鱼类、龟鳖等水产动物肝胆综合症。防治水产动物由于营养、环境、细菌等因素引起的肝脏肿大、肝硬化、肝脏出血、肝坏死、脂肪肝、花肝、绿肝、白肝等疾病。

对疾病引起的肝、胆病变；肝胆综合症继发细菌、霉菌、病毒感染造成的疾病有很好的疗效。

对于鱼类、龟鳖等水产动物因过度摄食而出现的肠炎以及出血病均有很好的预防效果。

【使用时机】

对各种原因引起的肝肿大、出血、细菌性肝炎、脂肪肝及霉变饲料引起的肝坏死均有较好的治疗效果。

滋补肝脏：治疗因细菌毒素、药物或劣质蛋白导致的肝损伤、肝硬化、肝脆化、肝萎缩等。

【使用方案】

定期使用，预防肝胆综合症："肝胆康" + "赛维1号"。

治疗鱼类、龟鳖等水产动物肝胆综合症并发细菌感染："肝胆康" + "金美康" + "赛维1号"，连用7天。

【使用方法】

将本品溶解后喷在饲料表面阴干后投喂或加入饲料中混合均匀制成药饵投喂。每千克饲料添加本品2~3g（40kg饲料添加本品100g）。

【包装规格】100g/袋，100袋/箱。

抗生素药 氟苯尼考粉

【兽药名称】通用名：氟苯尼考粉。

【主要成分】氟苯尼考。

【性状】本品为白色或结晶性粉末。

【药理作用】本品为氯霉素类最新广谱抗菌药物，抗菌机理与氯霉素相似，能与细菌70S核糖体的50S亚基紧密结合，抑制肽酰基转移酶，从而抑制肽链的延伸，干扰细菌蛋白质的合成。强力、长效、广谱抗菌剂，是替代氯霉素的最佳选择。

【主治】

鳗鱼：脱粘、败血、烂鳃、烂尾、腐皮、肠炎、赤皮、细菌性爆发病，白尾、红头病、赤鳍、白头白嘴、爱德华氏菌病、弧菌病。

虾类：白斑病、桃拉病毒病、红腿病、褐斑病、瞎眼病、荧光病、黑鳃病、甲壳溃疡病等。

甲鱼、河蟹：红脖子病、穿孔病、腐皮病、红底板、白点病、腹水病、红菌性出血病等。

大黄鱼、黑鲷、真鲷、牙鲆、美国红鱼、香鱼、鲈鱼：细菌性烂鳃病、瞎眼病、皮肤溃疡病、烂尾病、败血病等。

【用法用量】

口服：治疗每千克饲料添加1.0~2.0g或按每千克体重用药0.02~0.04g均匀拌合在饲料投喂，连用3~5天为一疗程。重症时可以增加药量，预防时用量减半。

药浴：2~3mg/kg药浴24小时，连用2~3天，或遵水产技术人员嘱。

【休药期】375度日。

【不良反应】无

【注意事项】请勿与β-内酰胺类、氨基糖苷类药物合并使用。

【贮藏】遮光、密闭保存。

消毒剂 解毒巨星

【商品名及汉语拼音】解毒巨星。

【主要成分】多元有机酸、多元氨基酸营养元、维生素、解毒剂、抗应激剂等。

【性状】无色至黄色具果酸味液体。

【适用范围】各种海淡水养殖池塘。如虾、蟹、海参、海胆、沙蚕、河蚌、海蜇、贝类、鱼类、观赏鱼等。

【作用】

解毒作用：用作氯制剂或碘制剂、季铵盐、重金属、有机磷、菊酯类、激素类、抗生素等药物使用后的解毒。

调水：使用后水变清爽，尤其对于水体表面有泡泡、水质黏稠、发臭、表层有油膜效果显著。

降应激反应：降低由于水体缺氧，氨氮和亚硝酸盐含量偏高、气温骤变、暴雨、台风天气或高温季节水体分层等环境发生提笔安引起的应激，应激常会导致缺氧浮头和游塘死亡应激等现象；

降低水体 pH 值和稳定水质：在放苗前及养殖过程中使用，能迅速降低过高的 pH值及稳定水质。

改善底热：老化池塘使用，能避免水分层或底质发热现象。

平衡水中溶解氧和排出有害气体：本品能降低水体及组织的表面张力，平衡水体中溶氧，有害气体溢出水体，除臭，防止气体过饱和。

【用法】用 50 倍以上水稀释后全池均匀泼洒。

【用量】

每亩水面（1 米水深）用量 200～250mL（每瓶用量 4～5 亩），情况加剧时酌情加量使用。

本品可替代 EDTA，育苗室用量 $2mL/m^3$。

【注意事项】

使用本品不受天气影响，无毒副作用。

本品非增氧剂，浮头请同时使用增氧机或其他措施增氧。

使用后及时有效增氧 2 小时以上，当晚注意增氧。

【包装】1 000mL/瓶。

【贮藏】常温密封保存。

中草药 百平

【主要成分】大黄、艾叶等。

【性状】本品为棕红色的澄清液体；微苦。

【主要作用】

净化水质、清鳃护鳃、清洁鱼体。用于烂鳃、黑鳃、肿鳃、赤皮、穿孔、出血等细菌及病毒病。

【使用时机】

不能使用刺激性消毒剂时。

发生烂鳃、肿鳃、黑鳃、赤皮、穿孔、出血时。

发生顽固性疾病，化学消毒剂不能完全治愈时。

体内脏器官被细菌病毒损害时。

【使用方案】

顽固性细菌、病毒性疾病：泼洒"百平"＋"香连溶液"，内服"芪黄素"＋"果根素"＋"金美康"。

烂鳃、体表破损：泼洒"百平"＋"香连溶液"，内服"果根素"＋"芪黄素"。

体内脏器官被细菌病毒损害：内服"百平"＋"香连溶液"。

【使用方法】

内服：每30～50mL拌饵40kg。

外泼：每200mL泼洒4～6亩·米水体。

中草药 本草益生素

【主要成分】巨大芽孢杆菌、地衣芽胞杆菌、枯草芽孢杆菌等复合物，活菌数 ≥5×109cfu/g。

【产品特点】中药发酵产物，内含丰富的酶类及中药有效成分，可以有效提高养殖动物免疫力，同时调节水质，可达到作用迅速、效果持久。本产品经中药培养，强化了菌类的抗逆性，使其在自然水体内更易萌发，更快的适应环境、大量繁殖。

【作用与用途】

净化水质，改善池塘老化水、水质过肥、水质浑浊等情况，增加池塘透明度。

调节水质，使水稳定性更强，较长时间维持水体肥活嫩爽。

改良底质，有效分解底部及水中的粪便、残饵及有机物。

分解黏附在网箱和水草上的污物。

老塘可直接用于肥水，新塘配合肥类肥水，快速持久。

【使用时机】

水质浓浊时，用于水质净化。

底质恶化时，用于底质改良。

养殖过程定期使用，可有效抑制蓝藻的生长与暴发。

降解有害物质（氨氮、亚硝酸盐、硫化氢等）。

水质清瘦时使用，可快速肥水，且肥效持久。

【使用方案】

出现浓藻水、老绿水、油膜（泥皮）水、粘浊水、黑臭水时，100g/亩·米配合增氧剂使用，效果更好。

出现池底黑臭等底质问题时，100g/亩·米配合沸石粉使用。

保持水质稳定、维持水质时，50g/亩·米，每周使用一次。

降解有毒物质（氨氮、亚硝酸盐、硫化氢）时，100g/亩·米，配合 EM 菌使用效果更佳。

肥水时，25g/亩·米，配合肥类使用效果更佳。

出现浓绿水时配合"百可利"或"多合素"使用。

【用法与用量】

培藻肥水，25g/亩·米水体配合肥类使用。

调节水质，50g/亩·米水体。

净化水质，分解黏附在网箱和水草上的污物，100g/亩·米水体。

改良底质，100g/亩·米水体，配合沸石粉一起沉入底部。

【注意事项】

晴天上午使用，使用本品前后三天禁止使用消毒剂和杀虫剂等。

每包添加红糖50g活化2～4小时后使用，效果更佳。

【包装规格】1 000g/袋，15袋/箱。

【贮藏】密闭，防潮。

消毒药 出血烂鳃宁 戊二醛、苯扎溴胺溶液（水产用）

【兽药名称】通用名：戊二醛、苯扎溴胺溶液（水产用）。

商品名：出血烂鳃宁。

【主要成分】戊二醛、苯扎溴胺。

【性状】本品为无色至淡黄色澄清液体、有特臭。

【药理作用】消毒药。戊二醛为醛类消毒药，可杀灭细菌繁殖体和芽孢、真菌、病毒。苯扎溴胺为双长链阳离子表面活性剂，其季铵阳离子能主动吸引带负电荷的细菌和病毒并覆盖其表面，阻碍细菌代谢，导致膜通透性改变，与戊二醛合用，具有增效作用。

【用途】本品主要用于治疗鱼类由细菌和病毒引起的出血、烂鳃、肠炎、打印、腐皮、赤皮、坚鳞、水霉等病症，及虾的烂鳃、黑鳃、红腿、肌肉白浊病、白斑综合症、红体病、黄头病等。

【用法用量】以戊二醛计，将本品用水充分稀释后，全池均匀泼洒，本品500g可用每亩水深一米水面2～4亩。

【不良反应】按推荐剂量使用，未见不良反应。

【注意事项】

勿与阴离子类活性剂及无机盐类消毒剂混用。

软体动物和鲑等冷水性鱼类慎用。

包装物使用后集中销毁。

【休药期】无

【规格】500g：戊二醛50g + 苯扎溴胺50g。

【包装规格】500g/瓶。

【贮藏】密封，在凉暗处保存。

饲料添加剂 甘胆康

【产品特点】甘胆康为纯中药制剂，有很强的排毒解毒功能，保肝护胆，恢复肝胆功能，从根本上起到保护肝脏的作用，能够显著提高机体免疫力。

改善肝细胞内血液循环，增加肝脏内营养的供应和代谢。

刺激机体免疫功能，产生较高剂量干扰素，增加肝脏抗病毒的能力。

提高肝药酶的活性，增强肝脏的解毒能力，保护肝脏不受损坏。

【作用与用途】疏肝利胆，清热解毒，具有保肝、利胆、解毒、排毒之功效。

主治鱼类、甲鱼肝胆综合症。防治鱼类由于营养、环境、细菌等因素引起的肝脏肿大、肝硬化、肝脏出血、肝坏死、脂肪肝、花肝、绿肝、黄白肝等疾病。

增强机体免疫力，预防细菌病和病毒病。长期添加有效预防细菌病和病毒病（草鱼赤皮、烂鳃、肠炎和出血病，鲤鱼病毒病等）。

增强机体免疫力，解决拉网出血和"苍鳞"问题。

促进摄食和生长。每吨饲料添加1kg，生长速度提高20%；饲料系数降低10%。

【使用时机】

开春鱼刚开始摄食时，每吨饲料添加3kg"甘胆康"，可迅速提高鱼的抢食能力，提高春季鱼的成活率。

当肝脏发生病变时，"甘胆康"连用7～10天。当肝脏恢复正常后，每吨饲料添加1kg"甘胆康"长期投喂。

对虾肝胰腺发白、肿大时，"甘胆康" + "果根素"，连用5～7天。

拉网前每吨饲料添加3kg"甘胆康"，可以增加体表黏液，避免出现拉网出血和运输死亡的现象。

使用"甘胆康"可有效预防水产动物暴发疾病,在鱼病发生前使用"甘胆康",可以提高抗病能力。

目前鱼病的久治不愈与肝胆综合症有很大的关系。在肝脏发白刚发生病变时,用"甘胆康"三天后肝脏即可恢复正常,但是如果肝脏已经发黑变绿、轻触易碎时使用"甘胆康"7天后方可起到明显效果。

【用法与用量】

每吨饲料添加"甘胆康"1kg,长期投喂;

出现肝脏疾病或拉网出血、苍鳞时,每吨饲料添加"甘胆康"3kg,连喂7~10天。

抗微生物药 霉菌净

【品名】霉菌净。

【主要成分】有机硫、季铵盐。

【性状】本品为无色或淡黄色液体。

【作用与用途】

本品对细菌、真菌有强烈的毒杀作用。在体表细菌、真菌感染时,使用本品可软化角质层,角质层脱落时也将菌丝同时脱落,从而达到治疗作用。

对水体中由于各种原因引起体表创伤、出血、腐烂的细菌、霉菌有很强的杀灭作用。

对水体中引起鳜鱼、鲈鱼、鳗鱼、甲鱼、鲳鱼、四大家鱼及各种鱼类水霉、鳃霉、打印、烂鳃、烂眼等细菌、真菌有很强的杀灭作用。

对水体中引起虾、蟹等甲壳类的腐壳、鳃霉、肢霉、黑白斑等的细菌、真菌有很强大的杀灭作用。

对水质过肥引起的青苔、绿藻有很强的杀灭作用。

对低温引起的水霉病,有强烈的杀灭作用。

【用法与用量】用水稀释后全池均匀泼洒。

杀灭细菌、真菌:每亩水深1米使用本品50mL;病情严重时加倍使用,连用2天。

杀灭水体中纤毛虫:每亩水深1米用本品100mL,每天1次,连用2天。

【注意事项】

当水质pH值大于6.5时适当增加用量。

对养殖青虾的水体用量酌情减少。

【规格】200mL:8g;16g。

【包装】200mL/瓶，20 瓶/箱。

【贮藏】密闭，干燥处保存。

抗微生物药 菌毒全消 二硫氰基甲烷

【作用机理】二硫氰基甲烷在分解过程中生成硫氰酸根阻碍了病原微生物呼吸链中电子转移，从而导致有害菌死亡。

本品对荧光假单胞菌、疖疮型点状产气单胞菌、水型点状极毛杆菌、鱼有害黏球菌、水霉真菌和嗜酸性卵甲藻等具有高效的杀灭作用。

【作用与用途】

本品主要用来治疗各种鱼类因拉网、机械损伤、害虫叮咬、低水温等引起的水霉病、赤皮病有特效。并对各种细菌性疾病如：出血病、烂鳃病、腐皮病、赤鳍病、烂尾病、烂鳍病等都有良好的防治效果。本品是孔雀石绿的替代产品，且治疗效果优于孔雀石绿。

【用法用量】用法：将本品用池水稀释 2 000 倍后，顺风向全池均匀泼洒。

用量：预防：每亩水面 1 米深用本品 70～80mL，每 15 天预防换一次。

治疗：每亩水面 1 米深用本品 80～100mL。

【注意事项】

本品不可与酸、碱及含铁类药品混用。

阴雨天或缺氧、浮头时禁用。

幼鱼用量减半。

【规格】5%。

【包装】200mL/瓶（4 升/20 瓶/箱）。

【贮藏】置于干燥、通风处密封保存。

环境改良剂　金谷海中宝 强力离子交换水质净化剂

【主要成分】离子交换剂、解毒因子。

【性状】本品为黄色或淡黄色颗粒状晶体、无嗅。

【效能特点】

水质不良、恶化、发黑、变臭时水质改良。以离子交换作用精华水质，强力快速去除水中氨氮、硫化氢、硝态氮，稳定池底 pH 值。调节水中氢离子浓度，一致腐败细菌的繁殖，增强鱼虾抗病能力、抗应激能力、增进食欲。

消除使用漂白粉、二氯、三氯等含有氯制剂及高锰酸钾、硫酸铜、重铬酸钾等在水体消毒后残留的物质对鱼虾的毒害。

能快速缓解各种海淡水鱼类、虾、蟹因水质不良而引起浮头、缺氧及水体毒物（如重金属超标、使用去冲击过量）中毒等现象的紧急施救。

【用法用量】

水质改良：以本品 $1.5g/m^3$ 水（1kg/亩·米水深）溶解后均匀泼洒，每10天1次。结合治疗：以本品 $3g/m^3$ 水深溶解后均匀泼洒，连用 2~3 天。

养殖土池、高位池用本品 0.75~1kg/亩·米水深直接撒于水中，能迅速消除池底中的氨氮、亚硝酸盐等有毒物质，效果显著。

使用消毒剂、驱虫药后，按 1kg/亩·米水深（$1.5g/m^3$）使用，可快速解毒，减少药残。

【注意事项】

本品在海水中，可能出现水体变浑浊，或变黑，属于正常现象。

本品在弱酸、弱碱或中性水体中效果最佳。

勿与强氧化物质同时使用。

【净重】 1 000g。

饲料添加剂 水产速溶电解多维

【兽药名称】通用名：维生素 C 可溶性粉。

【性状】本品为黄色粉末。

【主要成分】维生素 C。

【效能特点】

强化肝脏代谢功能，解除各种药物中毒。

消除紧迫，增强抗病力。

刺激食欲、促进消化吸收，促进生长。

防治各种营养缺乏症。

【适用对象】草鱼、鳗鱼、大菱鲆、桂花鱼、加州鲈、生鱼、鮰鱼、蚌鱼、鳖鱼、青鱼、鲢鱼、鲤鱼、鲫鱼、鳊鱼、鳜鱼、罗非鱼、大黄鱼等水产鱼类。

【用法用量】

口服：每千克饲料添加 2~5g。

治疗：食欲减退：1~2g/kg；紧迫症：1~3g/kg；疾病或中毒：5g/kg。

【注意事项】无

【不良反应】本品无明显不良反应。

【包装】装量：1 000g/袋。

【贮藏】避光、密封干燥处。

九、新增水产养殖用药注意事项

（一）渔用麻醉剂

在鱼类的人工繁殖孵化和捕捞、运输等操作时，为控制鱼体因离水环境和操作时产生的应急反应，减少机械损伤和死亡等，常需进行鱼体麻醉处理。无论是局部麻醉还是全身麻醉都需要注射麻醉剂。常用的全身麻醉剂乙醚、氯胺酮、巴比妥等，局部麻醉剂有得多卡因、普鲁卡因、苯唑卡因、盐酸普鲁卡因、丁香酚等。

1. MS-222

这是一种美国 FDA 批准唯一允许用于食用鱼的渔药麻醉剂，具有良好效果。它具有使用浓度低、入静快、作用时间长、苏醒快、无残留、无毒副作用的优点。使用方法主要是药液浸泡、喷雾、注射等。在使用时要注意针对不同鱼类使用不同的浓度，在食用经过 MS-222 麻醉的鱼类时，必须在用药 12 天后药物失效后方可食用。

2. 丁香酚

实质上，这是一种香料，在医学上广泛作为牙科镇痛剂使用。因其高效、安全、低成本等优点，澳大利亚、新西兰、智利、芬兰等国家批准其用于渔用麻醉剂。使用方法主要是药水浸泡。在使用时根据实际需要增加使用量，以缩短入麻时间。由于丁香酚是一种天然植物性香料，不会对人体及环境造成危害。

3. 乙醚

乙醚的发现已有近 200 年历史，它基本上是一种对神经系统起作用的药物，对动物组织如肝、肾等毒性较小，但易燃易爆，要注意．因乙醚比重小、易挥发，若用于鱼类的活体运输，需在运输途中视鱼体的活动情况不断补充用量，而且对鱼鳃有病变的鱼类和在水质不良时，特别是水体 pH 值失调时不能使用。

4. 二氧化碳

二氧化碳是唯一允许用来运输食用鱼的化学麻醉剂，可使活鱼长期处于睡眠状态，减少运输所造成的死鱼，费用也较低，且经二氧化碳麻醉的鱼可直接食用。但二氧化碳只对部分鱼有麻醉作用，应用范围受到一定限制，且使用二氧化碳时，要分别用含有高分压（27～33 千帕）和低分压（13～17 分帕）的二氧化碳气流胶体刺激鱼体。

（二）含氯消毒剂的使用方法

含氯消毒剂有很多其他消毒剂所不具有的优点。如消毒能力强、用量少、使用范围广，对细菌、病毒、真菌以及原虫、蠕虫、甲壳动物等寄生虫均有杀灭作用等；其使用效果往往好于高锰酸钾、食盐、甲醛、硫酸铜等，因此，在水产养殖业中使用的较广。目前在水产养殖业中使用的含氯消毒剂主要有漂白粉、漂白粉精、二氧化氯、氯胺-T、二氯异氰尿酸、三氯异氰尿酸等。

1. 漂白粉

这是一种水产养殖业中所使用的传统消毒剂，将氯气通入石灰水中制成。有效氯含量在25%～30%之间，主要作用成分为次氯酸钙。其杀菌能力由与水体反应生成的次氯酸分子表现出来。次氯酸在水体中能释放出活性的氯和氧，表现出强烈的杀菌作用。但应注意，漂白粉在保存过程中有效氯会每月减少1%～3%。当有效氯低于15%时会严重影响消毒效果。因其成分是含有氢氧化钙，故其水溶液呈碱性。由于次氯酸分子比次氯酸根离子的杀菌能力大100倍，所以，由于不同的酸碱度对可逆反应的方向的影响，不同的酸碱度时相同浓度的药物对杀菌效果有所不同。通常用次氯酸分子做杀菌物质的消毒剂水溶性时效果比碱性时好。常用的浓度为1mg/L，化浆后全池泼洒，或用浓度为10mg/L进行药浴20～30min。

2. 漂白粉精

这是比较纯的次氯酸钙，有效氯含量在80%～85%之间，在空气中分解较慢，210天分解1.87%，水溶液呈碱性，常用浓度为0.3mg/L，全池泼洒。

3. 二氧化氯

这是目前最好的氯制剂消毒剂。用盐酸还原氯酸钠制成。二氧化氯的熔点为-5.9℃，沸点9.9℃，所以，常温时呈气态。但目前已开发出固体稳定型的二氯化氯，其优点是杀菌广谱、高效、安全、性能稳定、无残留、无氯臭、无刺激、无"三致"作用，且用量低，效果不受水体酸碱度的影响，常用浓度为0.1～0.3mg/L，全池泼洒。

4. 氯胺-T

也叫氯亚明，甲苯酰胺氯胺钠盐，商品名鱼乐，白色微黄结晶粉末，有效氯含量24%～26%，性状稳定，一年有效氯只减少0.1%，易溶于水，产生有效成分次氯酸，其水溶液呈酸性。氯亚明的特点是次氯酸释放较慢，作用持久。常用浓度1～2mg/L，全池泼洒，或50g/100kg鱼拌饵口服。若加入活化剂，可以使在短时间风放出大量的活性氯，能显著提高杀菌作用。常用浓度为0.2～0.5mg/L，全池泼洒，或10mg/L浸泡鱼体 10~15min。

5. 二氯异氰尿酸

商品名优氯净。白色结晶粉末。有效氯含量 60%~64%，易溶于水，25℃时的溶解度为 25%，水溶液呈酸性，先产生氯化尿酸，再产生次氯酸分子。性能稳定，半年有效氯降低 0.16%。常用浓度为 0.3mg/L，全池泼洒，或 1.7g/100kg 鱼拌饵口服，或 3mg/L 浸泡鱼体 10~15min。

6. 三氯异氰尿酸

商品名强氯精，鱼安，国际商品名 TCCA，白色粉末，有微氯臭，有效氯含量 85%，25℃时的溶解度 1.2%，性能稳定。其消毒效果不受水体酸碱性的影响，受水体中有机物的影响也较小，在水体中分解出次氯酸和异氰尿酸，异氰尿酸能阻止次氯酸的迅速分解，所以，可以维持较长时间的药效。全池泼洒浓度 0.3mg/L，或 3mg/kg 浸洗鱼体 10~15min。

（三）二溴海因的使用方法

近年来，杀菌剂向低毒、高效和操作方便方向发展，以溴代氯型的消毒剂成为其主要发展趋势。二溴海因已成为这一趋势的代表性产品。它具有良好地消毒效果，属广谱、高效、低毒的消毒剂，具有稳定性好、含溴量高和使用方便的特点，在水产养殖中多用于池塘消毒，预防和治疗疾病等方面，且在使用中不受水质、盐度、pH 值、水温、有机质等的影响。

二溴海因纯品为白色结晶，具有类似漂白粉的味道，熔点 196~198℃，工业品一般为黄色或淡黄色固体，熔点 194~197℃，易溶于浓硫酸和乙醇、苯、氯仿、丙酮等大多数有机溶剂，微溶于水，20℃时 1L 水能溶解 0.22g，在强酸或强碱中易分解，干燥时稳定，易吸湿，吸潮后部分溶解，水溶液呈弱酸性，水溶液的 pH 值为 2.6。

二溴海因在水体中水解主要形成次溴酸，以次溴酸的形式释放出溴，释放溴的反应很快，在水体中能不断放出溴离子，从而起到杀菌作用。在二溴海因的作用下，枯草杆菌黑色变种芽孢蛋白质漏出，漏出量随药物剂量的增加和作用时间延长而增加，但正常情况下不会漏出蛋白质，这说明其仅对枯草杆菌的黑色变种芽孢有破坏作用。

二溴海因用于水体消毒后，缓慢释放有效成分，在用药后 30~48 小时，水体中的有效成分——活性溴始终保持恒定，可使水体在较长时间内处于抑菌状态。在水体中的水解产物是二甲基海因，在自然条件下被光、氧、微生物在较长时间内分解为氨和二氧化碳，不会因为残留而污染环境。预防疾病时的用量为 0.15~0.20g/m³（即每亩 1m 水深用量 100~150g），每 15 天用药 1 次。治疗时用药量为 0.30~0.35g/m³（即每亩 1 米水深用量 200 ~ 250g)。清塘时的用量为 3 ~ 5g/m³，对水后全池泼洒；病情严重晨隔日重复 1 次。

（四）水温和溶解氧对渔药药效的影响

影响渔药药效的因素有很多，但水温和水体中的溶氧对渔药药效的影响较大。

1. 水温对渔药药效的影响

水温每升高 10℃，药物的毒性增加 2 ~ 3 倍。

生物制剂在 20℃ 以上使用时效果好。

硫酸铜在夏季和冬季的用量区别很大。

水霉病在 18℃ 以上、小瓜虫病在 26℃ 以上时病情自然可控制。

水温过高可以增加药物的毒性，水温过低，药物治疗难以迅速起效，通常情况下药物的用量是指水温 20℃ 时的基础用量。水温高达 25℃ 以上时，应酌情减少用药量，水温小于 18℃ 时应酌情增加用药量。

2. 溶氧对渔药药效的影响

溶解氧越低，药物对水产动物的毒性越大，使用生物制剂或肥水时的效果越差，内服药饵的效果越差，使用水质改良剂的效果越差，使用生物制剂时要注意翻塘。

第四节 饲料和饲料添加剂管理和规范使用

饲料安全，通常是指饲料产品（包括饲料和饲料添加剂）在按照预期用途进行使用时，不会对动物的健康造成实际危害，而且在动物产品中残留、蓄积和转移的有毒有害物质或因素在可控制的范围内，不会通过动物消费饲料转移至食品中，导致危害人体健康或对人类的生存环境产生负面影响。饲料安全对动物性的食品安全起着至关重要的作用。最近几年以来，由于饲料的安全问题导致的食品安全事件常见报道，因此食品安全问题已经成为我国政府和人民群众所十分关注的问题。把控住饲料的安全生产就是保证食品安全的第一条件。为此，世界各国政府根据食品安全生产出台了许多关于饲料安全的的法律条例。在我国，饲料质量安全是我国政府十分重视的一个问题，由此陆陆续续出台了很多与饲料安全相关的法律法规。

中国饲料工业已经进入稳定发展调整期，主要体现在总量增幅放缓，行业不断整合，市场竞争加剧，水平不断提高，生产与管理逐步与国际接轨。据农业部全国饲料工业办公室统计，全国饲料总产量 2005 年为 1.07 亿吨，2011 年达到 1.81 亿吨，增幅达到 69%。与此同时，饲料企业由 2005 年的 15 518 家下降到 2010 年的 10 843 家，5 年间减少了30%但年产50万吨以上的大企业由17家增加到30家，其产量占总产量的比重由25%上升到42%。以上数据表明，中国的饲料行业已经由数量增长时期发展到质量增长时期。

毒奶粉、毒馒头、三聚氰胺等食品安全事件时有发生，社会各界对食品安全的关注达到了前所未有的高度，与此同时，我国颁布相关法律法规，对饲料质量安全的管控进一步加强。政府管理部门充分吸取社会各界意见，相继发布了饲料安全方面的法律、条例等规范性文件，要求行业内的企业、经营者依法经营，建立健全质量安全制度，对产品的质量安全负责。2012年5月1日起，修订后的《饲料和饲料添加剂管理条例》开始施行；2012年6月1日《饲料原料目录》正式发布，并于2013年1月1日施行；2012年10月公布《饲料生产企业许可条件和《混合型饲料添加剂生产企业许可条件》，自2012年12月1日起施行；2012年3月发布《饲料质量安全管理规范（征求意见稿)》，公开向社会征求意见。与饲料安全相关的法规如此频繁地推出，表明了饲料质量安全的重要性，体现了政府规范饲料行业发展、保障食品安全的决心。

在这样的大环境下，饲料企业的经营理念、竞争策略必须顺应形势的变化，改变饲料行业长期以来粗放生产、重产量效益轻质量安全、重生产轻质量监控的做法，不仅注重成本、销量，更要注重质量安全。饲料企业必须意识到质量是产品的生命，质量安全决定了企业的生死存亡。

饲料原料质量是饲料产品质量的基础。若原料质量得不到有效的控制，饲料企业的质量管理工作也无从谈起。只有合格的原料，才能生产出合格的饲料产品；有合格的饲料产品，才能有动物健康的物质基础。本书根据最新《饲料和饲料添加剂管理条例》，同时参照我国关于饲料安全的法规与标准，解读饲料安全法规和标准在饲料管理和生产中的具体要求和操作规程，比较了美国、欧盟和其他相关国际组织在饲料安全方面的相关规定，同时将我国与其他国家的饲料安全标准的相同与不同之处进行比较，进而给水产养殖者提供饲料安全方面的建议和意见。提高饲料安全性，是一项长期艰巨的任务，要坚决贯彻执行现有的法律和标准，继续制定和完善有关法规，从而确保食品安全。

一、了解法规，依法使用饲料原料和饲料添加剂

当涉及产品质量，第一要求就是企业生产的产品以及其在生产的过程中要符合相关的法律法规。在GB/T 19001等标准中，在整个质量安全的管理体系中，质量管理法律法规是重中之重。所以，充分理解法规，同时与时俱进地跟进其变化，进而使产品符合法规的要求，是质量管理的重要工作。

　　饲料生产企业、养殖者等应从可靠的渠道获取法律法规，认真研读，经过适当的评管，以确认饲料生产及用法符合质量管理法律法规。相关文件主管部门应将法律法规整理归档，列出清单（必须标明版本），之后分发到相关使用的部门。此外，文件主管部门要密切跟踪法律法规的变化，及时获取最新版本。

　　我国政府对食品安全非常重视，由此建立了一整套完备的法规体系，以此对饲料行业实施严格的监管。只要有违背饲料安全等方面的法律法规的行为，责任者将会受到相应处罚，甚至根据情节严重追究其刑事责任。当前，我国饲料行业管理法规体系主要由以下法规、部门规章和规范性文件组成：《饲料添加剂和添加剂预混合饲料产品批准文号管理办法》（中华人民共和国农业部令 2012 年第 5 号）、《进口饲料和饲料添加剂登记管理办法》（农业部令，新版待发布）、《兽药管理条例》（中华人民共和国国务院令第 404 号）、《饲料和饲料添加剂生产许可管理办法》（中华人民共和国农业部令 2012 年第 3 号）、《饲料和饲料添加剂管理条例》（中华人民共和国国务院令第 609 号）、《新饲料和新饲料添加剂管理办法》（中华人民共和国农业部令 2012 年第 4 号）、《饲料和饲料添加剂行政许可申报材料要求》（农业部公告，待发布）《混合型饲料添加剂生产企业许可条件》（中华人民共和国农业部公告第 1849 号）、《饲料质量安全管理规范》（农业部令，待发布）、《饲料添加剂安全使用规范》（中华人民共和国农业部公告第 1224 号）、《饲料原料目录》（中华人民共和国农业部公告第 1773 号）、《饲料添加剂品种目录》（中华人民共和国农业部公告第 1126 号）、《饲料药物添加剂使用规范》（中华人民共和国农业部公告第 168 号）、《饲料生产企业许可条件》（中华人民共和国农业部公告第 1849 号）等。两个禁止性文件为《禁止在饲料和动物饮用水中使用的药物品种目录》（中华人民共和国农业部公告第 176 号）和《禁止在饲料和动物饮用水中添加的物质》（中华人民共和国农业部公告第 1519 号）。两个强制性国家标准《饲料标签》GB 10648 和《饲料卫生标准》GB130780。

　　值得引起关注的是，在饲料药物添加剂、饲料原料、饲料添加剂等方面，我国实行严格的许可制度管理。《饲料和饲料添加剂管理条例》明确规定"饲料、饲料添加剂生产企业应当按照国务院农业行政主管部门的规定和有关标准，对采购的饲料原料、单一饲料、饲料添加剂、药物饲料添加剂、添加剂预混合饲料和用于饲料添加剂生产的原料进行查验或者检验。

　　饲料生产企业使用限制使用的饲料原料、单一饲料、饲料添加剂、药物饲料添加剂、添加剂预混合饲料生产饲料的，应当遵守国务院农业行政主管部门的限制性规定。禁止使用国务院农业行政主管部门公布的饲料原料目录、饲料添加剂品种目录和药物饲料添加剂品种目录以外的任何物质生产饲料。饲料、饲料添加剂生产企业应当如实记录采购的饲料原料、单一饲料、饲料添加剂、药物饲料添加剂、添加剂预混合饲料和用于饲料添加剂生产的原料的名称、产地、数量、保质期、许可证明文件编号、质量检验信息、生产企业名称或者供货者名称及其联系方式、进货日期等。记录保存期限不得少于2年。"这条规定指出，凡是没有出现在目录中的饲料及饲料添加剂，都不能够使用；只有在目录中的饲料及饲料添加剂才可使用。但是，并不是只有禁止性文件中的物质才不能用，禁止性文件并不表示不在禁止目录中的物质就允许使用，而是把那些危害大的物质单独列出，如违法使用，则比一般性违规处罚更严厉。

在水产饲料中，当前还没有任何一种用于促生长方面的药物饲料添加剂，在水产饲料生产企业中被允许使用。《饲料药物添加剂使用规范》在饲料药物添加剂的用法和用量等方面，有明确且严格的规定，禁止超范围、超限量使用，同时不允许直接使用原料药。

二、国际饲料有毒、有害物质限量标准概况及与我国的差异

近几年，我国饲料工业发展迅速，在其发展的过程中，我国政府十分重视饲料产品质量，在国务院颁布《饲料和饲料添加剂管理条例》之后，从各个方面规定饲料的生产、经营和使用行为，同时不断加强饲料法制建设。2009年农业部公布了1126和1224公告，更新了饲料添加剂目录，并对于73种饲料添加剂指出了使用的规范和安全的限量，公告的发布，在饲料行业乃至社会各界引起了广泛的反响。不仅人民群众对规范的提出表达了高度的肯定，而且对其中某些限量的制定提出了质疑。我国主要是依据欧盟、美国的各添加剂的限量值标准，其中的一些指标是依据相关文献，而不是经过仔细严谨的检查和摸索，提出符合产业发展现状的、有科学依据的、适合我国国情的数据，由此将会产生在实际应用方面的误差问题。目前，全世界各国政府对饲料安全和食品安全的十分重视，达到了前所未有的程度。我国《食品安全法》的颁布也成为处理食品安全事件的基本依据。根据国际上一致认同的"饲料安全＝食品安全"，当前最紧要的是要尽快制定颁布《饲料和饲料添加剂管理条例》实施细则及其他配套饲料法规，推动《饲料法》的出台也是最终推动饲料安全有法可依的根本。

三、我国食品中污染物限量标准与 CAC 食品中污染物限量标准的比较

国际食品法典委员会（Codex AlimentariusCommission，CAC）是1963年由国际粮农组织（FAO）和世界卫生组织（WHO）联合成立的旨在发展食品标准、指南和FAO/

WHO 食品标准研究项目的相关文件的委员会，其主要职能是保证消费者健康并确保食品贸易活动过程的公平性，促进各国政府和非政府组织相关食品标准的对等性。CAC 的工作重点之一就是制定食品安全质量标准和建立安全质量标准体系，指导、协调 WTO 成员国在 WTO/SPS 协议框架下，制定以保护人类、动植物安全健康为目的的食品质量安全卫生方面的标准。因此，在 CAC 标准中涉及食品质量安全的标准和技术规范很多，特别是严重影响食品安全的农药残留、重金属、真菌毒素污染物的限量非常细致、广泛。当引起贸易争端时，国际上通常以 CAC 标准作为解决争端的依据。CAC 根据食品添加剂和污染物联合专家委员会（the Joint FAO/WHO Expert Committee on Food Additives，JECFA）的评估结论，结合各国具体情况，并经过各国协调，制定出国际上通行的标准，各国都应积极做到与国际标准的协调性。现有 CAC 污染物标准是《食品重污染物和毒素通用标准》（Codex Stan 193—1995），其中涉及污染物种类 16 个，规定的食品种类有 69 种。我国现有的食品污染物限量国家标准主要包括《食品中污染物限量》（GB2762—2012），《食品中真菌毒素限量》（GB2761—2011），CAC 将丙烯腈等作为食品污染物管理，我国涉及这些污染物的标准是食品包装容器卫生标准（系列）。我国食品中污染物的限量共涉及污染物 17 种，对 58 种食品进行了规定。相比较而言，我国现行污染物限量标准比较分散，一种污染物一个标准，共有污染物限量卫生标准 20 个。而 CAC 仅有一个，即 Codex Stan 193—1995，其中包括了各种污染物的限量标准，既有利于管理，又方便执行。另外，我国标准中污染物种类较 CAC 多，但适用的食物品种相对较少。在我国食品出口市场居前五位的分别是日本、韩国、香港、欧盟和美国，占食品出口市场的 72%。其中水产品及其制品、食用畜产品等在出口时主要受兽药残留的阻碍，而农药残留则主要涉及蔬菜水果及制品、谷物及其制品等。

四、我国与发达国家食品和饲料中污染物及农药残留限量标准的比较

欧盟、日本、美国等发达国家在制定本国或本区域内食品标准的时候，依靠其先进的科学技术，主要从以下几个方面进行考虑。

（1）在毒理分析的基础上，进行危害性评估，制定出保障本国居民健康的标准。首先进行致癌实验、毒性试验（急性、慢性、亚急性）、遗传毒性、神经毒性、免疫毒性机体内吸收分布、降解、代谢等试验来确定 ADI（每日允许摄人量），之后根据毒理学评价、ADI 值、GAP 良好农业规范及人群暴露（接触）程度，综合评价这些物质的毒性和危险，提出限量指标。

（2）充分考虑 CAC 等国际标准。以此为基础，根据本国具体情况制定严格和细致

的标准，特别是农药残留限量标准都较国际标准更为严格。

（3）标准的制定表现出为其国际贸易服务的特点。即根据实际国情、贸易需要，市场供求状况甚至政治上的考虑，来制定限量指标或采用现有国际或国外先进标准，既符合 WTO/SPS—TPT 协议精神，又能提高进口食品质量，保护人民身体健康，保护国内产业发展，增强残留限量标准的技术壁垒作用。将标准制定作为一种贸易保护的战略策略，有专门针对国外的商品有针对性的制定一些限量，如本国不生产、不使用的农药，而在国外有生产使用，即使毒性很低，也会制定很严格的限量标准。

发达国家利用其先进的科学技术及强大的国力，从农场到餐桌各个环节采取措施对污染物进行控制，往往能使污染物降低到较低的水平，因此对自己国家能自给的食品或原材料往往会采用更加严格的限量值，以限制别国出口，保护本国市场。同时，他们的标准也是世界上最复杂的标准，特别是农药残留上，几乎涉及所有的农产品，数量庞大，指标细致，一种农药在不同作物上都有详细规定。近年来，欧盟的农药残留标准不断修订增加，指标量已达到近 3 万，而且有很多低毒低残留的农药也被制定了很严格的限量，很大一部分是以最先进的仪器检测限作为限量标准，给一些发展中国家农产品出口欧盟造成很大的障碍，其技术壁垒的特点非常突出。

五、我国食品中污染物和农残限量标准与欧盟标准的比较

我国标准包括《食品中污染物限量》（GB2762—2012），《食品中真菌毒素限量》（GB2761—2011），食品卫生标准（系列）、食品包装容器卫生标准（系列），此外还有农业部出台的农业行业标准，如《无公害食品水产品中有毒有害物质限量》（NY5073—2006），以及针对一些水产品单独的《无公害食品》系列标准。

欧盟标准为食品中污染物的限量标准（第 79/700/EEC 号指令、98/5 3/EC 号委员会指令、2001/22/EC 号指令、2004/16/EC 号指令、2002/63/EC 号委员会指令）。

我国食品中污染物限量涉及种类共 19 种，包括金属元素：铅、镉、汞、铬、锡、镍；真菌毒素：黄曲霉毒素，脱氧雪腐镰刀菌烯醇，展青霉素，赭曲霉毒素 A 和玉米赤霉烯酮；以及亚硝酸盐、硝酸盐、多氯联苯、N-二甲基亚硝胺、砷、稀土，此外还涉及铜、铁、锌的限量卫生标准。欧盟标准中涉及的金属元素包括铅、镉、汞、锡；真菌毒素：黄曲霉毒素 B_1、M_1，赭曲霉毒素，展青霉素，其他还有亚硝酸盐、二氧（杂）芑、3-氯丙 1，2-二醇（3-MCPD）等 10 种。比较而言，我国标准中涉及的污染物种类比欧盟多，但是欧盟规定了二氧（杂）芑、3-氯丙 1，2-二醇（3-MCPD），我国没有相应的标准。我国标准中的砷的限量，在 CAC 和其他一些国家如日本、美国都有规定，但欧

盟没有规定砷的限量值。此外，对于相同的污染物，欧盟对食品的分类更加细致，而且制定的限量值很多都低于我国的限量标准，如牛奶中铅的限量，我国为 0.05mg/kg，欧盟仅为 0.02mg/kg。另外，我国多个标准中还存在相互矛盾和容易混淆的问题，如NY5073—2006 中规定所有水产品中镉的限量为 1.0mg/kg，但在后来出台的行业标准《无公害食品牡蛎》中又确定镉的限量为 ≤4.0mg/kg。2013 年 6 月 1 日起正式实施的新的强制性国标 GB2762—2012 最终确定双壳贝类水产品的镉含量不应超过 2.0mg/kg。

欧盟对农药残留限量的基本指导思想是：对于谷物、水果、蔬菜等植物源性产品，其残留限量应能反映农药对植物有效保护的最小使用量，残留限量既要尽可能的低，又要使农药的毒性可以接受，特别要考虑保护环境和消费者的身体健康。对于动物源性食品，残留限量应能反映动物消耗的被农药污染的植物食品的用量，或直接使用的兽药的用量。所以，欧盟制定的农药最大残留限量（MRLs）反映的是经过优良的农业措施生产出的产品中可检出的最高农药残留量。欧盟委员会在制定农药的 MRLs 时既参考过去制定的标准，也会及时根据最新的信息和数据加以调整。在没有被授权或 ADI 可参考的情况下，残留限量应符合分析的最低检出限制。欧盟针对不同食品，不同农药已经制定了近 3 万项农药残留标准，其中 75% 以上的 MRLs 都是设定在检出限以内。欧盟于 2004 年 1 月开始执行的 320 种农药停止使用清单中，有 62 种是我国仍在生产和使用的，而且使用量还比较大，如三唑磷、敌磺钠等，对我国农产品和农药出口都产生很大的影响。我国目前对 136 种农药、70 种食品制定了限量，欧盟已经对 194 种农药、190 种食品进行了限量。这也表明了我国登记允许使用的农药品种比较少，原因可能与我国允许使用的农药和新产品品种有限，缺乏高效低毒的新农药有关。欧盟对很多种农药制定 MRLs，也没有进行风险评估，无毒理学依据，仅将检测仪器的检测低限定为最大残留限量，实际上相当于禁止这些农药的生产和使用，具有很强的技术贸易壁垒特征。总体上看，我国和欧盟共有农药在大类上适用范围基本一致，但我国大多笼统地规定一大类食物，而欧盟则细化到每一种具体的食物，甚至食物的不同部位。而出口贸易中往往是以具体的食物品种为对象的，这样很容易出现在我国有限量标准，而欧盟却属于授权范围之外的情况，从而导致被退货或销毁。此外，欧盟对农药残留的要求比我国严，限量值普遍较我国低，这也是导致出口受阻的主要原因之一。

六、我国食品中污染物和农残限量标准与美国标准的比较

美国目前执行的相关标准为 2004 年美国政府污染物限量对外通报意见反馈列表。除了镍以外，我国和美国所限定的污染物种类基本一致。和我国及欧盟所涉及的食品种

类相比，美国的污染物标准中设计的食品品种以动物性食品居多，植物性食品较少。和欧盟相反，美国食品中除熏制金枪鱼中的亚硝酸盐限量是 10mg/kg，比我国的 20mg/kg 严格外，其他指标都远比我国的标准宽松。

美国 40 CFR Ch.I（2004）对食品中农药残留量进行了规定，并将农作物食物品种分为 19 大类及未分类的其他食品。我国的食品分类主要参 CAC 的原则及我国农药残留试验准则中对农作物的分类方法，将食品划分为 7 大类和 25 个品种。和欧盟一样，美国在对蔬菜作物制定限量值时针对的是具体的品种，而我国多半以蔬菜大类笼统地为对象，只有少量标准区分了叶菜、果菜的不同限量值。但是对于粮食类作物，我国的规定则比美国更为全面严格。这些主要与我国和美国居民饮食结构不同有关。我国居民以粮谷为主的膳食结构及我国的粮食种类丰富，农业在国民经济中居于重要地位，而美国居民的饮食以动物性食品为主食，植物性食物居于次要地位。此外，我国专门列出了油料作物，美国却没有专门列出。

七、我国饲料中污染物和农残限量标准与欧盟和美国标准的比较

欧盟目前执行的《饲料中不良物质限量标准》为 2002/32/EC，之后每年都根据实际需要对各个指标进行修订并及时公布。所有的制定依据都源于对欧盟各国家、地区全面的本底调查，迁移规律，毒理学和生物学基础上的风险评估基础上，并最大可能地监控在最低的暴露水平。例如，近年来更新最快的是对二噁英及二噁英类-PCBs 的风险评估及管理不断细化，对不同食品和饲料来源的规定越来越详细和明确。美国 FDA 公布的饲料中污染物和有毒物质限量主要包括符合性方针指导手册（Com-pliance Policy Guides）：CPG683.100，CPG575.100，CPG545.400，CPG545.450 和 CPG540.600 等。我国饲料工业标准起步较晚，第一版《饲料卫生标准》制定于 1991 年，2001 年进行过修订。目前饲料卫生标准仍执行 GB13078—2001，期间仅对饲料中亚硝酸盐和饲料中赭曲霉毒素 A 和玉米赤霉烯酮的允许量进行过修订（GB13078.1—2006；GB13078.2—2006）。标准制定和修订工作相对滞后。2009 年全国饲料工业标准委员会拟对我国《饲料卫生标准》进行全面修订，期间历经多次讨论，目前仍未通过审定，主要原因是针对本国的风险评估，污染本底值等基础数据缺乏。

食品中的污染物和农药残留限量相似，我国的大部分标准的限量值都介于欧盟和美国之间。欧盟制定的限量标准最为细致、严格，而且对于特殊饲料原料和饲料品种都有特殊的规定。如美国除 AAFCO 对饲料用矿物盐中砷的限量规定为 50mg/kg 外，对配合饲料中的砷没有规定限量（AAFCO，2010）。我国和欧盟的限量均为 2mg/kg 饲料，但

是欧盟对于一些特殊的原料，如海洋动物副产品限量为15mg/kg，大型海藻粉的限量为40mg/kg。由于我国没有对海洋产品做出特殊规定，某种程度上也限制了这些副产品在饲料中的应用。在化学有害物中，真菌毒素（真菌有毒代谢物）对食品和饲料的污染，近来均被世界卫生组织列为食源性疾病的重要根源。根据FAO（2004）全球范围调查结果，截至2003年12月，全球至少有99个国家在食品和（或）饲料上拥有真菌毒素的法规，与1995年相比大约增加了30%。这些国家的总人口约占全世界人口的87%。这些国家至少拥有黄曲霉毒素B，或食品和（或）饲料中黄曲霉毒素B_1，B_2，G_1和G_2总量的法定限量标准，对于其他一些真菌毒素，也有一些特定的法规（例如黄曲霉毒素M_1单端抱霉烯族的脱氧雪腐镰刀菌醇、二乙酰蕉草镰刀烯醇、T-2毒素和HT-2毒素；伏马菌素B_1 B_2和B_3；松覃酸；麦角生物碱；赭曲霉素A；棒曲霉素、拟茎点霉毒素；杂色曲霉素和玉米赤霉烯酮）。我国饲料中规定限量的真菌毒素包括黄曲霉毒素B_1、赭曲霉毒素A和玉米赤霉烯酮的允许量。所有国家或经济共同体中，欧盟的真菌毒素限量是最严格的，即使对于极易被污染的玉米和花生饼（粕）允许限量也仅为20μg/kg，和配合饲料一致；奶牛精料补充料最为严格，为5μg/kg。我国对不同动物配合饲料的限量为10~20μg/kg，但是对于玉米、花生饼（粕）、棉籽饼（粕）的限量为50μg/kg。相反，美国的限量最为宽松，虽然规定了配合饲料中限量为20μg/kg，但是对用于非奶牛饲料的玉米和花生饼（粕）的限量达到300μg/kg。我国对于饲料中农药残留的限量标准非常少，仅对六六六、DDT/DDE/TDE进行了规定，美国还对艾氏剂（和狄氏剂）、氯丹和七氯规定了限量。而欧盟则规定的非常详细明确，除了以上提到的5类外，还对可可碱、黑麦角碱、毒杀芬、硫丹、异狄氏剂、六氯苯、正己烷（AlpHa，Beta，Gamma）、三氯杀螨醇、二溴化乙烯和林丹进行了分类细致的规定。欧盟还对饲料原料和不同品种配合饲料和添加剂中的二噁英和二噁英类-PCBs进行了限量规定，如对配合饲料中的二噁英限量为0.75ng/kg，是国际上最为严格的。

八、《饲料添加剂安全使用规范》解读

2009年6月18日，中华人民共和国农业部第1224号公告，颁布了《饲料添加剂安全使用规范》，其主要是为了提高饲料和养殖产品质量安全水平，指导饲料企业和养殖单位科学合理使用饲料添加剂，促进饲料产业和养殖业持续健康发展。在《饲料添加剂安全使用规范》发布后，农业部即对《饲料添加剂安全使用规范》的主要内容，包括维生素、氨基酸、矿物质元素等多方面，展开了调查和整治。2010年8月18日，农业部公布了"农业部办公厅关于2010年上半年全国饲料质量安全监测结果的通报"，通报

显示：从整体来看，我国饲料工业产品的质量安全状况呈现持续提高的良好势头，但是这次重点监测的维生素、氨基酸、矿物质元素等仍有较多的问题。

《饲料添加剂安全使用规范》在引言的部分指出了"指导饲料企业和养殖单位科学合理使用饲料添加剂，提高饲料和养殖产品质量安全水平"。编者认为，在引言部分的这句话是《饲料添加剂安全使用规范》与之前饲料法律法规有所区别的地方。因为《饲料添加剂安全使用规范》首次从政府的角度去考虑企业的实际利益。我国饲料工业与养殖业的可持续发展除了监督执法外，更需要企业和个人积极配合，自觉遵法的行为才是我国饲料工业和养殖业健康发展的关键。

从《规范》文本的第一横行主要"规范项目"可以看出《规范》指导饲料企业和养殖单位的初衷，包括：指导饲料企业和养殖单位正确选用各种饲料添加剂，其规范项目包括各种饲料添加剂的"通用名称""英文名称""化学式或描述""来源""含量规格"；指导饲料企业和养殖单位合理配制日粮，其规范项目包括各种饲料添加剂的"适用动物""在配合饲料或全混合日粮中的推荐用量""在配合饲料或全混合日粮中的最高限量""其他要求"。尤其是各种饲料添加剂"在配合饲料或全混合日粮中的推荐用量"项目，是根据不同品种、不同生长阶段的养殖动物对各种饲料添加剂的营养需要量提出的，目的是指导科学配制日粮，而不作为执法依据。

我国饲料工业发展至今只有短短三十多年，就饲料工业发展现状而言，目前饲料企业自觉遵法行为必须不断引导和监督。我国现行饲料法规体系包括国家法律、国务院行政法规、国家及行业强制标准、农业部部令公告、与饲料执法有关的其他国家机关和国务院部门公告、地方性法规或规章。然而，法律、法规往往就政策性大方向决策，具体内容规范较少；现行饲料行业的国家和农业部标准以推荐标准居多、强制性标准较少，且标准的制定、颁布、修订、更新的周期较长；地方标准、企业标准、地方性法规或规章等地区差异性较大。以上情况均不利于实际执法操作。由此可见，以农业部部令形式公告的《规范》，其及时颁布和强制性执行的意义重大，使未来我国饲料工业的饲料添加剂质量与安全性监督有法可依。

《规范》的引言部分特别说明"《规范》中'在配合饲料或全混合日粮中的最高限量'为强制性指标，饲料企业和养殖单位应严格遵照执行"。"最高限量"依据不同饲料添加剂品种对养殖动物、动物性食品安全及环境的影响提出，超过最高限量可能会对养殖动物、动物性食品、环境、人类健康等造成危害，因此《规范》"最高限量"项目必须严格执行，是执法依据，有利于监督与促进饲料产业和养殖业持续健康发展。

第五节 相关专利

一、水产品养殖系统与方法

发明人 罗土炎 周伦江 罗钦 涂杰峰 周华书 饶秋华 陈明乐 陈红珊 黄敏敏

（一）特征描述

一种水产动物养殖系统，其特征在于，包括第一养殖层与底层水循环装置；所述第一养殖层包括第一养殖层底面与第一养殖层周面，所述第一养殖层周面下缘与第一养殖层底面相接，第一养殖层周面上缘高于水面，由第一养殖层底面与第一养殖层周面构成与外界水域相区隔的第一养殖层边界。

第一养殖层底面与第一养殖层周面中相对的两侧面为不透水结构，由所述第一养殖层底面与第一养殖层周面中相对的两侧面构成供水流通过的水道，水道的至少一端设有水道出口，水道出口设有透水口，透水口的大小阻隔所养殖的水产动物，但可通过第一养殖层所产生的固体养殖废物。

所述底层水循环装置沿水流方向包括进水口、输水机构与出水口，所述进水口位于第一养殖层底面之下，所述出水口用于对第一养殖层供水。

（1）根据权利要求1所述的水产动物养殖系统，其特征在于，所述进水口的深度可调。

（2）根据权利要求1所述的水产动物养殖系统，其特征在于，所述水道出口位于第一养殖层周面上，第一养殖层周面对应出水口处为网面结构，其网孔为水道出口的透水口。

（3）根据权利要求1所述的水产动物养殖系统，其特征在于，所述水产动物养殖系统还包括第二养殖层，所述第二养殖层位于第一养殖层之下，包括第二养殖层侧面与第二养殖层底面，第二养殖层侧面，第二养殖层底面以及第一养殖层底面共同构成阻隔所养殖的水产动物通过的第二养殖层边界，所述水道出口流出的水流注入第二养殖层.

所述第二养殖层侧面与第二养殖层底面设有网孔，第二养殖层底面网孔可容第二养殖层所产生的固体养殖废物通过。

（4）根据权利要求4所述的水产动物养殖系统，其特征在于，所述第二养殖层下方设有收集网，所述收集网底面的网孔用于阻隔第二养殖层中产生的水产动物排泄物与固体碎屑通过。

所述收集网底部设有可收拢的开口,收集网中段或后段设有收拢结构,用于收拢收集网,并在收拢收集网时在收拢结构与收集网底部开口之间形成废弃物容纳空间,所述收集网长度可供将收拢结构提拉至水面。

(5)根据权利要求1所述的水产动物养殖系统,其特征在于,所述第一养殖层顶部设有顶棚。

(6)根据权利要求1至6任意一项所述的水产动物养殖系统,其特征在于,所述水循环装置还包括增氧机构或紫外消毒机构,所述增氧机构用于增加出水口流出的水或第一养殖层中水的溶氧,所述紫外消毒机构用于对水体进行紫外线照射消毒。

(7)一种水产动物养殖方法,包括以下步骤。①在第一养殖层中养殖水产动物,并从第一养殖层以下深度的水层抽水,并输送至第一养殖层,流经第一养殖层后流出,带出第一养殖层所产生的养殖固体废弃物。②自第一养殖层流出的水流注入第一养殖层下方的第二养殖层,其带出的第一养殖层所产生的养殖固体废弃物供第二养殖层所养殖的水产动物作饲料之用。

(8)根据权利要求8所述的水产动物养殖方法,其特征在于,所述第二养殖层为网状结构,所述水产动物养殖方法包括步骤:利用设置于第二养殖层下方的收集网收集第二养殖层所产生的养殖固体废弃物。

当回收第二养殖层所产生的养殖固体废弃物时,拉起收集网底部,从底部开口回收第二养殖层所产生的养殖固体废弃物。

(9)根据权利要求9所述的水产动物养殖方法,其特征在于,从第一养殖层以下深度的水层抽水之后,先经过增氧与紫外线消毒步骤,然后输送至第一养殖层。

(二)技术领域

本发明涉及水产动物养殖领域。

(三)背景技术

水产动物即海洋和淡水渔业生产的动物的总称。人工养殖的鲜活水产动物,主要包括鱼、虾、蟹、贝四大类。

多种水产动物在人工养殖时,都面临养殖环境与其自然生长环境的差异,例如水温、溶氧等与其天然生长环境相比较有变化,从而影响养殖成功率与养殖质量,同时受制于现实养殖环境的水温、溶氧等因素。若提高水产动物的养殖密度,会出现水温上升、水质恶化、溶氧不足、疾病频发等情况,因此水产动物的养殖密度也非常有限,从而需要提高养殖面积,因此,传统的养殖工艺需要较高的养殖设备成本与人力成本。

以鲟鱼为例,鲟鱼是我国的名特优珍品,肉味鲜美、骨软、营养价值高,特别值得一提的是具有"黑色黄金"之称的鲟鱼籽酱,是世界三大美食之一,价格高达600~2 000美元/kg,而且随着鲟鱼野生资源的减少,价格还在不断上涨,呈供不应求之势。过去鲟鱼亲鱼主要来自野生捕捞,这严重危及鲟鱼的生存,因此,进行鲟鱼人工繁育和新型环保网箱养殖具有巨大的经济效益和生态效益。

鲟鱼近年来才开始被作为商品鱼进行规模化养殖,其养殖技术尚有许多的空白,特别20世纪90年代大量的史氏鲟鱼开始进行南移人工饲养。南方优越的气候条件、优良的水质、丰富的生物饵料促进其快速生长,给一个优良的水产养殖新品种的开发带来了机遇,但是鲟鱼对环境要求极高,水中溶氧量要求达6mg/L以上,氨氮含量不超过0.5mg/L,养殖最佳水温要求控制在15~22℃之间,性成熟最佳水温要求控制在0~5℃之间,最佳pH值要求控制在7~8之间,而且在南方养殖鲟鱼上还存在着人工繁殖技术不全面、养殖模式单一和养殖密度小等问题,特别是对于养殖密度的问题,因为鲟鱼在自然水域中属被动摄食鱼类,但经过人工饲料驯化,可转为主动摄食,其主动摄食的强度与水体中鱼群放养密度有很大关系,密度小时,调动不了鱼群激烈抢食的欲望,鲟鱼摄食强度小,生长速度相对较慢。因此,提高放养密度是保证网箱模式鲟鱼生长速度的关键,但是在传统网箱中提升养殖密度,容易导致水温升高,溶氧不足,水质恶化等现象,影响养殖成功率与养殖效果,因此本专利对鲟鱼在高密度、规模化和集约化条件下进行环保型养殖进行了深入的研究,取得了良好的养殖效果。

随着经济社会的快速发展,当代水利渔业朝着新技术,新品系的方向发展,充分发挥南方水资源优势,践行科学发展观,大力发展名特优品种,以新品系引导消费,以名贵品系满足高消费群体需求。因此鲟鱼养殖技术将由普通粗放型向精细特优型、高科技型、环保型转化,将原始野生鱼类种群通过人工驯养技术转化为人工养殖的高品质鱼类种群,不仅可为濒临灭绝的古老品种扩大生存繁衍提供广大的空间和途径,又丰富了南方水产动物市场的花色品种,可满足了不同层次人群对消费档次的不同要求,将给渔业带来可观的经济效益。

(四) 发明内容

本发明的目的在于提供一种能调节水温,提高养殖密度的水产动物养殖方法与水产动物养殖系统,并且节能环保。

为实现上述发明目的,本发明提供了一种水产动物养殖系统,包括第一养殖层与底层水循环装置。

所述第一养殖层包括第一养殖层底面与第一养殖层周面,所述第一养殖层周面下缘与第一养殖层底面相接,第一养殖层周面上缘高于水面,由第一养殖层底面与第一养殖层周面构成与外界水域相区隔的第一养殖层边界。

第一养殖层底面与第一养殖层周面中相对的两侧面为不透水结构，由所述第一养殖层底面与第一养殖层周面中相对的两侧面构成供水流通过的水道，水道的至少一端设有水道出口，水道出口设有透水口，水道出口的透水口的孔径大小阻隔所养殖的水产动物，但可通过第一养殖层所产生的固体养殖废物。

所述底层水循环装置沿水流方向包括进水口、输水机构与出水口，所述进水口位于第一养殖层底面之下，所述出水口用于对第一养殖层供水。

优选地，所述进水口的深度可调。

优选地，所述水道出口位于第一养殖层周面上，第一养殖层周面对应出水口处为网面结构，其网孔为水道出口的透水口。

优选地，所述水产动物养殖系统还包括第二养殖层，所述第二养殖层位于第一养殖层之下，包括第二养殖层侧面与第二养殖层底面，第二养殖层侧面、第二养殖层底面以及第一养殖层底面共同构成阻隔所养殖的水产动物通过的第二养殖层边界，所述水道出口流出的水流注入第二养殖层。

所述第二养殖层侧面与第二养殖层底面设有网孔，第二养殖层底面网孔可容第二养殖层所产生的固体养殖废物通过。

更优选地，所述第二养殖层下方设有收集网，所述收集网底面的网孔用于阻隔第二养殖层中产生的水产动物排泄物与固体碎屑通过。

更优选地，所述收集网底部设有可收拢的开口，收集网中段或后段设有收拢结构，用于收拢收集网，并在收拢收集网时在收拢结构与收集网底部开口之间形成废弃物容纳空间，所述收集网长度可供将收拢结构提拉至水面。

尤其优选地，所述第一养殖层、第二养殖层与收集网连接有定位用浮球。

优选地，所述第一养殖层顶部设有顶棚。

优选地，所述水循环装置还包括增氧机构，所述增氧机构用于增加出水口流出的水的溶氧。

优选地，所述水循环装置还包括紫外消毒机构，所述紫外消毒机构用于对水体进行紫外线照射消毒。

本发明还提供了一种水产动物养殖方法，包括以下步骤：

在第一养殖层中养殖水产动物，并从第一养殖层以下深度的水层抽水，并输送至第一养殖层，流经第一养殖层后流出，带出第一养殖层所产生的养殖固体废弃物；

自第一养殖层流出的水流注入第一养殖层下方的第二养殖层，其带出的第一养殖层所产生的养殖固体废弃物供第二养殖层所养殖的水产动物作饲料之用。

优选地，所述第二养殖层为网状结构，所述水产动物养殖方法包括步骤：利用设置于第二养殖层下方的收集网收集第二养殖层所产生的养殖固体废弃物。

更优选地，从第一养殖层以下深度的水层抽水之后，先经过增氧步骤，然后输送至第一养殖层。

本发明通过从深层抽水，利用深层水水温不同于表层水，且深层水水温稳定的特点，对第一养殖层中的水温进行调节，并进行循环，既有效地调节了第一养殖层的水温，也使第一养殖层的水进行循环更新，改善水质，提高了养殖密度，避免了所养殖水生动物的疾病发生，而且可以养殖对养殖水温有较高要求的水产动物，而且不需要额外的制冷设备等，有效降低能耗与成本，节能环保。

（五）具体实施方式

为详细说明本发明的技术内容、构造特征、所实现目的及效果，以下结合实施方式并配合附图详予说明。

请参阅图 11 – 1 以及图 11 – 2，本实施例提供了一种水产动物养殖系统，该养殖系统可设置于湖、水库、江河或海洋等水域中，可以养殖鱼、虾、蟹等水产动物。

养殖系统包括第一养殖层 10 与底层水循环装置。

在某实施例中，第一养殖层为顶面开口的矩形体，包括第一养殖层底面 13、第一养殖层侧档 14、15、第一养殖层前档 11 与第一养殖层后档 12。

第一养殖层前档 11、第一养殖层侧档 14、15 和第一养殖层后档 12 围合成第一养殖层周面，也就是矩形体的周面，第一养殖层侧挡 14、15 为矩形体周面中较长的两个相对面，第一养殖层前档 11、第一养殖层后档 12 为矩形体较短的两个相对面，第一养殖层周面与第一养殖层底面 13 相接，其上缘高于水面（如图 11 – 1、图 11 – 2 所示，第一养殖层之外的水面所在水平面 L_0），使得第一养殖层所养殖的水产动物 81（鱼类等）不能通过第一养殖层周面上缘游入到外界水域中，外界水域中的其他鱼类等生物也不会通过其上缘游入到第一养殖层 10 中。

如图 11 – 3、图 11 – 4 所示，第一养殖层结构具体如下：第一养殖层底面 13 与第一养殖层侧档 14、15，可以是塑料膜或在透水的网面结构上增加一层塑料膜共同构成不透水结构，第一养殖层底面与第一养殖层侧档将第一养殖层围挡成供水流通过的水道 18，水道的末端为水道出口 81，水道出口 181 位于水道远离第一养殖层前档 11 的一端，水道出口 181 设有透水孔，水道出口的透水孔的孔径大小阻隔第一养殖层所养殖的水产动物 81，但可通过第一养殖层所产生的固体养殖废物 51；除了在水道出口 181 处设置

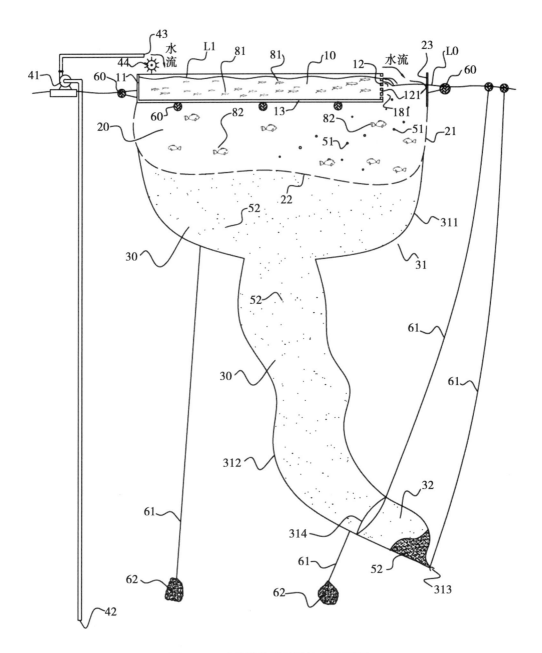

图 11－1　水产动物养殖系统（示意图）

透水孔之外，某些实施例中，用透水栅栏形成条状透水口也是可以的。总之，不论是孔洞还是长条形的栅孔等结构，只要结构上具备了阻隔第一养殖层所养殖的水产动物 81，但可通过第一养殖层所产生的固体养殖废物 51 的透水口即可。

　　第一养殖层前档 11 可以设置为不透水结构，以利于水流的定向流动。

　　在某些实施例中，第一养殖层后档 12 为网面，水道出口位于第一养殖层后档上，

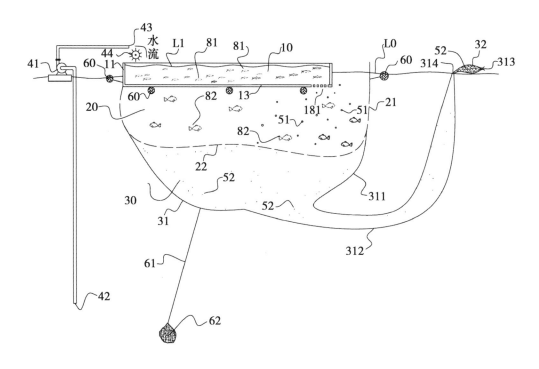

图 11 - 2 水产动物养殖系统（示意图）

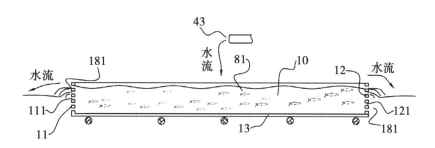

图 11 - 3 水产动物养殖系统第一养殖层结构（示意图）

网面上的网孔 121 即透水孔，如图 11 - 1 箭头所示水流方向，第一养殖层的水流直接从后档网面流出，同时将第一养殖层中产生的固体养殖废物 51，如鱼类粪便、食物残渣等带出，但由于后档网面上的网孔 121 小于第一养殖层所养殖的水产动物 81，因此养殖的鱼类、虾、蟹等无法游出第一养殖层 10。

为了便于水流的流动，实施例中设置第一养殖层中的水位 L_1 高于第一养殖层之外的水面所在水平面 L_0。

当然，如图 11 - 2 所示，在另外的一些实施例中，还可以将水道出口 181 设置于第一养殖层底面 13 靠近后档 12 处。

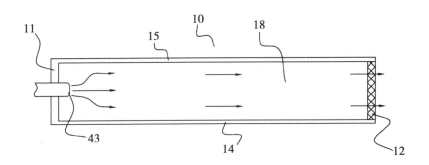

图 11-4 水产动物养殖系统第一养殖层结构（俯视示意图）

底层水循环装置沿水流方向包括进水口 42、输水机构 41 与出水口 43，进水口 42 位于第一养殖层底面 13 之下，出水口 43 用于对第一养殖层底面 13 与第一养殖层侧挡 14、15 围挡成的水道 18 供水，出水口 43 与第一养殖层前挡 11 的距离小于出水口 43 与第一养殖层后挡 12 的距离。输水机构 41 可以是常见的水泵，水泵从进水口将底层水面下的低温水抽取上来，通过出水口 43 输入到第一养殖层 10 中。

由于底层水水温恒定，不易变化，所以在某些实施例中，冬天时，水泵从进水口将底层水面下的高温水抽取上来，通过出水口 43 输入到第一养殖层 10 中。

在其他实施例中，第一养殖层的结构可以根据需要进行变化，例如：

如图 11-3、图 11-4 所示，与上述实施例类似，第一养殖层仍然设置为矩形体，但底层水循环装置的出水口 43 位于矩形体长度方向的中部，前挡与后挡均设置为网面，第一养殖层前挡 11，第一养殖层后挡 12 的网面上分别设置有网孔 111、121，如箭头所示水流方向，第一养殖层的水流方向自中部向两端流动。

除此之外，第一养殖层可以设置为 L 型（见图 11-5）、Y 型（见图 11-6）、十字形等，同上面的实施例相似，底层水循环装置的出水口 43 位于第一养殖层的中部，水流自中部向设置于 L 型、Y 型、十字形端部的水道出口 181 流动，水流方向如图中箭头方向所示。

在某实施例中，如图 11-7 所示，第一养殖层具有多个并排的水道 18，各水道分别与一水渠 19 相联通，出水口 43 对通过水渠对各水道供水。水渠 19 中设置有紫外灯管 63，紫外灯管 63 对流经水渠的水体进行紫外线照射消毒。同时，也可以将增氧机构 44 设置于水渠 19 之中。

因此，各实施例中，第一养殖层中第一养殖层底面与第一养殖层周面中相对的两侧面为不透水结构，由所述第一养殖层底面与第一养殖层周面中相对的两侧面构成供水流通过的水道 18，第一养殖层周面中相对的两侧面为水道侧面 182，水道的至少一端设有

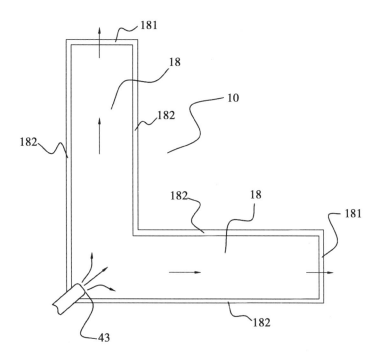

图 11 – 5 水产动物养殖系统"L 形"第一养殖层结构（俯视示意图）

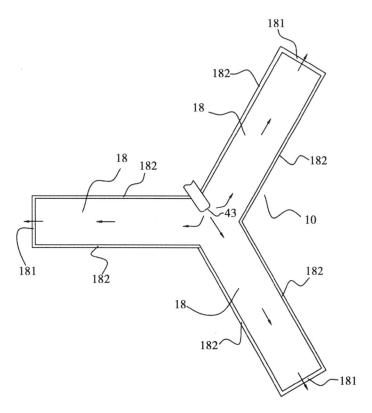

图 11 – 6 水产动物养殖系统"Y 形"第一养殖层结构（俯视示意图）

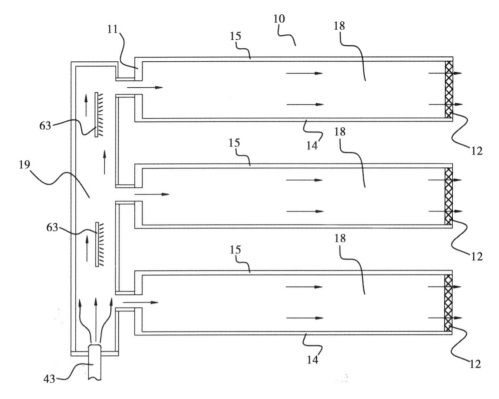

图 11 - 7 水产动物养殖系统第一养殖层结构（示意图）

水道出口 181，能通过底层水循环装置供水而在第一养殖层中形成水流即可。

为了满足第一养殖层中高密度养殖的要求，水循环装置还包括增氧机构 44，增氧机构用于增加出水口流出的水的溶氧，进而增加第一养殖层水中的溶氧，或设置于第一养殖层中，直接增加第一养殖层水中的溶氧。如图 11 - 1 所示，可以通过设置增氧机，起到负压提水、增氧及曝气的作用。

为了能抽取不同温度的底层水，某些实施例中进水口 42 的深度可调。例如要抽取更低温度的水，可以将进水深度调深，因为越深的水，通常具有越低的温度，反之，将进水深度调浅。总之，可调节深度的进水口，可以更灵活地满足不同进水温度的需要，根据实际水层温度，养殖所需温度以及第一养殖层的实时温度来决定进水口深度。某些实施例中，调节深度的结构可以是套管或软管，还可以是可以对接延长的管道结构。

此外，还可以设置输水机构的输水单位供水量，满足水温调节、水质调节的需要。当水质恶化时，可以加大输水机构的功率，供应大量新鲜水，加快水道中水流速度，排出不良水质，或者当水温过高时，也可以加大输水机构的功率，供应大量低温水，降低第一养殖层的水温。

第一养殖层中，可以养殖养殖鲟鱼、三文鱼或其他经济价值高的鱼类，以鲟鱼为例，水体交换量每小时两次，鲟鱼养殖密度由原来网箱养殖的 $4.0 \sim 5.0 \mathrm{kg/m^3}$，增加至 $20 \sim 40 \mathrm{kg/m^3}$，达到高产。

由于高密度的养殖，第一养殖层中会产生大量的固体养殖废物，包括第一养殖层中水产动物的排泄物、未能及时进食留下的食物饲料残渣等，养殖经济价值较高的水产动物时，此类固体养殖废物通常含有较高热量，如果直接由水道出口排入到水体中，不仅造成较大浪费，而且容易造成水体污染，产生水体富营养化等不良后果。

为克服上述缺陷，某些实施例中，水产动物养殖系统还包括第二养殖层，第二养殖层 20 位于第一养殖层 10 之下，包括第二养殖层侧面 21 与第二养殖层底面 22，第二养殖层侧面 21，第二养殖层底面 22 以及第一养殖层底面 13 共同构成阻隔第二养殖层养殖的水产动物 82 通过的第二养殖层边界，水道出口 181 流出的水流注入第二养殖层 20。

为了使第一养殖层中留出的水流以及夹带的第一养殖层所产生的固体养殖废物 51 流入第二养殖层 20 时，能形成变化的水流，将第一养殖层所产生的固体养殖废物 51 通过扰动的水流均匀带入到第二养殖层中，第二养殖层在相对于水道出口处设置有水流挡板 23，将第一养殖层流出的水流与第一养殖层所产生的固体养殖废物 51 进行阻拦，使其下沉至第二养殖层中。在另外一些实施例中，由于第二养殖层周围的网孔已经能阻隔第一养殖层所产生的固体养殖废物 51 透出，因此不设置水流挡板，也是可行的。

此外，某些实施例中，还可以通过设置引水管道等方式，将第一养殖层流出的水导入到第二养殖层 20。

第二养殖层可以由聚乙烯网围成，养殖鲤科和杂食性鱼类，饲料主要来源第一层的鱼类粪便及残饵，实现多物种分层次、能量循环。

第二养殖层侧面与第二养殖层底面设有网孔，第二养殖层底面网孔可容第二养殖层所产生的固体养殖废物 52 通过。

为防止第二养殖层产生的固体养殖废物 52 污染环境，第二养殖层 20 下方设有收集网 31，形成收集层 30，收集网底面的网孔用于阻隔第二养殖层中产生的水产动物排泄物与固体碎屑通过。在某些实施例中，收集网 31 为漏斗型网布结构，进行废渣回收，实现无污染环保目的。

为了便于收集网中收集的废渣回收，收集网底部设有可收拢的开口 313，收集网中段或后段设有收拢结构 314，用于收拢收集网，并在收拢收集网时在收拢结构 314 与收集网底部开口 313 之间形成废弃物容纳空间 32，收集网 31 通过拉绳 61 与沉水沙袋 62 连接，以固定位置。为便于回收，收拢结构 314 与收集网底部均通过拉绳 61 与浮球 60

连接，如图 11 - 2 所示，收集网长度可供将收拢结构提拉至水面，当收集废渣时，利用拉绳拉紧收拢结构，收拢结构收拢收集网，将废渣聚拢定位在废弃物容纳空间 32 中，然后用拉绳将收集网末端提升至水面，通过收集网底部开口 313 将废渣放出。废渣可做肥料等用途。

在某些实施例中，为固定各层，第一养殖层，第二养殖层，收集层连接有定位用浮球 60。通过浮球浮力，将各养殖层以及收集网加以定位。第一养殖层底部通过浮球 60 托举，可以有效定位。当然，除了使用浮球的方式，也可以通过例如固定于水底或它处的定位杆、定位绳加以定位。

如图 11 - 1、图 11 - 2 所示，为了更好地定位养殖系统的各个部件，还可以利用沉水沙袋，以及连接沉水沙袋 62 与各养殖层，收集层的拉绳 61 对养殖系统进行定位。

在某些实施例中，第一养殖层水面上方搭盖有顶棚，用于控制气候因子，实现工厂化养殖。

以养殖鲟鱼的某实施例为例。第一养殖层的水道采用密封的土工膜长 17 米，宽 11 米，深 2.5 米（净水深 2 米，高出水深 0.5 米）。第二养殖层以一定目数的聚乙烯网围成，长 18 米，宽 11 米，净水深 6 米。收集层立体养殖设备是漏斗型网布结构，进行废渣回收，实现无污染环保目的，净水深 12 米，如图 11 - 1、图 11 - 2 所示，分两节，第一节收集网 311 大小为 11 米宽，长 18 米，深 6 米呈漏斗型，起到收集废渣作用，第二节收集网 312 连在第一节收集网漏斗底，呈圆筒状，底部具有开口，长 25 米，直径 80cm，起到人工去污作用。第一养殖层使用 0.75 千瓦的增氧机，起到负压提水、增氧及曝气的作用。

利用本发明的进行水产养殖包括以下步骤：

在第一养殖层中养殖水产动物，并从第一养殖层以下深度的水层抽水，先经过增氧步骤，输送至第一养殖层，流经第一养殖层后流出，带出第一养殖层所产生的养殖固体废弃物；

自第一养殖层流出的水流注入第一养殖层下方的第二养殖层，其带出的第一养殖层所产生的养殖固体废弃物供第二养殖层所养殖的水产动物作饲料之用。

利用设置于第二养殖层下方的收集网收集第二养殖层所产生的养殖固体废弃物。

以上所述仅为本发明的实施例，并非因此限制本发明的专利范围，凡是利用本发明说明书及附图内容所作的等效结构或等效流程变换，或直接或间接运用在其他相关的技术领域，均同理包括在本发明的专利保护范围内。

二、一种大功率鱼池供氧系统

发明人 罗土炎 罗钦 饶秋华

(一) 特征描述

一种大功率鱼池供氧系统，其特征在于，包括电机，所述电机通过变频器调整工作频率；所述电机与罗茨式鼓风机驱动连接；所述罗茨式鼓风机的进气端还连接有空气滤芯；所述空气滤芯用于对进气端进入的空气进行过滤，出气端还与压力计和泄压阀连接；所述罗茨式鼓风机出气端还与鱼池供氧管连通；所述鱼池供氧管分为至少两个鱼池供氧支管；所述鱼池供氧支管向鱼池内供气。

(1) 根据权利要求1所述的大功率鱼池供氧系统，其特征在于，每个鱼池供氧支管上都分别设置有支管开关，所述支管开关用于控制对应的鱼池供养支管的导通与封闭；所述变频器的工作频率与导通的支管开关数正相关。

(2) 根据权利要求1所述的大功率鱼池供氧系统，其特征在于，还包括溶解氧检测装置、盐度检测装置和温度检测装置；所述溶解氧检测装置、盐度检测装置和温度检测装置均设置在鱼池中。

(3) 根据权利要求1所述的大功率鱼池供氧系统，其特征在于，所述罗茨式鼓风机的进气端还架设有顶棚。

(4) 根据权利要求1所述的大功率鱼池供氧系统，其特征在于，还包括散热片，所述散热片包裹在电机外层，散热片外层还连接有风扇，所述风扇用于对散热片进行散热。

(5) 根据权利要求1所述的大功率鱼池供氧系统，其特征在于，所述电机功率为16~20KW。

(二) 技术领域

本实用新型涉及鱼池供氧系统领域，尤其涉及一种大功率鱼池供氧系统的设计方法。

(三) 背景技术

随着人们生产生活、社会经济水平的不断提升，物质供给的需求在不断增加，因此集约化养殖成为越来越明显的趋势。在水产养殖业，集约化养殖对水体的质量有很高的需求，普通的供氧系统不能够满足越来越大的水体的供氧需求，因此，设计大功率鱼池供氧系统显得愈发重要。

（四）发明内容

本实用新型要解决的技术问题，在于提供一种大功率鱼池供氧系统，解决大面积鱼池供氧的问题。

本实用新型是这样实现的：

一种大功率鱼池供氧系统，包括电机，所述电机通过变频器调整工作频率；所述电机与罗茨式鼓风机驱动连接，所述罗茨式鼓风机的进气端还连接有空气滤芯，所述空气滤芯用于对进气端进入的空气进行过滤，出气端还与压力计和泄压阀连接；所述罗茨式鼓风机出气端还与鱼池供氧管连通，所述鱼池供氧管分为至少两个鱼池供氧支管，所述鱼池供氧支管向鱼池内供气。

进一步地，每个鱼池供氧支管上都分别设置有支管开关，所述支管开关用于控制对应的鱼池供养支管的导通与封闭；所述变频器的工作频率与导通的支管开关数正相关。

进一步地，还包括溶解氧检测装置、盐度检测装置和温度检测装置；所述溶解氧检测装置、盐度检测装置和温度检测装置均设置在鱼池中。

进一步地，所述罗茨式鼓风机的进气端还架设有顶棚。

具体地，还包括散热片，所述散热片包裹在电机外层，散热片外层还连接有风扇，所述风扇用于对散热片进行散热。

具体地，所述电机功率为 16 ~ 20KW。

本实用新型具有如下优点：功率大能够满足多个鱼池的供气需求，能够根据供氧的需求调节工作频率，并能够实现对养殖水体质量的监控。

（五）具体实施方式

为详细说明本实用新型的技术内容、构造特征、所实现目的及效果，以下结合实施方式并配合附图详予说明。

请参阅图 11 - 8 为本实用新型一种大功率鱼池供氧系统结构示意图，包括电机 102，所述电机通过变频器 112 调整工作频率；所述电机与罗茨式鼓风机 103 驱动连接，所述罗茨式鼓风机的进气端还连接有空气滤芯（图中未示出），所述空气滤芯用于对进气端进入的空气进行过滤，出气端还与压力计 105 和泄压阀 104 连接；所述罗茨式鼓风机出气端还与鱼池供氧管 106 连通；所述鱼池供氧管分为至少两个鱼池供氧支管 108；所述鱼池供氧支管向鱼池内供气。其中电机为电能转化为机械能的装置，所述罗茨式鼓风机用于向鱼池供氧管内输送空气，为了满足多个鱼池的供氧需要，鼓风机对进气端也有较大的空气吸入要求，为了解决大量空气携带杂物进入鼓风机影响鼓风机的正常工作的问题，因此在进气端连接空气滤芯用于过滤空气中的杂物。所述压力计用于检测出气端的气压，当气压过高，例如高过某个安全阈值时控制泄压阀打开，向外泄气使得出气端的气压得以减少，当压力低于安全阈值时控制泄压阀关闭，压力计与泄压阀的设计使得本实用新型能够更加安全稳定。综上，本实用新型能够运用对多个鱼池进行供氧，并能够通过检测出气端的气压调节泄压阀，提高了安全性，更好的达到了为大面积鱼池供氧的技术效果。

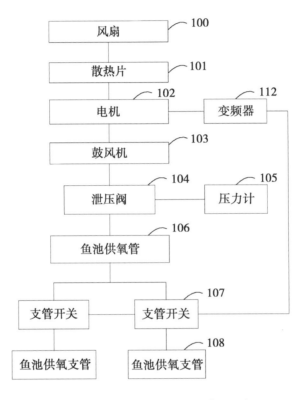

图 11 -8 一种大功率鱼池供氧系统（示意图）

在某些实施例中，进一步地，为了更加精细地工作，还包括至少两个支管开关，所述支管开关分别设置在每个鱼池供氧支管上，所述支管开关用于控制对应的鱼池供养支管的导通与封闭；所述支管开关还可以与计数设备连接，所述计数设备通过现有技术中简单的模电电路便可以将导通的支管开关数从电信号转化成数字信号，再通过数字信号控制变频器的工作频率，以达到变频器的工作频率与导通的支管开关数正相关的技术效果。在某些具体的实施例中，导通的开关数为 10，则说明有十个供氧支管处于导通状态，鼓风机需要向 10 个鱼池供气供氧，则调节变频器，使电机工作在 20KW 的效率上，若关闭五个导通开关，则鼓风机需要向另外 5 个鱼池供氧，则调节变频器使电机工作在16KW。通过上述设计，达到了根据实际供氧需要配置变频器的技术效果，更好的解决了为大面积鱼池供氧的技术问题。

在某些具体的实施例中，还包括溶解氧检测装置、盐度检测装置和温度检测装置；所述溶解氧检测装置、盐度检测装置和温度检测装置均设置在鱼池中。通过上述设计，本实用新型在使用中能够实时监控溶解氧、盐度、温度等指标，提高了本实用新型的实用性。

为了能够更大效率的进气，本实用新型的进气端采用敞口式设计，开口向上，为了解决进气端不受天气影响的问题，在某些优选的实施例中，所述罗茨式鼓风机的进气端还架设有顶棚。通过设计顶棚，能够保证进气端在大量吸气的同时防止雨水的进入，更好的达到了大功率供氧的技术效果。

在另一些具体的实施例中，还包括散热片101，所述散热片包裹在电机外层，散热片外层还连接有风扇100，所述风扇用于对散热片进行散热。散热片采用导热性良好的金属材料制作，散热片外层还有风扇，因此能够高效的为电机进行散热，提高电机的工作效率，提高了本发明的实用性。

以上所述仅为本实用新型的实施例，并非因此限制本实用新型的专利保护范围，凡是利用本实用新型说明书及附图内容所作的等效结构或等效流程变换，或直接或间接运用在其他相关的技术领域，均同理包括在本实用新型的专利保护范围内。

本实用新型提供一种大功率鱼池供氧系统，包括电机，所述电机通过变频器调整工作频率；所述电机与罗茨式鼓风机驱动连接，所述罗茨式鼓风机的进气端还连接有空气滤芯，所述空气滤芯用于对进气端进入的空气进行过滤，出气端还与压力计和泄压阀连接；所述罗茨式鼓风机出气端还与鱼池供氧管连通，所述鱼池供氧管分为至少两个鱼池供氧支管，所述鱼池供氧支管向鱼池内供气。解决了大面积鱼池的供氧问题。

三、一种丰年虫卵孵化设备

发明人 罗钦 罗土炎 饶秋华 陈红珊

（一）特征描述

一种丰年虫卵孵化设备，其特征在于，包括筒身，所述筒身为圆柱体，筒身内部贮有养殖液，筒身下部与筒底连接，所述筒底为倒立的圆锥形，与筒身一同形成联通的腔室，筒底下端设置有出水口，所述出水口与出水管的一端连接，连接处设置有阀门，所述阀门用于控制出水口与出水管的导通与隔离，所述出水管的另一端还与筛网连接；所述筒身的上部还与顶盖连接，顶盖内部设置有灯泡；筒身内部还设置有加热棒，所述加热棒用于养殖液进行加热；还包括爆气软管，所述爆气软管设置在筒身内壁的下端，沿圆周方向固定在简身内壁，所述爆气软管管壁开有气孔，所述爆气软管的一端与空气泵连接。

（1）根据权利要求1所述的一种丰年虫卵孵化设备，其特征在于，所述筒底为透明材料。

（2）根据权利要求1所述的一种丰年虫卵孵化设备，其特征在于，所述出水管的另一端通向贮液池，还包括水泵及水管，水泵的汲水端没入贮液池液面，出水端与水管连接，所述顶盖还设置有一个进水口，所述水管的另一端与进水口连接。

（3）根据权利要求3所述的一种丰年虫卵孵化设备，其特征在于，所述筒身的上部还设置有溢水口，所述溢水口穿透筒身的内壁与外壁，用于在腔室内液面高于溢水口所在水平面时让养殖液流出。

（4）根据权利要求3所述的一种丰年虫卵孵化设备，其特征在于，所述进水口还与冲水软管连接，所述冲水软管沿在顶盖内壁固定；所述冲水软管管壁还开有冲水口。

（5）根据权利要求1所述的一种丰年虫卵孵化设备，其特征在于，所述腔室内养殖液的温度为 28～30℃。

（6）根据权利要求1所述的一种丰年虫卵孵化设备，其特征在于，所述腔室内养殖液的 pH 值为 8～9。

（7）根据权利要求1所述的一种丰年虫卵孵化设备，其特征在于，所述腔室内养殖液的盐度为 0.2%。

（8）根据权利要求1所述的一种丰年虫卵孵化设备，其特征在于，所述顶盖为半球形。

（二）技术领域

本实用新型涉及养殖设备设计领域，尤其涉及一种丰年虫卵孵化设备。

（三）背景技术

丰年虫是一种世界性分布广泛耐高盐的小型甲壳动物，分类上属于节肢动物门，有鳃亚门，甲壳纲，鳃足亚纲，无甲目，盐水丰年虫科。丰年虫作为一种重要的饵料生物，一直受到人们的广泛的重视。丰年虫有以下特点：对不良环境适应能力强，繁殖能力高，它的休眠卵又可以长期保存，需要时可以随时孵化获得幼虫，初孵仅需 18～30 小时。丰年虫卵是指由丰年虫所产生的休眠卵，目前世界上已经记载的丰年虫卵有 100 多个品系。无节幼体具有大量的卵黄，并含有丰富的蛋白质和脂肪（蛋白质约含 60%、脂肪约含 20%），其成体所含营养成份也很高，因此丰年虫是鱼、虾和蟹等幼体和成体的极好的饵料。据报道，当前世界上 85% 以上的水产养殖动物的育苗都以丰年虫作为饵料的来源。因此，需要设计一种丰年虫卵养殖孵化设备，提高孵化率，及养殖效率。

（四）发明内容

本实用新型要解决的技术问题，在于提供一种丰年虫卵孵化设备，解决提高丰年虫卵孵化率及养殖效率的问题。

本实用新型是这样实现的：一种丰年虫卵孵化设备，包括筒身，所述筒身为圆柱体，筒身内部贮有养殖液，筒身下部与筒底连接，所述筒底为倒立的圆锥形，与筒身一同形成联通的腔室，筒底下端设置有出水口，所述出水口与出水管的一端连接，连接处设置有阀门，所述阀门用于控制出水口与出水管的导通与隔离，所述出水管的另一端还与筛网连接；所述筒身的上部还与顶盖连接，顶盖内部设置有灯泡；筒身内部还设置有加热棒，所述加热棒用于养殖液进行加热；还包括爆气软管，所述爆气软管设置在筒身内壁的下端，沿圆周方向固定在筒身内壁，所述爆气软管管壁开有气孔，所述爆气软管的一端与空气泵连接。

具体地，所述筒底为透明材料。

进一步地，所述出水管的另一端通向贮液池，还包括水泵及水管，水泵的汲水端没入贮液池液面，出水端与水管连接，所述顶盖还设置有一个进水口，所述水管的另一端与进水口连接。

具体地，所述筒身的上部还设置有溢水口，所述溢水口穿透筒身的内壁与外壁，用于在腔室内液面高于溢水口所在水平面时让养殖液流出。

具体地，所述进水口还与冲水软管连接，所述冲水软管沿在顶盖内壁固定；所述冲水软管管壁还开有冲水口。

具体地，所述腔室内养殖液的温度为 28～30℃。

具体地，所述腔室内养殖液的 pH 值为 8～9。

具体地，所述腔室内养殖液的盐度为 0.2%。

进一步地，所述顶盖为半球形。

本实用新型具有如下优点：在节约成本的同时提高了孵化率及养殖效率。

（五）具体实施方式

为详细说明本实用新型的技术内容、构造特征、所实现目的及效果，以下结合实施方式并配合附图详予说明。

请参阅图 11 - 9，是本实用新型的结构示意图，图中所示的一种丰年虫卵孵化设备，用以解决提高丰年虫卵孵化率及养殖效率的问题。

本实用新型是这样实现的：一种丰年虫卵孵化设备，包括筒身 1，所述筒身为圆柱

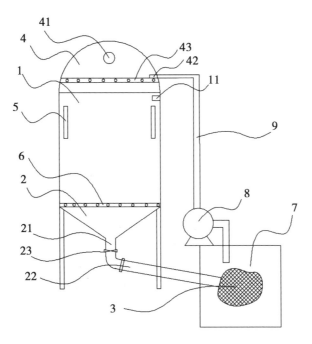

图 11 - 9　一种丰年虫卵孵化设备（示意图）

体，筒身内部贮有养殖液，筒身下部与筒底 2 连接，所述筒底为倒立的圆锥形，与筒身一同形成联通的腔室，筒底下端设置有出水口 21，所述出水口 21 与出水管 22 的一端连接，连接处设置有阀门 23，所述阀门用于控制出水口与出水管的导通与隔离，所述出水管的另一端还与筛网 3 连接；所述筒身的上部还与顶盖 4 连接，顶盖内部设置有灯泡41；筒身内部还设置有加热棒 5，所述加热棒用于养殖液进行加热；还包括爆气软管 6，所述爆气软管设置在筒身内壁的下端，沿圆周方向固定在筒身内壁，所述爆气软管管壁开有气孔，所述爆气软管的一端与空气泵连接。

在图 11 - 9 所示的实施例中，圆柱形的筒身 1 与圆锥形的筒底 2 共同构成了一个贮有养殖液的腔室，丰年虫卵便可以在腔室内孵化养殖，筒底 2 连接出水口 21、出水管22、筛网 3 的设计则是为了在丰年虫孵化完成后进行收集。还包括一个阀门 23，养殖时阀门封闭，需要对丰年虫进行收集时阀门 23 打开，丰年虫随养殖液从出水口流出，流到筛网内被收集，所述筛网的目数约为 100～200 目，能够更好的收集丰年虫。在筒身上部设置顶盖，能够防止外界环境对孵化设备内部腔室的影响，顶盖内部设置一个灯泡41，是为了给养殖腔室提供足够的光照，在某些优选的实施例中，灯泡功率为 100 瓦，与液面有一定距离使得液面表面的光照强度约为 2 000 勒克斯。设置光照的效果是能够提升虫卵孵化率，根据部分实施例的研究材料表明提升的孵化率约在 10 个百分点左右。

筒身内还包括加热棒5，加热棒两端固定在筒身内壁上，浸没在养殖液中，当养殖液温度过低时，加热棒工作以保持养殖液的温度。筒身内壁的底部还设置有爆气软管，所述爆气软管管壁开孔，通过空气泵进行供气，已增加水中的溶氧量，提高虫卵的孵化率。综上，本实用新型设计精妙，既能够提高虫卵孵化效率也能够提高丰年虫的收集效率，解决了提高丰年虫卵孵化率及养殖效率的问题。

为了进一步提高收集丰年虫的效率，所述筒底为透明材料。在进行收集时，关掉灯泡41，在筒底外进行照明，利用丰年虫的喜光特性，让丰年虫向筒底聚集，提高了丰年虫的收集效率。

在某些实施例中，所述出水管的另一端通向贮液池7，还包括水泵8及水管9，水泵的汲水端没入贮液池液面，出水端与水管连接，所述顶盖还设置有一个进水口42，所述水管的另一端与进水口连接。通过设计贮液池、水泵和水管，使得在收集步骤中流出的养殖液能够得到循环使用，提高了经济效益也降低了成本。

在某些进一步的实施例中，所述进水口42还与冲水软管43连接，所述冲水软管沿在顶盖内壁固定；所述冲水软管管壁还开有冲水口。设置冲水软管的好处在于，使水流沿顶盖内壁及筒身内壁下流，将附着在内壁上的丰年虫冲刷干净，避免了内壁上丰年虫的残留，也提高了丰年虫的收集率，进一步地提高了丰年虫养殖的经济效益。

在水泵工作时，为了防止筒身内的养殖液过多，也为了平衡内外压力，所述筒身的上部还设置有溢水口11，所述溢水口穿透筒身的内壁与外壁，用于在腔室内液面高于溢水口所在水平面时让养殖液流出。通过该设计，达到了防止内部压力过大，保护本孵化设备的效果，提高了本实用新型的实用性。

在某些优选的实施例中，所述腔室内养殖液的温度为28～30℃，室内养殖液的pH值为8～9，腔室内养殖液的盐度为0.2%。根据丰年虫卵的孵化特性，当养殖液的温度、pH值、盐分满足上述条件时，能够显著提高丰年虫卵的孵化率。

在另一些实施例中，如图11-10所示的具体应用中，孵化设备与贮液池俯视状况如图所示，所述图中贮液池7池边可以设置多个丰年虫卵孵化设备，在图11-10所示的实施例中，贮液池内可以对养殖液的pH与盐度进行统一调节，再流入每个丰年虫卵孵化设备中进行循环利用。这种设计的好处在于节约成本，提高了丰年虫卵孵化的经济效益。

优选地，所述顶盖为半球形。所述半球形受力均匀，提高了本实用新型的使用寿命。

以上所述仅为本实用新型的实施例，并非因此限制本实用新型的专利保护范围，凡

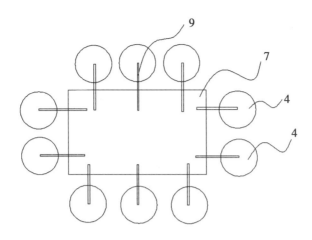

图 11 - 10 孵化设备与贮液池（俯视示意图）

是利用本实用新型说明书及附图内容所作的等效结构或等效流程变换，或直接或间接运用在其他相关的技术领域，均同理包括在本实用新型的专利保护范围内。

本实用新型提供一种丰年虫卵孵化设备，包括筒身，所述筒身为圆柱体，筒身内部贮有养殖液，筒身下部与筒底连接，所述筒底为倒立的圆锥形，与筒身一同形成联通的腔室，筒底下端设置有出水口，所述出水口与出水管的一端连接，连接处设置有阀门，所述阀门用于控制出水口与出水管的导通与隔离，所述出水管的另一端还与筛网连接；所述筒身的上部还与顶盖连接，顶盖内部设置有灯泡；筒身内部还设置有加热棒，所述加热棒用于养殖液进行加热；还包括爆气软管，所述爆气软管设置在筒身内壁的下端，沿圆周方向固定在筒身内壁，所述爆气软管管壁开有气孔，所述爆气软管的一端与空气泵连接。解决了提高丰年虫卵孵化率及养殖效率的问题。

四、一种黏性卵鱼类的产卵器

发明人 罗钦 张志灯 罗士炎 饶秋华 陈红珊 黄敏敏 邱华锋 任丽花 郭嘉 刘洋 涂杰峰 林虬

（一）特征描述

一种黏性卵鱼类的产卵器，包括产卵器本体和遮布，所述遮布位于产卵器本体的外表面，其特征如下。

所述产卵器本体包括两端开口的中空筒体，中空筒体的两端口处设置有高亮区域；所述产卵器本体的内表面的底面上设置有筛网，所述筛网与产卵器本体活动连接。

（1）根据权利要求 1 所述的黏性卵鱼类的产卵器，其特征在于，所述筛网包括网布和边框，所述网布固定于所述边框上。

（2）根据权利要求1或2所述的黏性卵鱼类的产卵器，其特征在于，所述筛网的形状与所述产卵器本体的内表面形状相适配。

（3）根据权利要求1或2所述的黏性卵鱼类的产卵器，其特征在于，所述筛网的形状为矩形或弧面。

（4）根据权利要求1或2所述的黏性卵鱼类的产卵器，其特征在于，所述筛网位于产卵器本体的内底面，以及与产卵器本体的内底面相邻的内侧面上。

（5）根据权利要求1或2所述的黏性卵鱼类的产卵器，其特征在于，所述高亮区域的材质为反光金属材料。

（6）根据权利要求1或2所述的黏性卵鱼类的产卵器，其特征在于，所述产卵器本体的内表面还设置有摄像头。

（7）根据权利要求1或2所述的黏性卵鱼类的产卵器，其特征在于，所述筛网与产卵器本体活动连接包括螺纹连接和卡合连接。

（二）技术领域

本实用新型涉及水产养殖领域，尤其涉及一种黏性卵鱼类的产卵器。

（三）背景技术

随着科学技术的发展，水产养殖业也变得更加专业化、精细化。其中，黏性卵鱼类的养殖就是重要一项。所谓黏性卵是指鱼卵的比重大于水，卵膜外层具有黏性物，在产出后鱼卵能粘附在水草等物体上，而不沉入水底。鲤鱼、鲫鱼、鲶鱼等鱼类都属于粘性卵鱼类，它们的鱼卵都带有粘胶性物质，遇水后可以粘附在水草等物体上。

针对粘性卵具有粘性这一特质，人们发明了适合粘性卵鱼类进行产卵的产卵器。

通常，粘性卵鱼类的产卵器包括遮布以及产卵器本体，遮布包裹在产卵器本体外侧，而产卵器本体的内侧设置有纱网，当鱼类进入到产卵器本体内完成产卵后，所产出的粘性鱼卵会沉降并粘附在产卵器本体的纱网上，而后水产养殖人员可以将纱网从产卵器本体中取出，进而使用人工孵化机完成对粘性鱼卵的孵化。

然而，现有的粘性卵鱼类的产卵器依然存在着许多弊端。首先，产卵器中的纱网往往是固定于产卵器本体内部，而为了节约生产成本，往往是将纱网压放于产卵器本体的内侧底部，导致纱网很难从产卵器中抽出，且由于需要放置于水下，受到水流压力的影响，纱网往往容易在水中摇摆漂浮，发生形变，不利于其表面黏性卵的附着。对于产卵器两端口处的鱼卵，在提取过程中，往往容易从端口处掉落至水中，给水产养殖造成损失。

综上所述，如何解决粘性鱼类的产卵器内侧纱网不容易抽出，导致取卵困难，以及产卵器端口处鱼卵容易掉落的问题，是水产养殖领域一个亟需解决的问题。

（四）实用新型内容

基于上述原因，需要提供一种粘性卵鱼类的产卵器，用以解决水产养殖人员在从粘性鱼类的产卵器中获取鱼卵时，取卵困难、鱼卵容易掉落导致给水产养殖业造成损失的问题。

为实现上述目的，发明人提供了一种粘性卵鱼类的产卵器，包括产卵器本体和遮布，所述遮布位于产卵器本体的外表面，其特征如下。

所述产卵器本体包括两端开口的中空筒体，中空筒体的两端口处设置有高亮区域；

所述产卵器本体的内表面的底面上设置有筛网，所述筛网与产卵器本体活动连接。

进一步地，所述筛网包括网布和边框，所述网布固定于所述边框上。

进一步地，所述筛网的形状与所述产卵器本体的内表面形状相适配。

进一步地，所述筛网的形状为矩形或弧面。

进一步地，所述筛网位于产卵器本体的内底面，以及与产卵器本体的内底面相邻的内侧面上。

进一步地，所述高亮区域的材质为反光金属材料。

进一步地，所述产卵器本体的内表面还设置有摄像头。

进一步地，所述筛网与产卵器本体活动连接包括螺纹连接和卡合连接。

区别于现有技术，上述技术方案所述的粘性卵鱼类的产卵器，包括产卵器本体和遮布，所述遮布位于产卵器本体的外表面，所述产卵器本体包括两端开口的中空筒体，中空筒体的两端口处设置有高亮区域；所述产卵器本体的内表面的底面上设置有筛网，所述筛网与产卵器本体活动连接。由于鱼类的产卵一般是在阴暗处进行，在中空筒体的两端口处设置有高亮区域，就可以使得鱼类在进行产卵时，在中空筒体的中部进行，极大减少了在中空筒体端部产卵量，也就大大减少了端口处鱼卵在提取时掉落的数量，从而降低了从产卵器本体取卵过程中造成的损失。此外，将筛网设置于产卵器本体的内表面的底面上，可以满足鱼类正常产卵的需求，因为粘性鱼卵的比重大于水，所以最终会沉降至产卵器本体的内底面的筛网上。又由于筛网与产卵器本体活动连接，因而可以很方便地将筛网从产卵器本体上取出，大大提高了取卵效率，也降低了相应的人工成本，因而在水产养殖领域具有广阔的市场前景。

（五）具体实施方式

为详细说明本实用新型的技术内容、构造特征、所实现目的及效果，以下结合实施方式并配合附图详予说明。

请参阅图 11 – 11，为本实用新型一具体实施方式涉及的粘性卵鱼类的产卵器水平放置的示意图，包括产卵器本体 1 和遮布，所述遮布位于产卵器本体 1 的外表面。遮布包裹住产卵器本体，可以有效防止鱼类从产卵器本体的侧边间隙处游出，遮布可以让产卵器本体内部呈现较为阴暗的效果，有利于粘性卵鱼类产卵。在使用产卵器时，可以先将产卵器水平放置，内底面朝下放置入水中。

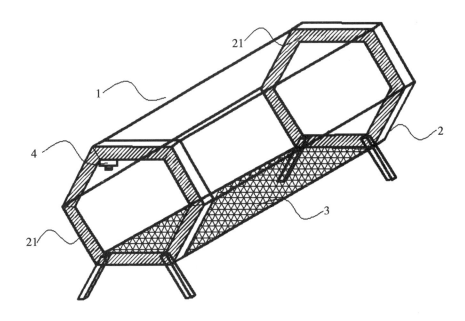

图 11 – 11　粘性卵鱼类的产卵器（水平放置的示意图）

所述产卵器本体 1 包括两端开口的中空筒体 2，中空筒体的两端口处设置有高亮区域 21。高亮区域相对于中空筒体的其他位置较为明亮，由于鱼类产卵的产卵一般是在避光阴暗处进行，在中空筒体的两端口处设置有高亮区域 21，就可以使得鱼类在进行产卵时，在中空筒体的中部进行，极大减少了在中空筒体端部产卵量，也就大大减少了端口处鱼卵在提取时掉落的数量，从而降低了从产卵器本体取卵过程中造成的损失。

所述产卵器本体的内表面的底面上设置有筛网 3，所述筛网与产卵器本体活动连接。粘性鱼卵的比重大于水，所以最终会沉降至产卵器本体的内底面的筛网 3 上。由于筛网与产卵器本体活动连接，因而可以很方便地将筛网从产卵器本体上取出，大大提高了取卵效率，也降低了相应的人工成本。

如图 11 – 12 所示，为了方便水产养殖人员拿握筛网，也便于他们将筛网从产卵器本体中取出，因而在本实施方式中，所述筛网 3 包括网布 31 和边框 32，所述网布 31 固定于所述边框上。边框可以设置于网布的边沿，这样水产养殖人员在取筛网中，只需用双手握住筛网的边框两侧，而后将边框整体从产卵器本体中抽出，即可完成取卵操作，使得取卵变得更加高效、便捷。此外，由于边框的保护作用，网布在水流的冲击下也不容易发生形变，网布上的鱼卵也不容易从网布的侧面滑落。

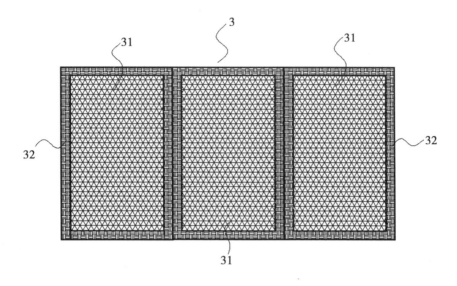

图 11 – 12　粘性卵鱼类的产卵器筛网（示意图）

为了让筛网可以较为容易地从产卵器本体上取下，同时保证产卵器整体的美观，因而在本实施方式中，所述筛网的形状与所述产卵器本体的内表面形状相适配。产卵器本体根据实际需要，可以为不同的几何体，例如可以为长方体、正五棱柱、圆柱体等，其内表面的形状也相应不同。筛网的形状与所述产卵器本体的内表面形状相适配，筛网在插入产卵器本体表面时，可以很好地与产卵器本体形状融为一体，从外观上看美观自然，同时也便于将筛网从产卵器本体中取出。在另一些实施例中，所述筛网的形状还可以为矩形或弧面。筛网的形状为矩形，可以与大多数产卵器本体的内表面相适配，满足规模化生产加工的需要；筛网的形状为弧面，且弧面开口朝上设置，可以有效防止鱼卵从筛网的侧面滑落，降低取卵过程中造成的损失。

如图 11 – 13 所示，为本实用新型一具体实施方式涉及的粘性卵鱼类的产卵器竖直放置的示意图。在本实施方式中，所述筛网位于产卵器本体的内底面，以及与产卵器本体的内底面相邻的内侧面上。图 11 – 13 中的产卵器的中空筒体整体形状为正六棱柱，将中空筒体竖直放置，并将其底面朝外，可以看出在中空筒体的内底面 22 以及与内底面相邻的内侧面 23 上均铺设有筛网 3。粘性鱼卵在沉降至产卵器本体的内底面上时，由于受到流速、水温等因素的影响，容易滑落至与产卵器本体的内底面相邻的内侧面上，如果只在产卵器本体的内底面设置筛网，往往容易造成取卵不充分，造成损失。因而将筛网设置于产卵器本体的内底面，以及与产卵器本体的内底面相邻的内侧面上，可以有效减少鱼卵滑落至筛网以外区域的可能性，使得鱼卵的收集更加完整充分。

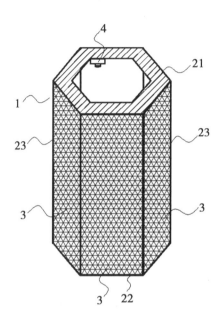

图 11-13　粘性卵鱼类的产卵器（竖直放置的示意图）

在本实施方式中，所述高亮区域 21 的材质为反光金属材料。所述反光金属材料包括铝合金、不锈钢、锌等，在另一些实施例中，高亮区域的材质还可以选用反光镜。高亮区域主要是利用鱼类产卵的避光性而设置，因而其材质可以选用常见的反光金属材料，既可以达到驱使鱼类进入中空筒体中部产卵的效果，又可以降低产卵器的生产成本。

鱼类产卵过程中，可能会遇到一些异常状况，需要水产人员及时发现并采取有效措施，因而在本实施方式中，所述产卵器本体的内表面还设置有摄像头 4。为避免影响鱼类的正常繁殖，摄像头平时可以处于关闭状态，当水产养殖人员需要观察鱼类产卵状况时，可以将摄像头开启，若发现异常状况，可以及时将产卵器从水中取出，并采取进一步有效措施。

在本实施方式中，所述筛网与产卵器本体活动连接包括螺纹连接和卡合连接。所述螺纹连接具体包括：所述产卵器本体的内表面具有外螺纹，所述筛网上设有连接孔，所述连接孔具有与产卵器本体的内表面的外螺纹相配合的内螺纹。所述卡合连接具体包括：所述产卵器本体的内表面具有第一卡合件，所述筛网上设有连接孔，所述连接孔具有与产卵器本体的内表面的第一卡合件相配合的第二卡合件。

上述技术方案所述的粘性卵鱼类的产卵器，包括产卵器本体和遮布，所述遮布位于产卵器本体的外表面，所述产卵器本体包括两端开口的中空筒体，中空筒体的两端口处设置有高亮区域；所述产卵器本体的内表面的底面上设置有筛网，所述筛网与产卵器本体活动连接。由于鱼类的产卵一般是在阴暗处进行，在中空筒体的两端口处设置有高亮区域，就可以使得鱼类在进行产卵时，在中空筒体的中部进行，极大减少了在中空筒体端部产卵量，也就大大减少了端口处鱼卵在提取时掉落的数量，从而降低了从产卵器本体取卵过程中造成的损失。此外，将筛网设置于产卵器本体的内表面的底面上，可以满足鱼类正常产卵的需求，因为粘性鱼卵的比重大于水，所以最终会沉降至产卵器本体的内底面的筛网上。又由于筛网与产卵器本体活动连接，因而可以很方便地将筛网从产卵器本体上取出，大大提高了取卵效率，也降低了相应的人工成本，因而在水产养殖领域具有广阔的市场前景。

需要说明的是，在本书中，诸如第一和第二等之类的关系术语仅仅用来将一个实体或者操作与另一个实体或操作区分开来，而不一定要求或者暗示这些实体或操作之间存在任何这种实际的关系或者顺序。而且，术语"包括"、"包含"或者其任何其他变体意在涵盖非排他性的包含，从而使得包括一系列要素的过程、方法、物品或者终端设备不仅包括那些要素，而且还包括没有明确列出的其他要素，或者是还包括为这种过程、方法、物品或者终端设备所固有的要素。在没有更多限制的情况下，由语句"包括……"或"包含……"限定的要素，并不排除在包括所述要素的过程、方法、物品或者终端设备中还存在另外的要素。此外，在本书中，"大于""小于""超过"等理解为不包括本数；"以上""以下""以内"等理解为包括本数。

尽管已经对上述各实施例进行了描述，但本领域内的技术人员一旦得知了基本创造性概念，则可对这些实施例做出另外的变更和修改，所以以上所述仅为本实用新型的实施例，并非因此限制本实用新型的专利保护范围，凡是利用本实用新型说明书及附图内容所作的等效结构或等效流程变换，或直接或间接运用在其他相关的技术领域，均同理包括在本实用新型的专利保护范围之内。

五、一种曝气循环水养殖系统

发明人　饶秋华　涂杰峰　罗钦　林虬　陈红珊　黄敏敏　姚建武　罗土炎

（一）特征描述

一种曝气循环水养殖系统，其特征在于，包括养殖池、曝气系统和循环水系统；所述养殖池整体为圆柱体，所述养殖池底部开设有排污口和循环水出口，所述循环水出口高出排污口5~15cm；所述曝气系统包括鼓风机、压力平衡管、连接支管和曝气管，所述压力平衡管为与养殖池直径相适配的圆形环管，并设置在养殖池上端，所述曝气管长度为0.5~1.0m，曝气管为两段或两段以上的弧形曝气管，设置在养殖池底部边缘，相邻弧形曝气管的间距大于1m，所述压力平衡管上设有一与鼓风机相连通的进气口，并通过不同连接支管分别连接所述曝气管。

所述循环水系统包括净化水箱和设置在水箱内的水泵，所述净化水箱通过管路连通养殖池的循环水出口并将水引入净化水箱，用于对水进行过滤和水质因子调控，所述水泵将净化水箱内的水再导入养殖池内。

（1）根据权利要求1所述的曝气循环水养殖系统，其特征在于，所述养殖池的底部为中间下凹的锥形结构，所述排污口位于底部中间。

（2）根据权利要求2所述的曝气循环水养殖系统，其特征在于，所述曝气管为沿同一圆心的三段、五段或七段弧形曝气管，不同弧形曝气管之间的圆周间距相等。

（3）根据权利要求2所述的曝气循环水养殖系统，其特征在于，所述曝气管为沿同一圆心的四段、六段或八段弧形曝气管，不同弧形曝气管分别沿直径方向两两对称设置。

（4）根据权利要求1所述的曝气循环水养殖系统，其特征在于，所述净化水箱包括沿水体流动方向相互连通的净化管和益菌管，所述净化管内通过网盘分割成上下两层，上层为过滤除杂区，下层为曝气沉淀区，所述过滤除杂区上设有火山石和生物棉，所述曝气沉淀区的上层设有曝气管；所述益菌管内设有放置益生菌的培养球。

（5）一种曝气循环水养殖系统，其特征在于，包括养殖池、曝气系统和循环水系统；所述养殖池整体为棱柱体体，所述养殖池底部开设有排污口和循环水出口，所述循环水出口高出排污口5~15cm；所述曝气系统包括鼓风机、压力平衡管、连接支管和曝气管，所述压力平衡管为与养殖池直径相适配的圆形环管，并设置在养殖池上端，所述曝气管长度为0.5~1.0m，曝气管为两段或两段以上设置在养殖池底部边缘，相邻曝气管的间距大于1m，所述压力平衡管上设有一与鼓风机相连通的进气口，并通过不同连接支管分别连接所述曝气管；所述循环水系统包括净化水箱和设置在水箱内的水泵，所述净化水箱通过管路连通养殖池的循环水出口并将水引入净化水箱，用于对水进行过滤和水质因子调控，所述水泵将净化水箱内的水再导入养殖池内。

（6）根据权利要求6所述的曝气循环水养殖系统，其特征在于，所述养殖池的底部为中间下凹的锥形结构，所述排污口位于底部中间。

（7）根据权利要求7所述的曝气循环水养殖系统，其特征在于，所述曝气管为等长的四段、六段或八段曝气管，不同曝气管分别沿底面边线两两对称设置。

（8）根据权利要求6所述的曝气循环水养殖系统，其特征在于，所述净化水箱包括沿水体流动方向相互连通的净化管和益菌管，所述净化管内通过网盘分割成上下两层，上层为过滤除杂区，下层为曝气沉淀区，所述过滤除杂区上设有火山石和生物棉，所述曝气沉淀区的上层设有曝气管；所述益菌管内设有放置益生菌的培养球。

（二）技术领域

本实用新型涉及水产养殖设备领域，尤其涉及一种曝气循环水养殖系统。

（三）背景技术

曝气是使空气与水强烈接触的一种手段，其目的在于将空气中的氧溶解于水中，或者将水中不需要的气体和挥发性物质放逐到空气中。空气中的氧通过曝气传递到水中，氧由气相向液相进行传质转移，这种传质扩散的理论，应用较多的是刘易斯和惠特曼提出的双膜理论。双膜理论认为，在"气—水"界面上存在着气膜和液膜，气膜外和液膜外有空气和液体流动，属紊流状态；气膜和液膜间属层流状态，不存在对流，在一定条件下会出现气压梯度和浓度梯度。如果液膜中氧的浓度低于水中氧的饱和浓度，空气中的氧继续向内扩散透过液膜进入水体，因而液膜和气膜将成为氧传递的障碍，这就是双膜理论。显然，克服液膜障碍最有效的方法是快速变换"气—液"界面。曝气搅拌正是如此，具体的做法就是：减少气泡的大小，增加气泡的数量，提高液体的紊流程度，加大曝气器的安装深度，延长气泡与液体的接触时间。

曝气管曝气/鼓风曝气又称压缩空气曝气。通常在A/O及A2/O工艺、CASS工艺、百乐克工艺及改良氧化沟工艺采用这种曝气方法，其原理为利用鼓风机将空气通过输气管道输送到设在池底的曝气装置中，以气泡形式弥散逸出，在气液界面把氧气溶入水中。曝气装置按其应用工艺不同，其型式主要包括膜片式微孔曝气器和旋混曝气器等，其中膜片式微孔曝气器又分为管式微孔曝气器和盘式微孔曝气器两种，此外，还有一种单孔膜曝气器主要用于曝气生物滤池。

专利号为202456114U，专利名称为《一种带有纳米曝气管的水产养殖池》的中国实用新型专利公开了一种带有纳米曝气管的水产养殖池，包括一个分别设有进水管和排水管的养殖池，在养殖池底部设有与罗茨鼓风机连接的纳米曝气管，该养殖池底部设有五根首尾依次相连的纳米曝气管，且第一根和第五根纳米曝气管的末端分别经由充气管与罗茨鼓风机相连接；或者养殖池底部设有五根独立的纳米曝气管，且每根纳米曝气管有一端经由充气管与罗茨鼓风机相连接。由于纳米曝气管要在一定压力下才能曝气，因此如果其直接与罗茨鼓风机相连接，在纳米曝气管进气处的压力会大于纳米曝气管的尾部，从而造成纳米曝气管内压力不均匀而影响曝气效果。如果是拆成多段较短纳米曝气管，每一段纳米曝气管有一端经由充气管与罗茨鼓风机相连接，又增加了设备成本。同时，在养殖池底部设置一整圈的纳米曝气管一方面不利于杂质的沉淀，另一方面不利于水产生物的休息。

专利号203575374U，专利名称《鼓风机提水循环增氧装置》的中国实用新型专利公开了一种鼓风机提水循环增氧装置用于渔业养殖中的辅助增氧装置，包括养殖池、鼓风机，所述养殖池的进水口位置安装有微孔曝气管，鼓风机通过主管连接支管，支管连接微孔曝气管，所述养殖池的进水口下方设有出水口，出水口与进水口连通。其虽然在鼓风机和微孔曝气管之间通过连接支管连接，但是当微孔曝气管过长，特别是在较大型的养殖池内，微孔曝气管进气处的压力会大于微孔曝气管的尾部，从而造成微孔曝气管内压力不均匀而影响曝气效果。

（四）实用新型内容

本实用新型的目的为了克服上述现有技术的不足，提供一种曝气管内压力均匀曝气循环水养殖系统。

为了实现上述目的，本实用新型采用的技术方案为：

一种曝气循环水养殖系统，包括养殖池、曝气系统和循环水系统；

所述养殖池整体为圆柱体，所述养殖池底部开设有排污口和循环水出口，所述循环水出口高出排污口5~15cm；

所述曝气系统包括鼓风机、压力平衡管、连接支管和曝气管，所述压力平衡管为与养殖池直径相适配的圆形环管，并设置在养殖池上端，所述曝气管长度为0.5~1.0m，曝气管为两段或两段以上的弧形曝气管，设置在养殖池底部边缘，相邻弧形曝气管的间距大于1m，所述压力平衡管上设有一与鼓风机相连通的进气口，并通过不同连接支管分别连接所述曝气管；

所述循环水系统包括净化水箱和设置在水箱内的水泵，所述净化水箱通过管路连通养殖池的循环水出口并将水引入净化水箱，用于对水进行过滤和水质因子调控，所述水泵将净化水箱内的水再导入养殖池内。

进一步优化，为了使杂质、污泥等更容易集中排除，所述养殖池的底部为中间下凹的锥形结构，所述排污口位于底部中间。

进一步优化，为了污随气全集中在中间，所述曝气管为沿同一圆心的三段、五段或七段弧形曝气管，不同弧形曝气管之间的圆周间距相等。

进一步优化，为了污随气全集中在中间，所述曝气管为沿同一圆心的四段、六段或八段弧形曝气管，不同弧形曝气管分别沿直径方向两两对称设置。

进一步优化，为了提高水质净化效果，所述净化水箱包括沿水体流动方向相互连通的净化管和益菌管，所述净化管内通过网盘分割成上下两层，上层为过滤除杂区，下层为曝气沉淀区，所述过滤除杂区上设有火山石和生物棉，所述曝气沉淀区的上层设有曝气管；所述益菌管内设有放置益生菌的培养球。

为了实现上述目的，本实用新型采用另一个技术方案为：

一种曝气循环水养殖系统，包括养殖池、曝气系统和循环水系统；

所述养殖池整体为棱柱体体，所述养殖池底部开设有排污口和循环水出口，所述循环水出口高出排污口 5~15cm；

所述曝气系统包括鼓风机、压力平衡管、连接支管和曝气管，所述压力平衡管为与养殖池直径相适配的圆形环管，并设置在养殖池上端，所述曝气管长度为 0.5~1.0m，曝气管为两段或两段以上设置在养殖池底部边缘，相邻曝气管的间距大于 1m，所述压力平衡管上设有一与鼓风机相连通的进气口，并通过不同连接支管分别连接所述曝气管；

所述循环水系统包括净化水箱和设置在水箱内的水泵，所述净化水箱通过管路连通养殖池的循环水出口并将水引入净化水箱，用于对水进行过滤和水质因子调控，所述水泵将净化水箱内的水再导入养殖池内。

进一步优化，为了使杂质、污泥等更容易集中排除，所述养殖池的底部为中间下凹的锥形结构，所述排污口位于底部中间。

进一步优化，为了污随气全集中在中间，所述曝气管为等长的四段、六段或八段曝气管，不同曝气管分别沿底面边线两两对称设置。

进一步优化，为了提高水质净化效果，所述净化水箱包括沿水体流动方向相互连通的净化管和益菌管，所述净化管内通过网盘分割成上下两层，上层为过滤除杂区，下层为曝气沉淀区，所述过滤除杂区上设有火山石和生物棉，所述曝气沉淀区的上层设有曝气管；所述益菌管内设有放置益生菌的培养球。

区别于现有技术，上述技术方案通过压力平衡管和控制曝气管的长度，保证了曝气管内压力均匀，实现养殖场整体曝气均匀，在相邻曝气管之间保持1m以上的间距，给养殖池内的水生物有休息调整的空间；同时为了保证养殖池内水质及减少清水更换，通过循环水系统对水进行过滤和水质因子调控，将净化水箱内的水再导入养殖池内，不仅实现水的循环利用，同时实现水质进行杀菌和除病虫害的功能。

（五）具体实施方式

为详细说明本实用新型的技术内容、构造特征、所实现目的及效果，以下结合实施方式并配合附图详予说明。

请一并参阅图 11 – 14，如图所示，本实用新型曝气循环水养殖系统，包括养殖池 1、曝气系统 2 和循环水系统 3；所述养殖池 1 整体为圆柱体，底面积在 10～15m²，所述养殖池 1 底部开设有排污口 11 和循环水出口 12，所述循环水出口 12 高出排污口 115～15cm，水循环过程不会将沉淀杂质等吸入循环水系统 3；所述曝气系统 2 包括鼓风机 21、压力平衡管 22、连接支管 23 和曝气管 24，其中，压力平衡管 22 和连接支管 23 为实管，可以选择 PVC 管或 PU 管，所述压力平衡管 22 为与养殖池 1 直径相适配的圆形环管，并设置在养殖池 1 上端，所述曝气管 24 长度为 0.5～1.0m，曝气管 24 为两段或两段以上的弧形曝气管 24，设置在养殖池 1 底部边缘，相邻弧形曝气管 24 的间距大于 1m，曝气管 24 可以采用纳米曝气管，所述纳米曝气管微孔平均孔径：0.03～0.06mm，微孔布置密度：700～1 200 个/米，气泡直径：0.8～3mm，有效曝气量：0.002～0.006m³/min·m，所述压力平衡管 22 上设有一与鼓风机 21 相连通的进气口，并通过不同连接支管 23 分别连接所述曝气管 24；所述循环水系统 3 包括净化水箱 31 和设置在水箱内的水泵 32，所述净化水箱 31 通过管路连通养殖池 1 的循环水出口 12 并将

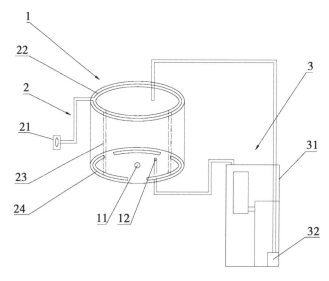

图 11 – 14 新型曝气循环水养殖系统（示意图）

水引入净化水箱 31，用于对水进行过滤和水质因子调控，所述水泵 32 将净化水箱 31 内的水再导入养殖池 1 内，所述净化水箱 31 包括沿水体流动方向相互连通的净化管和益菌管，所述净化管内通过网盘分割成上下两层，上层为过滤除杂区，下层为曝气沉淀区，所述过滤除杂区上设有火山石和生物棉，所述曝气沉淀区的上层设有曝气管 24；所述益菌管内设有放置益生菌的培养球。

上述结构，通过压力平衡管 22 和控制曝气管 24 的长度，保证了曝气管 24 内压力均匀，实现养殖场整体曝气均匀，在相邻曝气管 24 之间保持 1m 以上的间距，给养殖池 1 内的水生物有休息调整的空间；同时为了保证养殖池 1 内水质及减少清水更换，通过循环水系统 3 对水进行过滤和水质因子调控，将净化水箱 31 内的水再导入养殖池 1 内，不仅实现水的循环利用，同时实现水质进行杀菌和除病虫害的功能。

在上述实施例中，为了使杂质、污泥等更容易集中排除，所述养殖池 1 的底部为中间下凹的锥形结构，所述排污口 11 位于底部中间。为了配合这种结构，通过曝气管 24 的合理布局，污质随气全集中在中间的排污口 11，具体在圆柱体养殖池 1 内有两种不同布置方案：

其一，如图 11 - 14 所示，所述曝气管 24 为沿同一圆心的三段、五段或七段弧形曝气管 24，不同弧形曝气管 24 之间的圆周间距相等。其二，如图 2 所示，所述曝气管 24 为沿同一圆心的四段、六段或八段弧形曝气管 24，不同弧形曝气管 24 分别沿直径方向两两对称设置。两种布置方案皆可实现气体的集中点在圆心，从而使沉淀杂质随气全集中在中间的排污口 11，便于一次性排出。

请一并参阅图 11 - 15，如图所示，本实用新型曝气循环水养殖系统，包括养殖池 1、曝气系统 2 和循环水系统 3；所述养殖池 1 整体为棱柱体体，底面积在 $10 \sim 15m^2$，所述养殖池 1 底部开设有排污口 11 和循环水出口 12，所述循环水出口 12 高出排污口 $15 \sim 15cm$，水循环过程不会将沉淀杂质等吸入循环水系统 3；所述曝气系统 2 包括鼓风机 21、压力平衡管 22、连接支管 23 和曝气管 24，其中，压力平衡管 22 和连接支管 23 为实管，可以选择 PVC 管或 PU 管，所述压力平衡管 22 为与养殖池 1 直径相适配的圆形环管，并设置在养殖池 1 上端，所述曝气管 24 长度为 $0.5 \sim 1.0m$，曝气管 24 为两段或两段以上的弧形曝气管 24，设置在养殖池 1 底部边缘，相邻弧形曝气管 24 的间距大于 1m，曝气管 24 可以采用纳米曝气管，所述纳米曝气管微孔平均孔径：$0.03 \sim 0.06mm$，微孔布置密度：$700 \sim 1200$ 个/米，气泡直径：$0.8 \sim 3mm$，有效曝气量：$0.002 \sim 0.006m^3/min \cdot m$，所述压力平衡管 22 上设有一与鼓风机 21 相连通的进气口，并通过不同连接支管 23 分别连接所述曝气管 24；所述循环水系统 3 包括净化水箱 31 和设置在水箱内的水泵 32，所述净化水箱 31 通过管路连通养殖池 1 的循环水出口 12 并将水引入净化水箱 31，用于对水进行过滤和水质因子调控，所述水泵 32 将净化水箱 31 内的水再导入养殖池 1 内，所述净化水箱 31 包括沿水体流动方向相互连通的净化管和益菌管，所述净化管内通过网盘分割成上下两层，上层为过滤除杂区，下层为曝气沉淀区，所述过滤除杂区上设有火山石和生物棉，所述曝气沉淀区的上层设有曝气管 24；所述益菌管内设有放置益生菌的培养球。

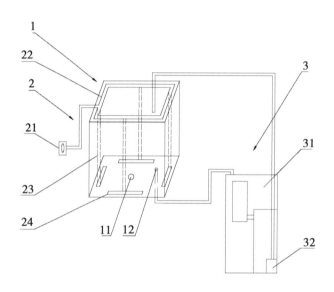

图 11-15 新型曝气循环水养殖系统（示意图）

在上述实施例中，为了使杂质、污泥等更容易集中排除，所述养殖池 1 的底部为中间下凹的锥形结构，所述排污口 11 位于底部中间。为了配合这种结构，通过曝气管 24 的合理布局，污质随气全集中在中间的排污口 11，所述曝气管 24 为等长的四段、六段或八段曝气管 24，不同曝气管 24 分别沿底面边线两两对称设置。这种方案皆可实现气体的集中点在对角线交叉点伤，从而使沉淀杂质随气全集中在中间的排污口 11，便于一次性排出。

以上所述仅为本实用新型的实施例，并非因此限制本实用新型的专利保护范围，凡是利用本实用新型说明书及附图内容所作的等效结构变换，或直接或间接运用在其他相关的技术领域，均同理包括在本实用新型的专利保护范围内。

六、澳洲龙纹斑稚鱼膨化颗粒配合饲料

发明人 林虬 张蕉南 胡兵 李惠 张蕉霖 陈庆堂 姚清华

（一）特征描述

澳洲龙纹斑稚鱼膨化颗粒配合饲料，其特征在于：所述配合饲料的各原料组分及其重量百分含量如下。

蒸汽烘干鱼粉 53%～65%

木薯粉 10%～15%

大豆浓缩蛋白 5%～8%

豆粕 2%～9%

南极磷虾粉 2%～5%

冻化鱼油 3%～8%

啤酒酵母 3%～5%

矿物质 0.8%～1.2%

磷酸二氢钙 0.8%～1.2%

氯化胆碱 0.1%～0.3%

复合维生素 0.1%～0.3%

螺旋藻 0.8%～1%

包膜丁酸钠 0.1%～0.3%

所述各原料组分混合成配合饲料。

（1）根据权利要求 1 所述的澳洲龙纹斑稚鱼膨化颗粒配合饲料，其特征在于：所述原料组分中还包括 VC 磷酸酯，其重量百分含量为 0.1%。

（2）根据权利要求 2 所述的澳洲龙纹斑稚鱼膨化颗粒配合饲料，其特征在于：所述原料组分中还包括乙氧基喹啉，其重量百分含量为 0.02%。

（3）根据权利要求 3 所述的澳洲龙纹斑稚鱼膨化颗粒配合饲料，其特征在于：所述原料组分中还包括甜菜碱，其重量百分含量为 0.38%。

（4）根据权利要求 4 所述的澳洲龙纹斑稚鱼膨化颗粒配合饲料，其特征在于：所述配合饲料的各原料组分及其重量百分含量如下。

蒸汽烘干鱼粉 60%

木薯粉 13%

大豆浓缩蛋白 5%

豆粕 7%

南极磷虾粉 2%

冻化鱼油 6%

啤酒酵母 3%

矿物质 1%

磷酸二氢钙 1%

氯化胆碱 0.2%

复合维生素 0.2%

螺旋藻 1%

包膜丁酸钠 0.1%

VC 磷酸酯 0.1%

乙氧基喹啉 0.02%

甜菜碱 0.38%

（二）技术领域

本发明涉及鱼类配合饲料领域，尤其涉及澳洲龙纹斑稚鱼膨化颗粒配合饲料领域。

（三）背景技术

澳洲龙纹斑（*Maccullochella peelii*）又称墨瑞鳕、虫纹鳕鲈、虫纹石斑等，是澳大利亚的原生鱼种，在澳洲排名四大经济鱼类之首，是世界最大的淡水鱼之一。澳洲龙纹斑是最顶级的白鱼肉，鲜美口感，肉质嫩白，细腻而结实，没有腥味而有一种特殊的香味，营养价值高，含有丰富的四种香味氨基酸及 EPA 与 DHA。

我国福建、江苏等省已成功引进澳洲龙纹斑，并在养殖技术上取得成功。但由于受到养殖技术、养殖条件、性成熟周期长及澳洲控制出口等因素的制约，在我国开展规模化养殖还需要开展大量的研究。

目前国内还没有专门的澳洲龙纹斑稚鱼的配合饲料，澳洲龙纹斑的人工养殖也很少，人工养殖的澳洲龙纹斑大多投喂鲜活饵料，如小鱼、虾、红虫等，鲜活饵料不但利用率低，成本较高，而且还污染水质，容易引起澳洲龙纹斑的多种疾病。

膨化颗粒饲料由于具有生产成本低、消化利用率高、养殖成本低、对养殖水体污染少、原料源广泛等优点，在鱼类饲料领域已逐渐显示出巨大的市场潜力。由于澳洲龙纹斑在不同的生长发育阶段，其营养要求存在着较大的差别，因此在澳洲龙纹斑养殖上，应根据其不同的养殖阶段，将配合饲料的各种原料进行不同的科学配合而制成不同的复合饲料，以满足澳洲龙纹斑在不同的生长发育阶段对营养的需要，本发明正是在此背景下产生的。

（四）发明内容

本发明的目的在于提供一种养殖澳洲龙纹斑品质较高、成本低、适合用于稚鱼阶段的澳洲龙纹斑稚鱼膨化颗粒配合饲料。

为实现上述目的，本发明澳洲龙纹斑稚鱼膨化颗粒配合饲料，适合于喂养稚鱼阶段的澳洲龙纹斑，即体重小于50g鱼苗阶段的澳洲龙纹斑，其各原料组分及重量百分含量如下。

蒸汽烘干鱼粉 53%~65%

木薯粉 10%~15%

大豆浓缩蛋白 5%~8%

豆粕 2%~9%

南极磷虾粉 2%~5%

冻化鱼油 3%~8%

啤酒酵母 3%~5%

矿物质 0.8%~1.2%

磷酸二氢钙 0.8%~1.2%

氯化胆碱 0.1%~0.3%

复合维生素 0.1%~0.3%

螺旋藻 0.8%~1%

包膜丁酸钠 0.1%~0.3%

所述各原料组分混合成配合饲料。

所述原料组分中还包括 VC 磷酸酯，其重量百分含量为 0.1%。

所述原料组分中还包括乙氧基喹啉，其重量百分含量为 0.02%。

所述原料组分中还包括甜菜碱，其重量百分含量为 0.38%。

优选地，所述配合饲料的各原料组分及其重量百分含量如下。

蒸汽烘干鱼粉 60%

木薯粉 13%

大豆浓缩蛋白 5%

豆粕 7%

南极磷虾粉 2%

冻化鱼油 6%

啤酒酵母 3%

矿物质 1%

磷酸二氢钙 1%

氯化胆碱 0.2%

复合维生素 0.2%

螺旋藻 1%

包膜丁酸钠 0.1%

VC 磷酸酯 0.1%

乙氧基喹啉 0.02%

甜菜碱 0.38%

所述配合饲料是由各原料组分按膨化颗粒饲料的加工方法而制成的一种混合物，所述各种原料组分均可在市场上采购，其生产工艺流程如下：先根据配方选取大件原料、小件混合物，再按原料配比将选取的原料投料，然后进行除杂清筛，清筛完全进行一次混合，一次混合完毕将混合料进行超微粉碎，然后将超微粉碎后的混合料进行二次混合，二次混合完毕将混合料依次进行筛选、调质，然后再经挤压膨化制粒得到膨化颗粒饲料粗品，再经烘干、除尘、喷油、冷却、过筛、称重包装得到膨化颗粒饲料成品，由于澳洲龙纹斑稚鱼的口裂小，饲料应适合其吞咽，因此本发明的饲料粒径为 1.0～3.0mm。

其中，蒸汽烘干鱼粉主要提供蛋白源与能量，并起到很好的诱食作用。由于稚鱼阶段的澳洲龙纹斑对蛋白质的要求最高，因此本发明中的鱼粉的含量相对其他阶段澳洲龙纹斑的含量较高。上述蒸汽烘干鱼粉指鱼粉的加工工艺为：捕鱼—冰冻—蒸煮—压榨—干燥—磨碎—包装，其中在干燥工艺过程中，根据其干燥工艺不同主要分为直火干燥与蒸汽烘干。蒸汽烘干指用蒸汽对鱼粉进行燥干，该工艺温度较低，对鱼粉的营养破坏较少，能使鱼粉较新鲜，对鱼粉的要求为挥发性盐基氮（VBN）不高于80mg/100g。

木薯粉主要是用于膨化制粒时利于原料混合物颗粒成形并具良好的稳定性，比面粉具有更好的粘合作用。当其含量大于15%时，使饲料的粗蛋白降低，且饲料易浮于水面，小于10%时则颗粒难成形，水中稳定性差。

大豆浓缩蛋白和豆粕主要是替代部分鱼粉，降低配方成本。含量过高时饲料转化率下降，含量过低，饲料成本增加。

南极磷虾粉主要起到良好的诱食作用，保持澳洲龙纹斑的体色天然。当其含量大于5%时，会影响饲料氨基酸平衡，增加饲料成本，小于2%时，诱食效果降低，影响稚鱼体色。

冻化鱼油主要提供能量，并起到诱食作用，当其添加过量时对产品的工艺要求、饲料储存等要求都会增加，而添加不足时，饲料的能量、诱食等功能均下降，冻化鱼油的酸价不得高于 0.5mgKOH/g。

啤酒酵母主要提供蛋白源，并有助消化的功能，当添加量过高时不利于饲料的水中稳定性。

矿物质、磷酸二氢钙、氯化胆碱和复合维生素作为添加剂，起到补充营养的作用，提供澳洲龙纹斑所必需的微量元素，促进鱼体新陈代谢，其添加量均不高。

螺旋藻具有促生长、抗病、提高繁殖率和育苗及养殖成活率、增色及提高饲料消化率等效果，在澳洲龙纹斑的养殖上应用还未见报道。

丁酸钠是一种生物调节剂，可有效提高仔猪、雏鸡等养殖动物的日摄食量和日增重，降低饲料系数，调节肠道微生态和提高免疫能力，是较好的抗生素替代品之一；在澳洲龙纹斑的养殖上应用还未见报道；与丁酸钠相比，包膜丁酸钠具有更好的稳定性和味道。

添加 VC 磷酸酯，主要用于缓解高温高压对 VC 的损耗，增强澳洲龙纹斑的抗应激能力。

添加乙氧基喹啉，主要提高本发明的使用时间，防止饲料中原料如蛋白质、脂肪被氧化，添加过量对鱼体也会造成不利影响，其添加量为 0.02%。

添加甜菜碱，主要用于增强饲料的诱食效果，促进澳洲龙纹斑摄食。

本发明采用以上技术方案，与公开号为 CN103250912A《澳洲龙纹斑成鱼膨化配合饲料及其制备方法》的中国专利相比，本发明的饲料主要是针对澳洲龙纹斑稚鱼生长阶段的特点，提供其生长所必须的各种营养物质，针对性强，而公开号为 CN103250912A 的成鱼饲料并不能适用于稚鱼的养殖，此外，本发明饲料还具有如下的优点：

（1）营养全面。产品富含各种必须蛋白源、微量元素、矿物质和维生素等，满足澳洲龙纹斑稚鱼生长阶段对各种营养成分的需求，饲料转化率高。

（2）水中稳定性好，对养殖水体污染少。产品添加了木薯粉等有利于饲料产品成型与稳定的天然原料，可保证产品在水中浸泡 3 小时以上不散开，降低了对养殖水体的污染。

（3）诱食性好，储存时间长。饲料中添加了南极磷虾粉、冻化鱼油等诱食剂，保证了较高的开口率；添加抗氧化剂乙氧基喹啉，能够有效延长饲料的使用时间。

（4）生产成本、养殖成本低。本发明的原料均可以在市场上买到，拥有较宽的原料源，增强了企业的对外竞争力，而且饲料系数低，从而降低了养殖成本，饲料系数为鱼体增加一斤体重，需要的饲料的重量。

（5）绿色无公害，效益高。摄食本发明配合饲料的澳洲龙纹斑具有体色天然，鱼体健康、用药少，生长快等特点，为本企业和养殖户带来更高的经济效益、社会效益和生态效益。

(五) 附图说明

现结合附图及具体实施方式对本发明作进一步说明。

图 11-16 为本发明澳洲龙纹斑膨化颗粒配合饲料生产工艺流程图。

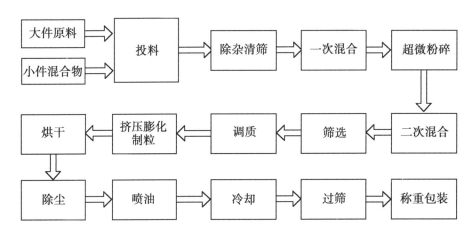

图 11-16 澳洲龙纹斑稚鱼膨化颗粒配合饲料加工工艺流程

具体实施方式：

澳洲龙纹斑稚鱼膨化颗粒配合饲料的各原料组分及重量百分含量如下。

蒸汽烘干鱼粉 53% ~65%

木薯粉 10% ~15%

大豆浓缩蛋白 5% ~8%

豆粕 2% ~9%

南极磷虾粉 2% ~5%

冻化鱼油 3% ~8%

啤酒酵母 3% ~5%

矿物质 0.8% ~1.2%

磷酸二氢钙 0.8% ~1.2%

氯化胆碱 0.1% ~0.3%

复合维生素 0.1% ~0.3%

螺旋藻 0.8% ~1%

包膜丁酸钠 0.1% ~0.3%

（蒸汽烘干鱼粉 53%～65%，木薯粉 10%～15%，大豆浓缩蛋白 5%～8%，豆粕 2%～9%，南极磷虾粉 2%～5%，冻化鱼油 3%～8%，啤酒酵母 3%～5%，矿物质 0.8%～1.2%，磷酸二氢钙 0.8%～1.2%，氯化胆碱 0.1%～0.3%，复合维生素 0.1%～0.3%，螺旋藻 0.8%～1%，包膜丁酸钠 0.1%～0.3%）

所述原料组分中还包括 VC 磷酸酯，其重量百分含量为 0.1%。

所述原料组分中还包括乙氧基喹啉，其重量百分含量为 0.02%。

所述原料组分中还包括甜菜碱，其重量百分含量为 0.38%。

实施例 1

所述澳洲龙纹斑稚鱼膨化颗粒配合饲料的各原料组分及重量百分含量如下。

蒸汽烘干鱼粉 65%

木薯粉 10%

大豆浓缩蛋白 6.5%

豆粕 4%

南极磷虾粉 5%

冻化鱼油 3%

啤酒酵母 3%

矿物质 1%

磷酸二氢钙 1%

氯化胆碱 0.2%

复合维生素 0.2%

螺旋藻 1%

包膜丁酸钠 0.1%

本实施例的澳洲龙纹斑稚鱼膨化颗粒配合饲料是由上述各原料组分按膨化颗粒饲料的加工方法而制成的一种混合物，其生产工艺流程如下：先根据上述配方选取大件原料、小件混合物，再按上述的原料配比将选取的原料投料，然后进行除杂清筛，清筛完全进行一次混合，一次混合完毕将混合料进行超微粉碎，然后将超微粉碎后的混合料进行二次混合，二次混合完毕将混合料依次进行筛选、调质，然后再经挤压膨化制粒得到膨化颗粒饲料粗品，再经烘干、除尘、喷油、冷却、过筛、称重包装得到所述配合饲料成品。

实施例 2

所述澳洲龙纹斑稚鱼膨化颗粒配合饲料的各原料组分及重量百分含量如下。

蒸汽烘干鱼粉 58%

木薯粉 12%

大豆浓缩蛋白 6%

豆粕 9%

南极磷虾粉 2%

冻化鱼油 4.4%

啤酒酵母 5%

矿物质 1%

磷酸二氢钙 1%

氯化胆碱 0.3%

复合维生素 0.1%

螺旋藻 1%

包膜丁酸钠 0.1%

VC 酯 0.1%

本实施例的澳洲龙纹斑稚鱼膨化颗粒配合饲料是由上述各原料组分按膨化颗粒饲料的加工方法而制成的一种混合物，其生产工艺流程如下：先根据上述配方选取大件原料、小件混合物，再按上述的原料配比将选取的原料投料，然后进行除杂清筛，清筛完全进行一次混合，一次混合完毕将混合料进行超微粉碎，然后将超微粉碎后的混合料进行二次混合，二次混合完毕将混合料依次进行筛选、调质，然后再经挤压膨化制粒得到膨化颗粒饲料粗品，再经烘干、除尘、喷油、冷却、过筛、称重包装得到所述配合饲料成品。

实施例 3

所述澳洲龙纹斑稚鱼膨化颗粒配合饲料的各原料组分及重量百分含量如下。

蒸汽烘干鱼粉 55%

木薯粉 15%

大豆浓缩蛋白 8%

豆粕 2%

南极磷虾粉 4.38%

冻化鱼油 8%

啤酒酵母 4%

矿物质 0.8%

磷酸二氢钙 1.2%

氯化胆碱 0.2%

复合维生素 0.2%

螺旋藻 1%

包膜丁酸钠 0.1%

VC 酯 0.1%

乙氧基喹啉 0.02%

本实施例的澳洲龙纹斑稚鱼膨化颗粒配合饲料是由上述各原料组分按膨化颗粒饲料的加工方法而制成的一种混合物，其生产工艺流程如下：先根据上述配方选取大件原料、小件混合物，再按上述的原料配比将选取的原料投料，然后进行除杂清筛，清筛完全进行一次混合，一次混合完毕将混合料进行超微粉碎，然后将超微粉碎后的混合料进行二次混合，二次混合完毕将混合料依次进行筛选、调质，然后再经挤压膨化制粒得到膨化颗粒饲料粗品，再经烘干、除尘、喷油、冷却、过筛、称重包装得到所述配合饲料成品。

实施例 4

所述澳洲龙纹斑稚鱼膨化颗粒配合饲料的各原料组分及重量百分含量如下。

蒸汽烘干鱼粉 60%

木薯粉 13%

大豆浓缩蛋白 5%

豆粕 7%

南极磷虾粉 2%

冻化鱼油 6%

啤酒酵母 3%

矿物质 1%

磷酸二氢钙 1%

氯化胆碱 0.2%

复合维生素 0.2%

螺旋藻 1%

包膜丁酸钠 0.1%

VC 酯 0.1%

乙氧基喹啉 0.02%

甜菜碱 0.38%

本实施例的澳洲龙纹斑稚鱼膨化颗粒配合饲料是由上述各原料组分按膨化颗粒饲料的加工方法而制成的一种混合物，其生产工艺流程如下：先根据上述配方选取大件原料、小件混合物，再按上述的原料配比将选取的原料投料，然后进行除杂清筛，清筛完全进行一次混合，一次混合完毕将混合料进行超微粉碎，然后将超微粉碎后的混合料进行二次混合，二次混合完毕将混合料依次进行筛选、调质，然后再经挤压膨化制粒得到膨化颗粒饲料粗品，再经烘干、除尘、喷油、冷却、过筛、称重包装得到所述配合饲料成品。

实施例 5

所述澳洲龙纹斑稚鱼膨化颗粒配合饲料的各原料组分及重量百分含量如下。

蒸汽烘干鱼粉 62%

木薯粉 12%

大豆浓缩蛋白 6.5%

豆粕 5.5%

南极磷虾粉 2%

冻化鱼油 5%

啤酒酵母 3%

矿物质 1%

磷酸二氢钙 1%

氯化胆碱 0.2%

复合维生素 0.2%

螺旋藻 1%

包膜丁酸钠 0.1%

VC 酯 0.1%

乙氧基喹啉 0.02%

甜菜碱 0.38%

本实施例的澳洲龙纹斑稚鱼膨化颗粒配合饲料是由上述各原料组分按膨化颗粒饲料的加工方法而制成的一种混合物，其生产工艺流程如下：先根据上述配方选取大件原料、小件混合物，再按上述的原料配比将选取的原料投料，然后进行除杂清筛，清筛完全进行一次混合，一次混合完毕将混合料进行超微粉碎，然后将超微粉碎后的混合料进行二次混合，二次混合完毕将混合料依次进行筛选、调质，然后再经挤压膨化制粒得到膨化颗粒饲料粗品，再经烘干、除尘、喷油、冷却、过筛、称重包装得到所述配合饲料成品。

实施例 6

所述澳洲龙纹斑稚鱼膨化颗粒配合饲料的各原料组分及重量百分含量如下。

蒸汽烘干鱼粉 53%

木薯粉 15%

大豆浓缩蛋白 8%

豆粕 9%

南极磷虾粉 2%

冻化鱼油 5.5%

啤酒酵母 4%

矿物质 0.8%

磷酸二氢钙 1.2%

氯化胆碱 0.3%

复合维生素 0.1%

螺旋藻 0.8%

包膜丁酸钠 0.3%

本实施例的澳洲龙纹斑稚鱼膨化颗粒配合饲料是由上述各原料组分按膨化颗粒饲料的加工方法而制成的一种混合物，其生产工艺流程如下：先根据上述配方选取大件原料、小件混合物，再按上述的原料配比将选取的原料投料，然后进行除杂清筛，清筛完全进行一次混合，一次混合完毕将混合料进行超微粉碎，然后将超微粉碎后的混合料进行二次混合，二次混合完毕将混合料依次进行筛选、调质，然后再经挤压膨化制粒得到膨化颗粒饲料粗品，再经烘干、除尘、喷油、冷却、过筛、称重包装得到所述配合饲料成品。

实施例 7

所述澳洲龙纹斑稚鱼膨化颗粒配合饲料的各原料组分及重量百分含量如下。

蒸汽烘干鱼粉 60%

木薯粉 13%

大豆浓缩蛋白 5%

豆粕 2%

南极磷虾粉 3.5%

冻化鱼油 8%

啤酒酵母 5%

矿物质 1.2%

磷酸二氢钙 0.8%

氯化胆碱 0.1%

复合维生素 0.3%

螺旋藻 1%

包膜丁酸钠 0.1%

本实施例的澳洲龙纹斑稚鱼膨化颗粒配合饲料是由上述各原料组分按膨化颗粒饲料的加工方法而制成的一种混合物，其生产工艺流程如下：先根据上述配方选取大件原料、小件混合物，再按上述的原料配比将选取的原料投料，然后进行除杂清筛，清筛完全进行一次混合，一次混合完毕将混合料进行超微粉碎，然后将超微粉碎后的混合料进行二次混合，二次混合完毕将混合料依次进行筛选、调质，然后再经挤压膨化制粒得到膨化颗粒饲料粗品，再经烘干、除尘、喷油、冷却、过筛、称重包装得到所述配合饲料成品。

实施例 8

所述澳洲龙纹斑稚鱼膨化颗粒配合饲料的各原料组分及重量百分含量如下。

蒸汽烘干鱼粉 60%

木薯粉 12.5%

大豆浓缩蛋白 6.5%

豆粕 5.5%

南极磷虾粉 3.5%

冻化鱼油 4.5%

啤酒酵母 3.5%

矿物质 1.2%

磷酸二氢钙 1.2%

氯化胆碱 0.3%

复合维生素 0.2%

螺旋藻 0.8%

包膜丁酸钠 0.3%

本实施例的澳洲龙纹斑稚鱼膨化颗粒配合饲料是由上述各原料组分按膨化颗粒饲料的

加工方法而制成的一种混合物,其生产工艺流程如下:先根据上述配方选取大件原料、小件混合物,再按上述的原料配比将选取的原料投料,然后进行除杂清筛,清筛完全进行一次混合,一次混合完毕将混合料进行超微粉碎,然后将超微粉碎后的混合料进行二次混合,二次混合完毕将混合料依次进行筛选、调质,然后再经挤压膨化制粒得到膨化颗粒饲料粗品,再经烘干、除尘、喷油、冷却、过筛、称重包装得到所述配合饲料成品。

实施例 9

所述澳洲龙纹斑稚鱼膨化颗粒配合饲料的各原料组分及重量百分含量如下。

蒸汽烘干鱼粉 56%

木薯粉 14%

大豆浓缩蛋白 7.5%

豆粕 8%

南极磷虾粉 3%

冻化鱼油 3.5%

啤酒酵母 4%

矿物质 0.9%

磷酸二氢钙 1.1%

氯化胆碱 0.1%

复合维生素 0.3%

螺旋藻 0.9%

包膜丁酸钠 0.2%

VC 酯 0.1%

乙氧基喹啉 0.02%

甜菜碱 0.38%

本实施例的澳洲龙纹斑稚鱼膨化颗粒配合饲料是由上述各原料组分按膨化颗粒饲料的加工方法而制成的一种混合物,其生产工艺流程如下:先根据上述配方选取大件原料、小件混合物,再按上述的原料配比将选取的原料投料,然后进行除杂清筛,清筛完全进行一次混合,一次混合完毕将混合料进行超微粉碎,然后将超微粉碎后的混合料进行二次混合,二次混合完毕将混合料依次进行筛选、调质,然后再经挤压膨化制粒得到膨化颗粒饲料粗品,再经烘干、除尘、喷油、冷却、过筛、称重包装得到所述配合饲料成品。

实施例 10

所述澳洲龙纹斑稚鱼膨化颗粒配合饲料的各原料组分及重量百分含量如下。

蒸汽烘干鱼粉 64%

木薯粉 11%

大豆浓缩蛋白 6%

豆粕 3%

南极磷虾粉 4%

冻化鱼油 4.5%

啤酒酵母 3.5%

矿物质 1.1%

磷酸二氢钙 0.9%

氯化胆碱 0.3%

复合维生素 0.1%

螺旋藻 0.8%

包膜丁酸钠 0.3%

VC 酯 0.1%

乙氧基喹啉 0.02%

甜菜碱 0.38%

本实施例的澳洲龙纹斑稚鱼膨化颗粒配合饲料是由上述各原料组分按膨化颗粒饲料的加工方法而制成的一种混合物，其生产工艺流程如下：先根据上述配方选取大件原料、小件混合物，再按上述的原料配比将选取的原料投料，然后进行除杂清筛，清筛完全进行一次混合，一次混合完毕将混合料进行超微粉碎，然后将超微粉碎后的混合料进行二次混合，二次混合完毕将混合料依次进行筛选、调质，然后再经挤压膨化制粒得到膨化颗粒饲料粗品，再经烘干、除尘、喷油、冷却、过筛、称重包装得到所述配合饲料成品，如图 11-16。

以上所述，仅为本发明较佳的几种具体实施方式，但本发明的保护范围并不局限于此，任何熟悉本技术领域的技术人员在本发明披露的技术范围内，根据本发明的技术方案及其发明构思加以等同替换或改变，都应涵盖在本发明的保护范围之内。

应用实施例

在日常饲养中，将生长状况及其他条件相同澳洲龙纹斑稚鱼，即体重小于50g鱼苗阶段的澳洲龙纹斑，分成试验组和对照组，在试验组中，采用上述实施例10所得的澳洲龙纹斑稚鱼膨化颗粒配合饲料，饲养澳洲龙纹斑稚鱼21天；在对照组中，采用鲜活的红虫饲养澳洲龙纹斑稚鱼21天，其他饲养条件相同，实验结果如表11-4所示。

表 11 - 4　澳洲龙纹斑稚鱼膨化颗粒配合饲料投喂实施例及对照组

	养殖数量（尾）	死亡数量（尾）	存活率（%）	开口尾数（尾）	开口率（%）	饲料系数
对照组	400	30	92.5	344	86	1.30
实施例 1	400	20	95	366	91.5	1.10
实施例 2	400	14	96	368	92	1.02
实施例 3	400	16	96.5	374	93.5	0.98
实施例 4	400	0	100	388	97	0.93
实施例 5	400	8	98	382	95.5	0.95
实施例 6	400	24	94	362	90.5	1.15
实施例 7	400	18	95.5	364	91	1.05
实施例 8	400	22	94.5	366	91.5	1.10
实施例 9	400	12	97	380	95	0.96
实施例 10	400	4	99	384	96	0.94

由上表可以看出，采用本发明实施例 10 所得的澳洲龙纹斑稚鱼膨化颗粒配合饲料，饲养澳洲龙纹斑稚鱼 21 天，与对照组采用红虫饲养相比，摄食本发明饲料的澳洲龙纹斑摄食活跃，体色天然，稚鱼的存活率及开口率均较大幅度提升，稚鱼生长快，饲料系数低，养殖效果好、成本低，经济效益高，因此本发明与现有技术相比具有突出的实质性特点及显著的进步。

参考文献

敖礼林等.2006.养鱼饲料和食场消毒技术［J］.农家科技（05）：32 - 33.

包永胜等.2005.对水产养殖用药监管的看法［J］.渔业致富指南（10）：48 - 49.

曹凯德.2001.澳大利亚墨累河鳕鱼养殖技术［J］.水利渔业，11（1）：16 - l8.

崔效亮等.2005.我国兽药研究开发的现状及发展趋势［J］.中国兽药杂志（07）：16 - 19.

代小芳等.2011.苹果籽、南瓜籽饲料脂肪酸组成与团头鲂鱼体脂肪酸组成相关性研究［J］.中国油脂（03）：38 - 44.

郭松等.2012.澳洲鳕鲈的生物学特征及人工繁养技术［J］.江苏农业科学，0（12）：242 - 243.

侯和菊.2009.如何正确选择与使用鱼饲料［J］.兽药与饲料添加剂（02）：39 - 40.

黄玉柳等.2010.中草药在水产健康养殖中的应用［J］.安徽农业科学（11）：5725

－5727．

林霖等．2005．苦参的药理作用及在畜禽养殖业中的应用［J］．当代畜禽养殖业
（05）：46－47．

刘泺等．2005．甲睾酮的合成［J］．中国医药工业杂志（07）：385－386．

刘晓侠等．2008．植酸酶在无胃鱼饲料中的应用［J］．嘉兴学院学报（06）：32－35．

牟水元．2008．甲鱼饲料的种类与加工制作［J］．新农村（06）：24．

戚小伟等．2005．兽药经营中存在的违法行为及对策［J］．四川畜牧兽医
（05）：20．

谭德彩等．2006．无公害渔药的安全使用［J］．河北渔业（05）：48－51．

王波等．2003．虫纹麦鳕鲈的形态和生物学性状［J］．水产科技情报，30（6）：
266－267．

王奇欣．2005．新形势下对渔药管理工作的几点建议［J］．中国水产（05）：6－7．

王泰健．2005．我国兽药监管现状及改进建议［J］．中国牧业通讯（08）：10－15．

吴皓等．2008．微生态制剂及其在鱼病防治中的应用［J］．水利渔业（01）：14－
15，42．

吴莉芳等．2010．鲤鱼饲料中2种大豆蛋白源替代鱼粉蛋白的比较研究［J］．中国畜
牧杂志（03）：41－44．

严天鹏．2005．南美白对虾夏季养殖中常见病害及防治措施［J］．渔业致富指南
（10）：49－50．

杨先乐等．2007．我国渔药使用现状、存在的问题及对策［J］．上海水产大学学报
（04）：374－380．

杨小玉等．2013．澳洲龙纹斑工厂化养殖技术［J］．水产养殖（02）：26－27．

殷文斌．2005．改进渔用药物市场监管机制的的几点思路［J］．农业装备技术
（03）：32－34．

张龙岗等．2012．虫纹鳕鲈线粒体CO1基因片段的克隆与序列分析［J］．长江大学
学报：自然科学版，9（8）：25－29．

Abery N W，Gunasekera R M，*et al*. 2002. Growth and nutrient utilization of Murray cod
Maccullochella peelii peelii（Mitchell）fingerlings fed diets with varying levels of soybean
meal and blood meal［J］．Aquaculture Research，33（4）：279－289（11）．

Baily J E. Bretherton M J. Gavine F M. *et al*. 2005 The pathology of chronic erosive derma-
topathy in Murray cod，*Maccullochella peelii peelii*（Mitchell）［J］．J Fish Dis，28

（1）: 3 – 12.

Cadwallader P L. JO Langtry'S 1949 – 50 Murray River investigations ［M］. Melbourne: Fisheries and Wildlife Division.

Gooley G, Rowland S. 1993. Murray-darling Finfish: Current developments and commercial potential. Austasia Aquaculture ［J］. 3 （7）: 35 – 38.

Ingram B A G F. Fish Health Management Guidelines for Farmed Murray Cod ［J］. Fisheries Victoria Research Report Series, 32.

Ingram B A, Gavine F, Lawson P. Diseases and health management in intensive Murray cod aquaculture ［M］.

Ingram B A. 2009. Culture of juvenile Murray cod, Trout cod and Macquarie perch （Perciehthyidae） in fertilised earthen ponds ［J］. Aquaculture, 287 （1/2）: 98 – 106.

Ingram, Brett A. Murray Cod Aquaculture, A Potential Industry for the New Millennium: Proceedings of a Workshop held 18th January 2000, Eildon, Victoria / editor, B. A. Ingram ［M］.

llen-Ankins S, Stoffels R J, Pridmore P A, *et al*. 2012. The effects of turbidity, prey density and environmental complexity on the feeding of juvenile Murray cod *Macculloch-ella peelii* ［J］. J Fish Biol, 80 （1）: 195 – 206.

ROWLAND S J. 2004. Overview of the history, fishery, biology and aquaculture of Murray cod （Maccullochella peelii） ［C］ //Menagement of Murray cod in the Murray-darling Basincanberra. Canberra: Murray-Darling Basin Commission, 38 – 61.

Silva S, Silva S S D, Gunasekera R M, et al. 2000. Digestibility and amino acid availability of three protein - rich ingredient - incorporated diets by Murray cod *Macculloch-ella peelii peelii* （Mitchell） and the Australian shortfin eel Anguilla australis Richardson. Aquaculture Research, 31: 195 – 205.

（饶秋华、罗钦、翁伯琦执笔）

后　记

澳洲龙纹斑（*Maccullochella peelii*）是澳大利亚的原生鱼种，其是真鲈科下麦鳕鲈属的一种肉食性淡水鱼。澳洲龙纹斑肉质结实、白而细嫩、味道鲜美、无腥味，且有一股淡淡的独特香味，肉嫩刺少，口感优于石斑及笋壳鱼，鱼肉中含有丰富的四种香味氨基酸及 Ω-3 多不饱和脂肪酸及 EPA 与 DHA，合理食用有利于补充人体健康所必需的营养素。澳洲龙纹斑的营养和经济价值极高，再加上其稀少的数量及其在澳洲饮食文化中独有的地位，因此有着"澳洲国宝鱼"的美称。

事实上，优良的养殖品种是养殖者所期盼的，它不仅给养殖者带来好的经济效益，更为人们提供了优质美味的动物蛋白。很显然，引进与发展澳洲龙纹斑养殖业，是福建省山区现代农业转型升级与优化生产结构的需要。就此，从 2012 年开始，福建省农业科学院就成立了相应的科技联合攻关课题组开展前期研究工作，随后于 2014 年，福建省农业科学院就将澳洲龙纹斑项目推荐列为福建省种业创新与产业化工程的十大重要品种之一。获得正式立项之后，项目组就深入开展了一系列的工作：包括建设了良种培育的技术体系、苗种繁育基地和苗种越冬基地；创建了规模化苗种繁育、养殖及疾病防控等关键技术科技服务平台；建立了精养池养殖模式、水库网箱养殖模式、循环水设施养殖模式示范场；开展了病害防控、专用饲料、水质调控、安全用药技术等方面的研究。项目组的科技人员经过三年辛勤工作，取得了良好成效。现将主要研究成果总结编写成书，其不仅有研究进展的综述，而且主要总结报道了科研工作成效，根本目的在于将我们研究成果与研究同行分享并提供给相关养殖企业参考借鉴。全书分为十一章：第一章澳洲龙纹斑研究进展与综述，由翁伯琦、罗土炎著；第二章澳洲龙纹斑鱼种生长特性，由罗钦、罗土炎、陈荣枝著；第三章澳洲龙纹斑种苗繁殖与技术由罗土炎、罗钦、刘洋著；第四章澳洲龙纹斑的营养需求与饲料，由林虹、张蕉南、艾春香著；第五章澳洲龙纹斑常见疾病与防控，由涂杰峰、饶秋华、罗土炎著；第六章澳洲龙纹斑养殖环境条件及其调控，由罗土炎、张志灯、翁伯琦著；第七章澳洲龙纹斑越冬技术，由罗土炎、刘洋、任丽花著；第八章养殖过程管理及其标准，由张志灯、罗钦、罗土炎著；第九章澳洲龙纹斑苗种、成鱼及亲鱼的运输，由罗土炎、陈华、李巍著；第十章澳洲龙纹斑食用和加工，由饶秋华、黄敏敏、罗志强著；第十一章附录，由饶秋华、翁伯琦、罗钦著。

本书的写作，得到了福建省种业创新与产业化工程领导小组办公室和澳洲龙纹斑种业工程项目组全体成员及相关养殖企业人员的大力支持；本书的出版得到福建省种业项目《澳洲龙纹斑设施种苗工厂化繁育技术产业化工程》（项目编号：2014s1477—2）、福建省属公益类科研院所基本科研专项《小瓜虫侵染澳洲龙纹斑细胞的超微结构研究》（项目编号：2015R1025－6）、福建省属公益类科研院所基本科研专项优势领域重点项目《澳洲鳕鱼白点病的发生与防控技术研究》（项目编号：2015R1025—3）、福建省属公益类科研院所基本科研专项《澳洲龙纹斑主要细菌病原鉴定与组织病理学研究》（项目编号：2016R1024—2）和福建省发改委农业"五新"工程项目《澳洲龙纹斑新品种产业化繁育与设施健康养殖技术集成推广》（闽发改投资〔2016〕482号）的经费及数据支持。在此表示衷心感谢！

本书引用和参考了一些文献资料和书籍，在此向原作者和出版单位深表谢意！

由于著者的业务水平有限、经验不足，加上写作时间仓促，书中错漏之处在所难免。恳请读者提出批评和建议，以便我们不断补充完善与改进提升。

著　者

2016 年 11 月 18 日